环境治理体系和能力现代化系列研究

国际环境政策与技术 2021—2022

生态环境部对外合作与交流中心　编著

中国环境出版集团·北京

图书在版编目（CIP）数据

国际环境政策与技术. 2021—2022 / 生态环境部对外合作与交流中心编著. —北京：中国环境出版集团，2023.10

（环境治理体系和能力现代化系列研究）

ISBN 978-7-5111-5637-2

Ⅰ. ①国… Ⅱ. ①生… Ⅲ. ①环境政策—研究—世界—2021—2022 Ⅳ. ①X-01

中国国家版本馆 CIP 数据核字（2023）第 192726 号

出 版 人 武德凯
责任编辑 宋慧敏 金捷霆
封面设计 宋 瑞

出版发行 中国环境出版集团
（100062 北京市东城区广渠门内大街 16 号）
网 址：http://www.cesp.com.cn
电子邮箱：bjgl@cesp.com.cn
联系电话：010-67112765（编辑管理部）
发行热线：010-67125803，010-67113405（传真）

印 刷 北京鑫益晖印刷有限公司
经 销 各地新华书店
版 次 2023 年 10 月第 1 版
印 次 2023 年 10 月第 1 次印刷
开 本 787 × 1092 1/16
印 张 18.75
字 数 366 千字
定 价 85.00 元

本书编委会

主　编：张玉军

副主编：李永红　丁　丁　邸伟杰

编　委（以姓氏笔画为序）：

王　新　王祖光　王语懿　朱留财

刘　侃　刘　援　李　霞　李宏涛

杨玉川　杨礼荣　肖学智　张剑智

张慧勇　陈　明　赵子鹰　郭晓林

唐艳冬　彭　政　鲁成钢　蓝　艳

路国强

编　者：张泽怡　曹　杨　郑　静　郑　军

前　言

当今世界正经历百年未有之大变局，气候变化、生物多样性丧失等全球性环境问题对全球可持续发展带来了新的挑战，全球环境治理体系正深刻重塑。2021年9月21日，国家主席习近平以视频方式出席第七十六届联合国大会一般性辩论，提出了全球发展倡议，明确完善全球环境治理，积极应对气候变化，构建人与自然生命共同体，加快绿色低碳转型，实现绿色复苏发展。

2021—2022年，我国先后成功举办《生物多样性公约》第十五次缔约方大会（COP15）第一阶段和第二阶段会议，通过了"昆明-蒙特利尔全球生物多样性框架"，为未来全球生物多样性保护设定了目标、明确了路径，具有重要意义，得到国际社会的广泛认可。国家主席习近平于2013年提出"一带一路"倡议以来，截至2022年7月底，我国已与149个国家、32个国际组织签署200多份合作文件，打造了广受欢迎的全球公共产品和开放合作的国际合作平台，使高质量共建"一带一路"的绿色底色更加鲜明，同共建国家和人民共享绿色发展成果。

为服务我国环境外交大局，生态环境部对外合作与交流中心围绕全球环境治理、绿色"一带一路"建设、环境国际公约履约、双多边领域的环境合作及技术交流合作，特别是碳中和进程等重要议题开展了深入研究，取得了丰硕成果，受到生态环境部部领导的充分肯定。

本书精心收录了2021—2022年部分文章并集结成书，以期为我国环境外交发挥决策参考作用。

目　录

第一章

全球环境治理与绿色“一带一路”建设

七国集团“全球基础设施和投资伙伴关系”倡议对绿色“一带一路”建设的影响及政策建议

李盼文　于晓龙　朱　源　庞　骁

2022年6月26—28日，七国集团（G7）领导人峰会在德国召开，美国总统拜登在参会期间宣布发起“全球基础设施和投资伙伴关系”（Partnership for Global Infrastructure and Investment，PGII），承诺5年内调动6 000亿美元支持全球基础设施建设投资，特别是支持发展中国家基础设施建设。这是美国政府继“蓝点网络计划”和“重建更美好世界”倡议之后再次抛出基础设施领域全球倡议，抗衡“一带一路”倡议影响力的意图明显。

一、“全球基础设施和投资伙伴关系”倡议有关内容及国际评论

（一）背景

拜登表示，该倡议旨在与G7国家一起在2027年前为全球基础设施投资调动6 000亿美元，为发展中国家提供基础设施建设资金。其中，美国将通过赠款、联邦融资和私人投资筹集2 000亿美元，以支持有助于应对气候变化、改善全球健康、推动数字基础设施和性别平等的项目。随后，欧盟委员会主席冯德莱恩表示，欧洲将为该倡议筹集3 000亿欧元，并表示“G7要向发展中国家伙伴表明，他们可以有选择”（环球时报，2022）。

拜登指出，PGII不是援助或慈善机构，而是“为每个人带来回报”，包括美国人民，并提出这将让各国“看到与民主国家合作的具体好处”“证明民主国家能通过更少的附带条件，实现对基础设施建设的资助”。尽管拜登发言中只字未提中国，但外界普遍认为这是在抗衡中国的“一带一路”倡议。拜登还公布了安哥拉20亿美元太阳能开发项目、向世界银行儿童保育激励基金捐赠5 000万美元等多个旗舰项目。

在2021年的英国G7峰会上，拜登公布了一项非常相似的、雄心勃勃的基础设施计划：“重建更美好世界”（Build Back Better World，B3W）。但由于缺乏资金和支持，该计划尚未取得任何显著成绩。时隔一年，G7国家发起了PGII。B3W被许

多媒体认为是 PGII 的前身。例如，英国《卫报》用“重新启动”一词暗示 PGII 只是 B3W 的伪装版本（The Guardian，2022）。B3W 作为一项立法提案在美国参议院失败了，拜登当时承诺投资数十亿美元以“满足中低收入国家对基础设施的巨大需求”，然而一年后相关项目的投资金额总共只有约 600 万美元。显然，拜登在其他 G7 国家的支持下重新包装了这一全球倡议。

不少外媒指出，与中国“一带一路”倡议不同的是，PGII 的资金筹措在很大程度上仰仗于私营公司是否愿意进行大规模投资，因此无法得到可靠的资金保证。德国总理朔尔茨在启动仪式上则解释称：“单靠公共部门将无法弥补我们在世界许多地方面临的巨大（基础设施建设投资）差距。”

（二）实施特点

PGII 强调其为全球基础设施投资提供了一套高标准的新机制，重点包括以下几个实施特点：一是强调与中低收入国家合作，推进气候和能源安全、数字互联互通、卫生和健康以及性别平等 4 个对可持续、包容性增长至关重要的领域的合作。强调与东道国和当地利益相关方协商，促进项目的及时执行，以满足其优先需求，平衡短期目标和长期目标。二是追求经济增长和应对气候危机等全球挑战的双赢，通过发展环境友好、气候韧性基础设施，推动创造就业，加快清洁能源创新，促进包容性经济复苏。三是支持美国国内企业的技术能力提升，提高美国企业竞争力，创造就业，拉动经济增长。四是提升项目透明度，完善问责制和业绩衡量标准，以评估投资和项目是否符合东道国需求、是否达到高标准。五是坚持基础设施投资和采购的高标准，更好地应对气候风险和环境退化风险，促进技术转让，创造良好的就业机会。六是充分调动私营部门资本。PGII 筹措资金将主要来自私人投资者，美国和其他 G7 国家政府只会提供有限资金，同时鼓励大规模的私营部门投资（中国国际电视台，2022）。

（三）重点领域

从目前公布的旗舰项目来看，PGII 的重点地区是非洲，同时也包括南美洲和亚洲的大部分地区。气候和新能源领域的项目占 PGII 的首要位置。投资领域具体包括：一是应对气候危机、加强全球能源安全。向气候基础设施、能源转型技术投资，构建全生命周期清洁能源供应链，包括可持续采矿业、低排放交通和低碳基础设施、电池制造基地等，以及在尚未部署清洁能源的地区发展成熟、创新、可复制推广的技术。二是开发部署安全的信息通信技术网络和基础设施，以推动经济增长和促进开放的数字社会，包括 5G、6G 技术和基础设施，安全可靠的互联网和移动网络等。三是推进性别平等和社会公平。包括改善妇女工作环境基础设施、改善水和卫生基础设施以及解决无酬工作中的性别差距等。四是发展和升级卫生基础设施，投资以病人为中心的卫生服务、疫苗和其他基本医疗产品制造、疾病监测和早期预警系统等。

（四）旗舰项目

美国国务院网站公布了 PGII 的 20 个旗舰项目，包括 2021 年以来已经实施的前期项目。其中，气候和新能源领域的项目占 40%，具体见表 1。

表 1　PGII 的气候和新能源领域项目

序号	国家 / 地区	项目概况	金额 / 美元
1	安哥拉	安哥拉南部四省太阳能项目开发，包括太阳能微型电网、具有电信功能的太阳能舱和家用电源套件。项目将帮助安哥拉实现气候承诺，包括到 2025 年实现 70% 的零碳发电	20 亿
2	罗马尼亚	支持罗马尼亚部署首座小型模块化反应堆工厂的前端工程和设计研究。这项投资将运用美国的先进核技术，加速清洁能源转型、创造数千个就业机会、加强欧洲能源安全	1 400 万
3	东南亚	投资东南亚智能电力计划，将地区能源贸易增加 5%，并部署 20 亿 W 先进能源技术系统，实现该地区电力系统去碳化	20 亿
4	印度	投资建设现代化农业、食品系统、气候韧性基础设施和农村经济，支持印度提高粮食安全、提升气候适应性	3 000 万
5	撒哈拉以南地区	美国国际开发署和非洲电力公司正在建立公 - 私合作伙伴关系，以推动撒哈拉以南地区卫生设施供电清洁化	—
6	尼日尔	支持尼日尔开展气候适应工作，改善自然资源可持续利用方式和农产品贸易与市场准入条件，为韧性基础设施提供资金，建设现代化灌溉农业，提高农民收入	4.43 亿
7	印度	支持印度太阳能光伏生产设施，预计年产能为 3.3 GW，将于 2023 年下半年投入使用。项目将注重合作协议的透明度和可追溯性，以提高整个可再生能源领域供应链透明度	5 亿
8	越南	建设越南第一个公共电池储能系统，运用先进储能技术释放越南可再生能源潜力	300 万

（五）国际评论

国际社会普遍对 PGII 持怀疑态度。美国《外交事务》杂志于 2022 年 6 月 22 日报道（Foreign Affairs，2022）：“美国不应该照搬中国的‘一带一路’倡议，不应试图在中国的游戏里打败中国。”该文指出了美国基建能力与中国的巨大差距，美国在投资和维护其国内的实体基础设施方面都做不好，遑论去海外建设基础设施。

部分评论认为，G7 的提议目的不纯、承诺空洞，属于“新瓶装旧酒”（中国国际电视台，2022）。观察人士发现，PGII 的两大支柱——清洁能源、信息与通信技术尤其敌视中国。PGII 更多的是从与中国展开政治竞争的角度提出，缺乏真正关心发展中国家基础设施状况的诚意，因此 PGII 不太可能与强调互联互通、互利共赢的“一带一路”倡议相提并论。

媒体还普遍认为，PGII 在经济上并不可行（环球时报，2022）。理由包括美国紧张的政府债务状况、糟糕的基础设施建设能力以及过去类似项目的失败。经济学家还指出，考虑美国的内部经济问题和不稳定的政治局势，PGII 及其承诺的美国政府资助额永远不可能成为现实。如果美国政府真的打算落实这 2 000 亿美元的资金，资金不太可能主要来自私人资本，因为基础设施项目投资周期长、收益率相对较低，对私人投资者没有吸引力。此外，美国在基础设施建设方面并不具有优势，在过去 10 年里，美国几乎没有在其国内完成任何大型基础设施项目，更遑论在境外。一些专家还指出，美国不断变化的政治局势也为资金的实施带来了不确定性。PGII 的资助将给拜登在美国已经很低的支持率“增加负担”，尤其在通货膨胀和其他社会问题已经导致美国国内经济疲软的当下。另有评论指出，PGII 的融资模式很可能给发展中国家带来新的债务陷阱。

筹集资金的困难其实早在 PGII 的前身——B3W 项目中便已经表现出来。《外交事务》报道称，B3W 项目已经“萎靡不振”，而《卫报》指出 B3W 自启动以来“鲜为人知”。根据《外交事务》的文章，在 B3W 项目启动后的一年内，美国对全球基础设施建设的承诺仅达到约 600 万美元，这与拜登一开始承诺的数十亿美元“相去甚远”（观察者网，2022）。

二、“全球基础设施和投资伙伴关系”倡议对绿色“一带一路”建设的影响

（一）美国不断提出全球基础设施建设倡议以抗衡“一带一路”倡议，但实质影响有限

近年来，美国政府连续打造了“蓝点网络计划”、“重建更美好世界”倡议和“全球基础设施和投资伙伴关系”倡议等多个全球基建计划，其目的就是引导全世界

与中国“脱钩”，削弱中国在发展中国家的影响力。美国等西方国家一直欲将价值观念、意识形态与制度作为合作分野，这决定了 PGII 及今后的具体执行方案都将充分体现这种“对抗”思维。就在本次 G7 峰会召开前夕，白宫宣布了一个新构想：由美国、日本、澳大利亚、新西兰和英国五国创立“蓝色太平洋伙伴”（PBP），旨在介入太平洋国家事务。这些层出不穷的新计划多是打着基础设施建设旗号推进地缘政治算计，意在维护发达国家的国际话语权，重塑西方价值观的全球领导力，制衡“一带一路”倡议，与中国进行全面竞争。

然而，国际社会特别是广大发展中国家清楚地认识到，美国政府拿不出“真金白银”落实相关倡议。拜登曾于 2021 年年初雄心勃勃地提出 4 万亿美元基建法案，但该法案在其国内的立法过程受挫，尚未得到国会批准，且经过两党一番讨价还价，预算被砍到仅剩 1.2 万亿美元。美国土木工程师协会的一份报告估算，美国在基建上的资金缺口实际上达到 2.59 万亿美元，1.2 万亿美元对于巨大的需求而言仍然不足，对美国现任政府的公信力造成了较大负面影响。

因此，从长期来看，PGII 的号召力和实际执行力不强，与“一带一路”倡议取得的实打实的成就相比，并不能造成结构性威胁。根据 AidData 于 2021 年发布的数据，2000—2017 年，中国的银行机构为 165 个发展中国家的 13 000 多个项目提供了 8 430 亿美元贷款。而 PGII 的 6 000 亿美元还处在“空头承诺”阶段，长期内对“一带一路”倡议的干扰和影响有限。

（二）欲借气候变化和可持续发展之名，抢占全球清洁基础设施市场

PGII 加剧了全球绿色基础设施市场的激烈竞争。当前，全球绿色低碳发展势头迅猛，共建“一带一路”国家绿色基础设施建设需求激增、前景广阔。有研究指出，2021—2030 年共建“一带一路”国家可再生能源投资需求达到 1.6 万亿美元。为打破中国在全球基础设施建设中的比较优势，西方惯用“非对称”竞争方式，即占据道义制高点，通过少量投入，炒作“一带一路”项目的环境、债务、法律等问题，达到放大项目风险、提升项目成本的目的，甚至否定“一带一路”倡议对落实联合国 2030 年可持续发展议程和《巴黎协定》的积极贡献，削弱“一带一路”项目的市场口碑和竞争力，借机抢占全球清洁基础设施的市场空间和发展机遇。美国外交关系学会的一份报告（CFR，2021）建议，应向沿线国家民众宣传“一带一路”项目的“环境和经济成本”，向共建“一带一路”国家提供法律和技术支持，帮助东道国审查“一带一路”项目潜在的“经济和环境可持续性”。这一观点已经成为美国外交学界的主流观点。

（三）高标准成为关注焦点，绿色“一带一路”建设机遇与挑战并存

“一带一路”建设始终秉承绿色、低碳、可持续的发展理念，统筹推进基础设施“硬联通”和规则标准“软联通”，建设绿色、低碳、气候友好的基础设施。然而一直以来，国际舆论对“一带一路”建设的环境标准抨击猛烈，其中以美国为首的西方国家长期以生态环境为由对“一带一路”项目进行抨击，外媒长期指责水电站、铁路等基建项目破坏当地生态环境。

PGII 有意继续推动全球基础设施建设环境标准升级，标榜高标准、透明、可持续和负责任的基础设施发展方式，实质是欲掌握标准制定的主动权与话语权，并联合其他国家要求中国在“一带一路”项目中采取环境高标准，抹黑“一带一路”项目向其他国家输出污染，通过施加环保压力加大干扰力度。在此背景下，继续推动绿色“一带一路”建设，构建“一带一路”生态环境标准体系，提高绿色话语权至关重要，绿色“一带一路”建设面临的机遇和挑战也更加突出。

三、对策建议

近年来，随着“一带一路”倡议不断深入推进，共建绿色丝绸之路更加深入人心，推动共建“一带一路”高质量发展不断取得新成效。面对西方国家的围追堵截，我们应清醒地认识到，共建“一带一路”高质量发展的基本盘依旧稳固，发展中国家追求绿色低碳可持续发展的需求依然强烈，共建绿色“一带一路”这一时代主题依然具有强烈的现实意义和战略意义。我们应深入学习贯彻习近平总书记在第三次“一带一路”建设座谈会上的讲话精神，保持战略定力，抓住战略机遇，积极应对挑战，趋利避害，奋勇前进。具体建议做好以下几个方面的工作。

（一）持续稳步加强“一带一路”绿色发展合作，多渠道深入对接发展中国家绿色低碳转型需求

当前，气候变化等全球性问题对人类社会带来的影响前所未有，发展中国家实现绿色低碳发展的需求比以往更加强烈且迫切，共建“一带一路”仍面临重要机遇。要保持战略定力，积极应对挑战，充分利用“一带一路”绿色发展国际联盟、“一带一路”生态环保大数据服务平台等多边合作交流平台，推动实施“一带一路”应对气候变化南南合作计划和绿色丝路使者计划，聚焦共建“一带一路”国家绿色低碳转型需求，促进绿色技术、绿色基建、绿色能源等领域的务实合作；以政策对话、能力建设、投资合作为抓手，全面深化“一带一路”绿色发展国际合作；同步提升

对外援助、开发性金融绿色化水平，全面深化“一带一路”绿色发展合作，切实推动发展中国家的绿色低碳转型，实现高标准、可持续、惠民生的“一带一路”发展目标。

（二）积极保持对欧环境领域交流合作

受欧洲局部冲突的影响，西方国家一时间空前团结。但从长期看，美国仍在主导美欧关系，并希望在 G7 等多边合作框架下“绑定”中俄、“控制”欧洲。以德国、法国、意大利为代表的欧洲国家寻求“战略自主”的意志不会发生转移，美国在 G7 内部的领导力仍在不断减弱。未来应继续加强中欧环境与气候高层对话及其框架下的一系列对话机制作用，巩固和加强与欧洲国家在应对气候变化、保护生物多样性等方面的共识，积极表达愿与欧方“全球门户计划”对接的态度，有针对性地加强与德国、法国、意大利等国点对点的交流对话，分化 G7 对我国的“合围”之势，降低 PGII 对“一带一路”合作的抗衡与干扰。

（三）积极主动应对外部挑战，提振“一带一路”绿色基础设施形象口碑

一是由“资金融通”入手，贯彻落实《关于推进共建“一带一路”绿色发展的意见》《对外投资合作建设项目生态环境保护指南》《对外投资合作绿色发展工作指引》等文件要求，积极发挥金融机构的绿色引领作用，引导各相关方主动识别、防范和化解基础设施建设的环境气候风险。二是在标准竞争方面，继续推动国际合作支持，为“一带一路”基础设施建设提供绿色技术指南和解决方案。三是整合利用我国在绿色基础设施建设相关领域的技术优势和经验基础，支持推动共建“一带一路”国家清洁能源、清洁交通、绿色建筑等绿色基础设施建设，推出一批兼具环境、气候、经济、社会协同效应的绿色发展案例和示范项目，以看得见的绿色项目彰显“一带一路”绿色底色，从而提振“一带一路”绿色基础设施品牌形象和国际口碑。四是加强多元化舆论宣传，探索利用共建“一带一路”国家本土媒体讲好绿色“一带一路”故事，深入宣传绿色案例，凝聚绿色发展共识，为推动构建人类命运共同体做出更大贡献。

参考文献

观察者网，2022. 拿出 6000 亿！和中国比是不是晚了？［N/OL］. 2022-06-27［2022-06-30］. https://mp. weixin.qq.com/s/4jX8x__VR4iQpNgk8WWWSQ.

环球时报，2022. 欧盟委员会主席冯德莱恩在新基础设施倡议中为反华议程摇旗呐喊［N/OL］. 2022-06-29［2022-06-30］. https：//www.globaltimes.cn/page/202206/1269305.shtml.

环球时报，2022. G7 的 6000 亿美元 PGII 计划遭到怀疑和嘲弄［N/OL］. 2022-06-27［2022-06-30］. https：//www.globaltimes.cn/page/202206/1269179.shtml.

中国国际电视台，2022. G7 pledges $600 bln for BRI copycat，but where's the money?［N/OL］. 2022-06-27［2022-06-30］. https：//news.cgtn.com/news/2022-06-27/G7-pledges-600-bln-for-BRI-copycat-but-where-s-the-money--1bcQGn7epgs/index.html.

中国国际电视台，2022. 拜登 G7 基础设施计划：新瓶装旧酒［N/OL］. 2022-06-29［2022-06-30］. https：//news.cgtn.com/news/2022-06-29/Biden-s-old-infrastructure-plan-in-new-G7-bottle-1bgjeQIWh5m/index.html.

CFR, 2021. China's Belt and Road：Implications for the US［R/OL］. 2021-03-01［2022-06-30］. https：//www.cfr.org/report/chinas-belt-and-road-implications-for-the-united-states/recommendations.

Foreign Affairs，2022. 美国不应该照搬中国的“一带一路”倡议［N/OL］. 2022-06-22［2022-06-30］. https：//www.foreignaffairs.com/articles/united-states/2022-06-22/america-shouldnt-copy-chinas-belt-and-road-initiative.

The Guardian, 2022. G7 relaunches funding programme for developing countries under new name［N/OL］. 2022-06-26［2022-06-30］. https：//www.theguardian.com/world/2022/jun/26/g7-relaunches-funding-programme-developing-countries-global-investment-infrastructure-partnership.

我国西南边境地区跨境森林保护合作存在的问题与对策建议

侯桂红　周雨宝　高洁玉　郭天琴

2021 年 10 月，《生物多样性公约》第十五次缔约方大会（COP15）第一阶段会议在云南昆明召开，大会倡议各方采取行动，回应共建地球生命体的呼吁，减缓生物多样性丧失的速度，提高人类幸福指数，实现可持续发展。2021 年 11 月，《联合国气候变化框架公约》第二十六次缔约方大会期间，包括中国、俄罗斯、巴西、哥伦比亚、印度尼西亚等在内的 141 个国家共同签署了《关于森林和土地利用的格拉斯哥领导人宣言》，承诺到 2030 年停止砍伐森林，扭转土地退化状况，在保护森林问题上迈出了具有里程碑意义的一步。

我国西南边境地区具有丰富的森林资源，对于维持全球物种多样性、保护生物免受侵害起到重要的屏障作用。"一带一路"建设不仅拓展了我国与东南亚国家更加广泛的经济合作关系，也为共同开展森林资源保护与生物多样性合作提供了良好空间。在推进"一带一路"建设过程中，我国在西南边境与东南亚国家来往交流密切，在生态环境安全上高度相关。加强我国西南边境地区森林和生物多样性保护具有极其重要的意义。本文将着重探讨我国西南边境地区森林跨境保护的必要性和可行性，分析保护合作中存在的问题，并提出相关举措，以期为与沿线国家合作加强森林资源与生物多样性保护提供参考。

一、加强我国西南边境地区跨境森林生态保护的重要意义

（一）具有重要的生态屏障意义

地处我国西南边陲的云南是公认的生物种类分布集中、多样、具有研究意义的关键地区。云南西部至南部的边境线依次与缅甸、老挝、越南三国陆上相连；北部至东部与西藏、四川、贵州、广西四省（区）相接。云南地势北高南低，以山地高原地貌为主，连接南亚次大陆、青藏高原和中南半岛。

独特的地理位置使云南的自然环境、生物种类形成过渡性的区域特点，热带季

风气候、亚热带季风气候和热带雨林气候为其重要的气候类型，热带雨林和亚热带常绿阔叶林为其主要植被类型。热带雨林主要分布在西双版纳、德宏、红河等的南部地带，亚热带常绿阔叶林广泛分布在云南的中部和南部地区。西南边境地区邻国较多，边境线周边丛林密布、人口较少，因此跨境森林保护对于建立我国西南生态屏障、保护“一带一路”沿线的生态环境具有十分重要的生态意义。

（二）加强跨境森林保护有利于推动落实《生物多样性公约》

2002 年，包括中国和印度在内的非洲、亚洲和南美洲 12 个生物多样性资源丰富的国家，以及环喜马拉雅地区国家，在墨西哥坎昆成立了“生物多样性联盟”，缔结并发表了《坎昆宣言》。该宣言指出，所有国家都将继续促进发达国家与发展中国家以及不同国家利益集团之间关于生物多样性保护的对话，在谈判过程中共同商讨并建立良好的合作机制。

自 1992 年《生物多样性公约》发布以来，各国一直在探索和实践生物多样性跨境保护的各类举措。响应该公约的号召并结合国情，20 世纪 90 年代起，我国相继与邻国老挝、越南、俄罗斯等建立了生物多样性跨境合作保护关系。《生物多样性公约》第 8 条明确指出，缔约国应尽可能创建系统性的保护区机制以满足特定地区生物多样性保护的需求，确保保护区内外的生物资源得到连续性保护，增大对保护区邻近地区的保护，加强合作以保障上述目标的达成；跨境区域保护被列为《2011—2020 年生物多样性战略计划》（“爱知目标”）目标之一，进一步强化了多元主体跨境合作的法律意义。

（三）跨境森林具有重要的生态价值和经济价值

森林不仅具有生态价值，而且具有十分重要的经济价值。云南省 2011 年评估结果显示，2010 年云南省内国家级、省级自然保护区提供的森林生态服务价值高达 2 009.02 亿元，约等于 2010 年云南省地区生产总值的 27.8%。根据国际热带木材组织（International Tropical Timber Organization，ITTO）的统计，东南亚倚靠着全球热带雨林总量的 12%，占据了世界热带木材出口市场 83% 的份额。2016 年，我国的林业总产值首次突破 6 万亿元，林业产品进出口贸易额达 1 360 亿美元，我国成为世界林产品生产、贸易、消费第一大国。东南亚国家与我国在林产品贸易上的往来最为密切，贸易额占我国总贸易额的半数以上。近年来，旅游业成为林业经济延伸线上重要的一环，据联合国粮食及农业组织（FAO）估计，新型旅游业就业吸纳能力远超传统旅游业。此外，随着低碳化的全球经济模式兴起，林业的碳汇交易市场和就业容量也在逐渐扩大。未来，随着森林新的衍生价值和业态持续增多，产业链还将持续扩展延伸。

二、我国西南边境地区跨境森林保护现状

（一）中国森林保护现状

我国早在 1984 年就颁布了《中华人民共和国森林法》。2000 年国务院发布《中华人民共和国森林法实施条例》，各地纷纷颁布了森林资源保护管理条例。2017 年 10 月，“完善天然林保护制度”被写入党的十九大报告。2019 年 7 月，《天然林保护修复制度方案》实施。在实施层面，西双版纳从立法保护、科学保护、联合保护、在发展中保护 4 个层面来保护境内的森林，不仅修订并严格执行各项保护条例，而且积极与科研机构携手，增强对生物多样性的研究；广西恭城加强对古树名木和珍贵树木的保护，禁止采伐树木和山地放羊。

尽管各地对森林资源的保护卓有成效，但过量砍伐、自然灾害等威胁仍持续存在。另据国家统计局数据显示，2010—2019 年我国每年森林火灾总数约 2 000 次，多集中于中西部地区。据《中国林业统计年鉴》数据，每年用于扑救森林火灾的经费和火灾造成的其他损失总计均超 1 亿元，2014 年甚至突破 5 亿元，损失年际波动幅度较大。由此看来，我国森林资源现状虽有所改善却仍旧不容乐观，森林保护仍具有较大上升空间。

（二）东南亚国家森林保护现状

东南亚包括中南半岛和马来群岛的 11 个国家，植被多为热带雨林和热带季雨林，森林资源十分丰富。东南亚早期一直是大规模砍伐热带雨林的反面典型。然而，自 20 世纪 90 年代以来，一些国家出现了森林转型，即森林面积从净毁林转变为净增加。联合国粮食及农业组织颁布的《2015 年全球森林资源评估报告》称，东南亚地区面积为 447 万 km^2，其中森林面积约 210 万 km^2，约占全球热带森林面积的 17%，存储约 26% 的生物碳。尹思阳等（2019）运用遥感技术分析了缅甸、泰国、老挝、越南、柬埔寨五国在 2010—2018 年的植被净初级生产率（NPP，可用来衡量区域覆被变化对植物的影响程度）变化趋势，发现这几个国家的树木覆盖率在 60% 上下波动。

近年来，生物多样性保护的形势日趋严峻，东南亚国家也纷纷制定相关法律，采取措施保护森林资源。例如，2011 年，缅甸实行了两项重大的林业改革，其一是

高度重视林业用地变化，减少原生木材的砍伐量。该国国家木材公司依照政策制订了逐步渐少木材采伐量的计划；其二是要求停止向国外输出原木商品。实际上，马来西亚、印度尼西亚、柬埔寨、越南、泰国等东盟国家在各自国内很早就开始实行避免向国外直接输出原木产品的措施。同时，缅甸还以《缅甸联邦森林法》为核心，形成了以《缅甸联邦林业章程》《国家森林采伐实施细则》等规章制度和政策文件为补充的较为完备的法律体系。

泰国除了在政府层面加强对森林的保护外，有大批的僧侣组成团体参与生态保护行动，比如 Wat Arunyawas 寺的住持为树木“举办加持仪式”，该项活动已持续了近 30 年。老挝每年都会统计全国的森林总储量，规划保有量，以确定未来一年对森林的开采数量和栽培数量，同时还针对其国内植树造林和退耕还林设立专项资金，采取低利率政策和政府补贴机制，鼓励企业植树造林。

但也应看到，东南亚国家处于发展中国家行列，民众受教育程度普遍较低，经济和科技发展水平不高，仍旧要把经济发展摆在政策首位，丰富的森林资源自然成了国家经济发展的依靠和基础，东南亚国家对森林资源的保护显然任重道远。

三、我国西南边境地区跨境森林保护合作中存在的问题

西南边境沿线国家期望与我国优先开展林业跨境合作。其中，缅甸、泰国表示最期望我国分享其制度建设的经验；柬埔寨表示最期望我国可以提供野生动物活动监控设备；越南和老挝希望我国可以在制度建设的经验交流、协助开展资源调查和协助改善周边林业社区社会经济发展模式等所有领域都开展合作。尽管与西南边境沿线国家林业合作已取得一定成果，但合作也面临一些障碍，亟须完善解决。

（一）政策层面对接不清晰，政策连贯性和持续性不强

由于跨境合作需要两国甚至多国协同参与，且东南亚各国在政治制度、政策、法制、组织机构等方面有所不同，对森林保护的意识和理解程度各有不同，但都已形成一套较为独立的森林保护自我机制，因此在合作实践中势必会产生冲突，成为难以规避的问题。例如，老挝、缅甸、越南在捕猎野生动物的执行力度上就存在较大差别。再如，缅北地区近年来较为动荡，一些地方政权长期落入民间武装组织，政策连续性难以保证。同时，与东南亚国家之间的关系如不能保持持续稳定，就会给跨境森林保护合作带来较大障碍。此外，相较我国，东南亚国家跨境森林保护的合作意愿不强，森林保护政策机制仍不够完善。

（二）法律层面尚缺乏详细的规定

跨境合作既要考虑双方信息和人员的流动，又不可忽视对国家安全的维护，由于边境这个特殊的国家要素，需要投入大量的人力、物力来维护边境的安全，更不用说边境线漫长的我国西南地区。目前，在我国国内立法上，只在《中华人民共和国环境保护法》第十九条中对跨境区域保护有规定，《云南省生物多样性保护条例》中指出“对生物多样性开展跨境合作以及建设生态走廊”，但在林业保护上没有更加细化的法律规定。

（三）实践层面存在语言和缺乏资金、专业人才等障碍

外部资金的支持和本国的经济实力对于开展森林保护合作是最基础的支持。在我国的跨境合作保护区中，中老跨境生物多样性联合保护区、中越跨境生物多样性廊道建设依靠亚洲开发银行的资助得以进行。对我国来说，漫长的边境线使得人为干预的投入成本较大，且不能保证效果。而东南亚国家普遍综合国力较差，当前还以经济发展为主，较为关注短期的投入产出比，一旦短期效果未达到预期效益目标，持续性的合作恐怕难以保证。

此外，跨境合作不同于其他形式的合作，语言交流首先要放在首位。语言障碍势必会带来信息的误差、工作的低效，合作双方都亟须培养语言专业人才。老挝因其较缺乏翻译和技术人才，在中老跨境生物多样性联合保护第 12 次交流年会上，多次向中方表达希望可以举办相关培训的意愿。再者，跨境森林保护需要从事林业相关工作的大量技术人才，以进行专业化和系统化的保护工作，并非普通的林区工作人员可以胜任的。

四、对策与建议

一是推动落实“昆明宣言”和《关于森林和土地利用的格拉斯哥领导人宣言》，推动跨境区域保护行动。COP15 第一阶段会议正式通过了“昆明宣言”，各国应在新的“2020 年后全球生物多样性框架”的指导下，加快落实《关于森林和土地利用的格拉斯哥领导人宣言》目标，开展跨境区域保护行动，积极探索各国在边境森林保护方面的利益和效益共同点，建立切实有效的合作机制，成立联合组，推动各项工作的进展。

二是加强多种形式、多个层级的合作，积极探讨丰富新的跨境保护合作形式。当前，我国的跨境合作主要有 3 种形式，即国家层面合作、地方政府间合作、社会

组织层面合作。国家层面合作主要开展事务谈判、制定行动战略。地方政府间合作机制较为灵活机动，实际效果好。社会组织则充当支持和参与的角色，行动模式更专业。总体来讲，政府与社会组织达成合作在一定程度上可以弥补政府政策的缺失，减轻政府人员繁重的工作任务，同时政府可以为社会组织在工作上提供一定的政策支持，保证工作有效推进。

三是积极扩展合作资金来源，总结经验，丰富合作内容。与各类非政府组织、社会组织等建立有效联系，扩展资金来源渠道。此外，建议进一步总结已有合作经验，丰富合作内容。20 世纪 90 年代，我国就在跨境生物多样性保护领域进行了初步探索，可系统总结相关经验，围绕森林恢复与植树造林、生物多样性保护及保护区建设、合法原料认证、打击非法贸易、林业人才培养与培训、森林资源调查、林业科技合作与交流等方面，持续与我国西南边境沿线国家开展跨境森林合作，积极拓展在森林碳汇、生态扶贫等领域的合作内容。

四是搭建跨境森林与生物多样性保护合作平台，推动人才、项目、科技合作。跨境合作的实现，离不开信息的畅通和人员的培养。考虑在有条件的地区设置专业科研机构和学院以及标本数据库等，及时、科学、灵活地调整保护策略。培养专业人才，不仅可以提高当地文化软实力，还能增加当地就业机会、完善就业体系。推动信息共享，提升工作效率，规范工作流程。在实践中，视情开展有关生物物种保护、生物资源调查联合科学考察。规划好森林保护的行动计划。此外，可利用遥感等地学工具对生物物种动态变化进行监测，并对突发事件精准定位、迅速响应。

参考文献

金龙，2018. 老挝森林保护政策研究［D］. 北京：中国地质大学（北京）.

李启平，向国成，晏小敏，2013. 农村劳动力转移的新途径：基于创意农业视角［J］. 西北农林科技大学学报（社会科学版），13（6）：1-6.

欧阳爱辉，2020. 缅甸的森林保护法律制度［J］. 世界环境，（5）：58-59.

沈自峥，2018. 基于引力模型的中国与东盟木质林产品贸易研究［D］. 哈尔滨：东北林业大学 .

苏莉，戴春莉，杨荣凤，等，2021. 云南森林资源遥感监测及时空变化分析［J］. 陕西林业科技，49（1）：52-59.

王宏巍，2004. 完善我国林业立法与依法治林［J］. 中国林业企业，（2）：38-40.

王跻崭，2019. “一带一路”沿线东南亚国家林业资源开发［J］. 长安大学学报（社会科学版），21（5）：35-43.

尹思阳，吴文瑾，李新武，2019. 基于遥感和气候数据的东南亚森林动态变化分析［J］. 遥感技术与应用，34（1）：166-175.

曾觉民，2018. 云南自然森林分类系统及地理分布研究［J］. 西南林业大学学报，38（6）：1-18.

张风春，刘文慧，李俊生，2015. 中国生物多样性主流化现状与对策［J］. 环境与可持续发展，40（2）：4.

International Tropical Timber Organization（ITTO），2022. Tropical timber products：development of further processing in ITTO producer countries［R］. Geneva：ITTO.

Nigel D，Kalemani J M，Sheldon C，et al.，2005. Towards Effective Protected Area Systems，An Action Guide to Implement the Convention on Biological Diversity Programme of Work on Protected Areas. Technical Series No.18［R］. Montreal：Secretariat of the Convention on Biological Diversity.

“一带一路”视角下推进可持续水电项目合作的国际经验比较研究

闫　枫　王　莹　张欣哲　刘雨青

近年来，低碳绿色发展已成为全球共识。“一带一路”共建国家的可再生能源投资比例在不断提高，特别是我国宣布停止新建境外煤电项目以来，可再生能源投资成为海外能源投资的重点。部分“一带一路”共建国家具有较为丰富的水资源，为水电项目的开发和利用提供了有利条件。然而，一些“一带一路”共建国家处于生态较敏感地区，开发水电带来的生态环境问题也日益受到关注。为此，本文研究分析了国际水电协会发布的《2021 年水电现状报告行业趋势和见解》以及欧洲、美国、日本等国家和地区的水电开发经验，拟为“一带一路”共建国家水电项目合作提出相关建议参考。以上国家和地区的水电开发主要经验包括优化水电开发和储能管理布局，出台相应政策激励水电投资，通过升级现有水电设施升级水电产能，以及积极发展中小水电和通过替换设备提高发电效率等。

本文通过比较研究，对推动“一带一路”共建国家水电项目提出相关启示建议，主要包括：应参考相关国际经验，借助绿色“一带一路”相关合作机制与平台，加强与共建国家在可持续水电相关能源结构与布局优化、金融支持、技术改造与提升等专题领域的交流与合作；应注重对可持续水电理念、政策、开发导则等的分享，考虑在对外援助体系中设立有关于“一带一路”共建国家共同开发具体适应水电项目可持续管理的技术援助项目；根据“一带一路”共建国家发展阶段和自然环境等特点禀赋，加强国别和项目适应性研究，为“一带一路”共建国家水电项目提供支持。

一、国际水电开发整体情况

从国际水电可持续开发的模式上看，水电可持续利用大致分为两种模式，即常规水电站和抽水蓄能电站。从全球范围来看，常规水电装机总容量约为 12 亿 kW，开发程度约为 30%。欧洲、北美洲国家在开发程度上较为充分，开发程度为 40%～54%。发展中国家中，南美洲、亚洲国家（环喜马拉雅地区国家）普遍在 20%～26%；非洲国家相对较低，不超过 10%；我国整体开发程度仅为七国集团（法国为 88%、意大利为 86%、日本为 73%、美国为 67%）平均水平的约一半，开发潜力较大。

（一）近年来水电在全球的整体发展现状和趋势

在全球因气候变化要求减少温室气体排放的背景下，水电作为可规模化利用的清洁能源，相较于化石能源具有相当大的优势，也因为如此，水电在过去的几十年得到大规模的开发利用。同时，开发水电带来的生态环境问题也日益受到国内外专家的广泛关注。例如，20 世纪 80 年代初，欧美一些发达国家开始针对水坝建设对生态环境的影响、流域及河流生态系统恢复等方面开展了较多的研究工作。为控制水电开发造成的负面生态影响，瑞士的绿色水电评价和美国的低影响水电等认证体系得以颁布应用。

如图 1 所示，2020 年全球水电总装机容量增加了 21 GW，较前一年增长 1.6%。

2020年水力发电量	2020年达到的水电装机容量	2020年新增装机容量（包含抽水蓄能）	2020年抽水蓄能装机容量	2020年新增抽水蓄能装机
4 370 TW · h	1 330 GW	21 GW	159.5 GW	1.5 GW
比2019年增加 1.1%	比2019年增加 1.6%	2019年新增装机 15.6 GW	比2019年增加 0.9%	比2019年增加 0.3 GW

图 1　2020 年与 2019 年全球水电情况对比

资料来源：根据国际水电协会《2021 年水电现状报告行业趋势和见解》数据绘制。

相比之下，2016—2020 年，装机容量同比增长平均为 1.8%。值得注意的是，年增长率与大型项目（开发期为数年）的投产时间有较大关联。尽管如此，如果要应对气候变化和能源供给等一系列问题，全球各地区也需要持续进行水力开发等能力建设。

（二）将全球温升控制在 1.5℃内所需要的水电建设规模

2020 年全球水电装机容量为 1 330 GW，并在持续增长，如图 2 所示；主要水电新增装机容量和水电发电量集中在东亚和太平洋地区，分别如图 3、图 4 所示。

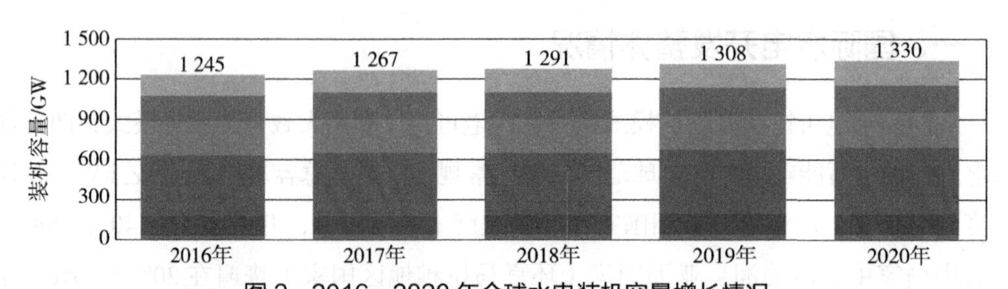

图 2　2016—2020 年全球水电装机容量增长情况

资料来源：根据国际水电协会《2021 年水电现状报告行业趋势和见解》数据绘制。

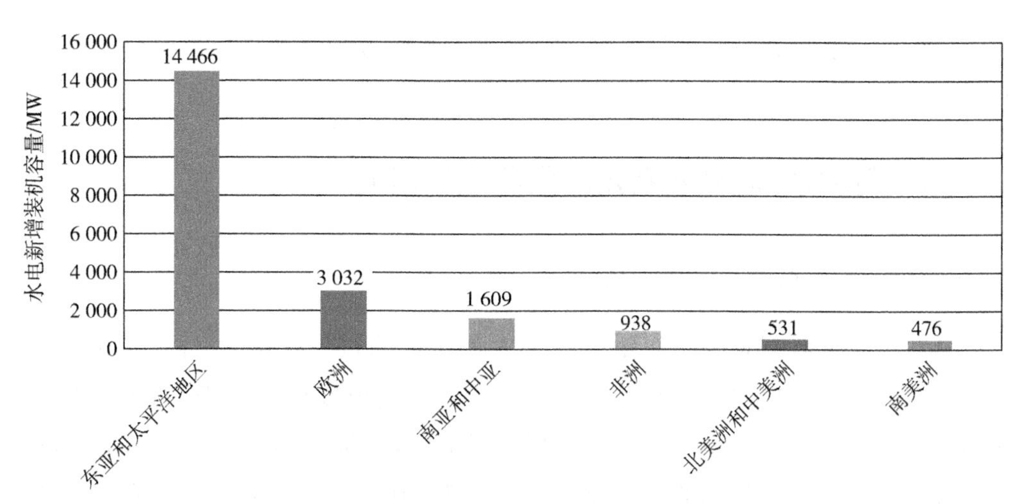

图 3　2020 年各地区水电新增装机容量

资料来源：根据国际水电协会《2021 年水电现状报告行业趋势和见解》数据绘制。

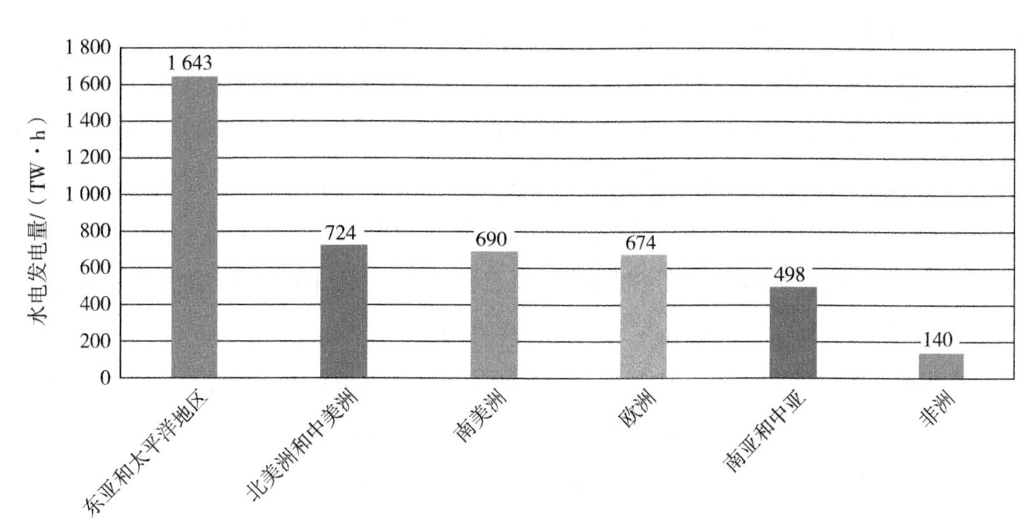

图 4　2020 年各地区水电发电量

资料来源：根据国际水电协会《2021 年水电现状报告行业趋势和见解》数据绘制。

国际能源署（IEA）和国际可再生能源署（IRENA）等多边机构此前表示，要将全球温升控制在 2℃以内，全世界还需要大约 850 GW 的新水电装机容量。要实现这一目标，全球水电装机容量年均增长需要达到约 2%。

如果想把温升控制在 1.5℃以内，挑战则更加艰巨。IEA 发布的 2050 年净零排放报告估计，到 2050 年，大约需要新增 1 300 GW 的水电装机容量，才有机会将全球温升控制在 1.5℃以下。而 2020 年全球的新增水电装机容量仅为 21 GW，如果按照 IEA 指出的目标，需要在未来 30 年建设与过去 100 年相同的水电发电能力。要实现这一更加宏大的目标，全球水电装机容量年增长率需要至少提高到2.3%。

二、可持续水电开发利用的国际比较研究

（一）国际水电装机容量比较

2020 年，全球有总装机容量为 21 GW 的水电项目投入运营，高于 2019 年的 15.6 GW，其中近 2/3 来自中国，为 13.76 GW。在 2020 年增加新产能的其他国家中，只有土耳其（2.5 GW）的增加超过了 1 GW。抽水蓄能水电总新增容量为 1.5 GW，高于 2019 年增加的 0.3 GW，其中大部分在中国（1.2 GW）。以色列在创新的融资模式下调试了 0.3 GW 的吉尔博亚山项目。

中国作为水电装机规模最大的国家，抽水蓄能仍是能源转型的重点领域之一。国家能源局发布的《2021 年能源工作计划》中重点提出了全国抽水蓄能中、长期规划，到 2025 年，抽水蓄能投产总规模较“十三五”时期翻一番，达到 62 GW 以上；到 2030 年，抽水蓄能投产总规模较“十四五”时期再翻一番，达到约 120 GW；到 2035 年，形成满足新能源高比例大规模发展需求的、技术先进、管理优质、国际竞争力强的抽水蓄能现代化产业，培育形成一批抽水蓄能大型骨干企业。2021 年 4 月，中国发布了有关抽水蓄能定价机制的意见，该机制建议中国所有抽水蓄能电厂在 2023 年后采用基于容量和电量的二部制定价机制。

在水电总装机容量方面，中国保持世界领先，超过 370 GW，与巴西（109.3 GW）、美国（102 GW）、加拿大（82 GW）和印度（50.5 GW）位列全球前五名，日本（50 GW）、俄罗斯（49.9 GW）仅次于印度，之后是挪威（33 GW）和土耳其（31 GW），如表 1、图 5 所示。

表 1　水电总装机容量和发电量（截止到 2020 年年底）

国家	水电总装机容量 /MW	抽水蓄能水电 /MW	发电量 /（TW·h）
中国	370 160	31 490	1 355.20
日本	50 016	27 637	89.17
美国	102 000	22 855	291.00

数据来源：国际水电协会。

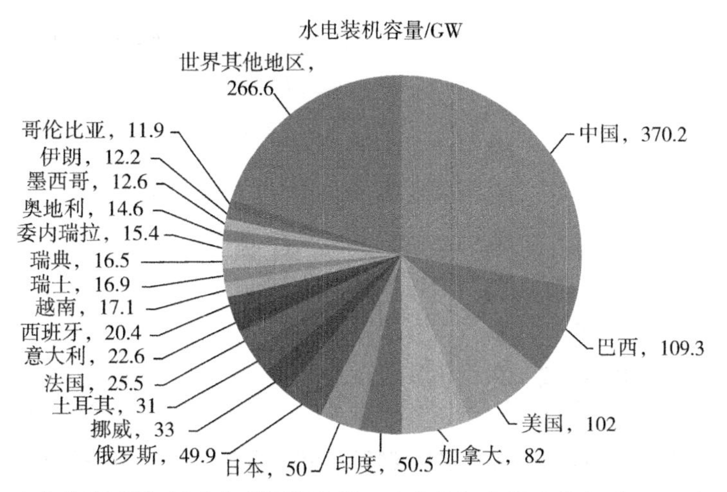

图5　水电生产国前20名和世界其他地区水电装机容量（截止到2020年年底）

资料来源：根据国际水电协会《2021年水电现状报告行业趋势和见解》数据绘制。

同时，也应注意到我国水能资源开发率不足50%（截至2020年年底），与发达国家水能资源开发率仍有一定差距（如瑞士为92%、法国为88%、德国为74%、日本为73%、美国为67%）。按照我国水能资源禀赋条件，仍具有一定开发潜力。参考国际水电协会预测成果，我国2030年在2020年的基础上新增常规水电装机容量约80 GW，常规水电总装机容量达到420 GW，西南地区规划水电基地全面形成，澜沧江、金沙江等主要河流干流水电开发基本完毕；到2050年，实现在2030年基础上新增常规水电装机容量70 GW，常规水电总装机容量达到490 GW，雅砻江、大渡河和怒江等大江大河的水电资源基本开发完毕。

（二）欧洲可持续水电开发经验

1. 水力发电在欧盟能源结构中占有重要地位

现阶段，欧洲大陆正在向更清洁的能源结构过渡，风能和太阳能的贡献率在迅速增加，但水电仍是欧洲可再生能源的主要来源。2020年，欧洲的水电装机容量增加了3 GW，主要来源于土耳其新投产的水电站以及挪威和阿尔巴尼亚新增的水电站，如图6和图7所示。2020年，由于北欧和伊比利亚的产能增加，欧洲水力发电比上一年增加了近4%。欧盟27国在2020年达到了一个关键的节点，所有可再生能源的发电量首次超过了化石燃料，这是风力发电和太阳能发电持续增长（预计到2030年约增长两倍）以及燃煤发电量下降所致。水力发电量占欧盟总发电量的13%，凸显了水力发电在欧盟能源结构中的重要地位。欧洲在抽水蓄能水电和电网互联互通项目方面也取得了进展，这也是确保欧洲能源系统更具适应力和灵活性的重要措施之一。

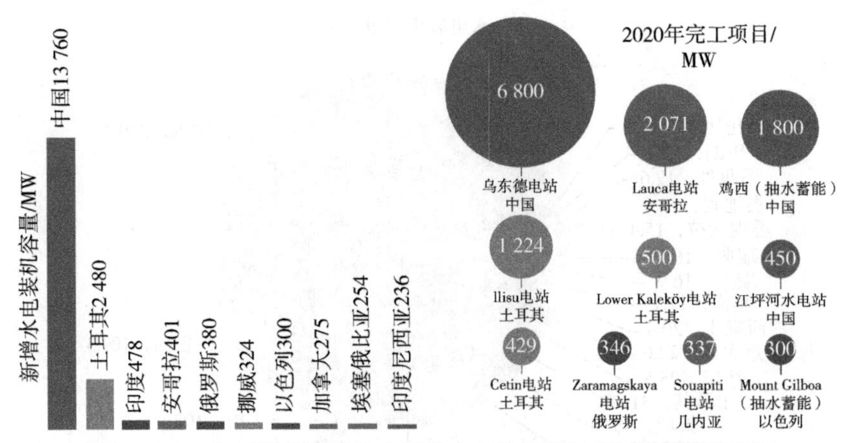

图 6　2020 年新增水电装机容量前十名的国家及 2020 年完工项目

资料来源：国际水电协会。2020 年，新冠肺炎疫情导致欧盟的电力需求下降了 4%。

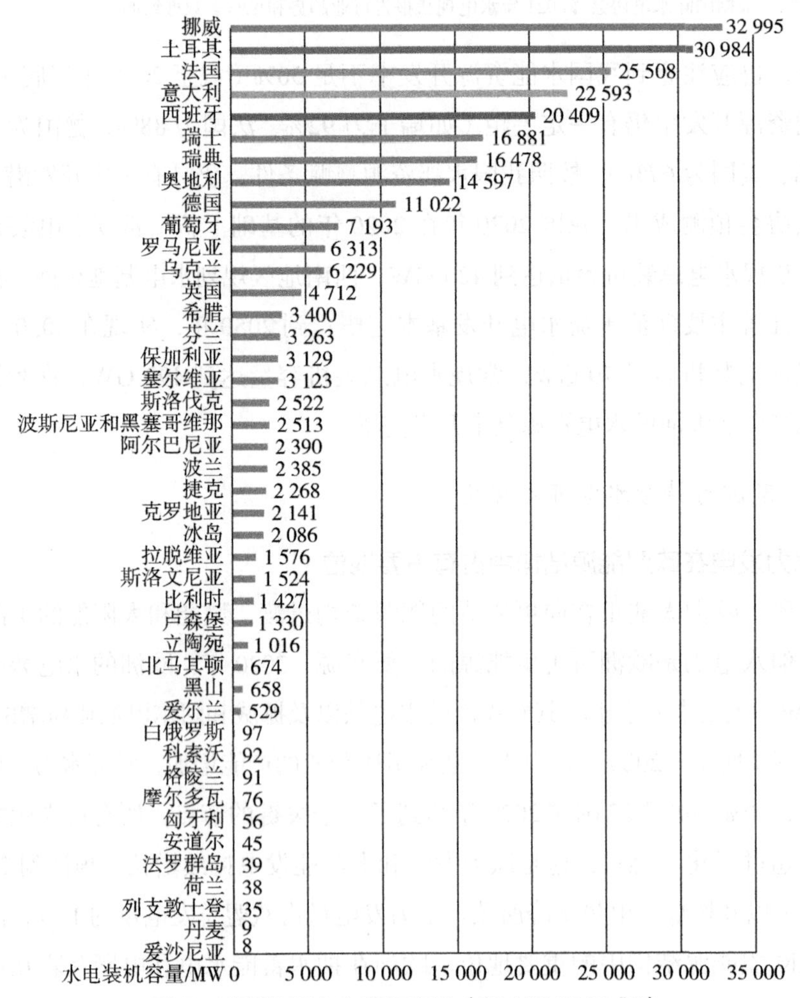

图 7　欧洲地区水电装机容量（截止到 2020 年）

资料来源：根据国际水电协会《2021 年水电现状报告行业趋势和见解》数据绘制。

新冠肺炎疫情对经济的影响也促使欧盟各国政府采取行动支持经济复苏，欧盟发行了“复兴措施基金”。欧盟国家只要提交国家投资和改革计划，就可以获得该基金的资金，水电和其他可再生能源项目均有资格申请。欧盟制定的其他与水电开发相关的政策主要包括《欧盟分类法规》，该法规对不同经济活动（包括水电）满足环境可持续性认证设置了标准。此外，欧盟还批准了《欧盟绿色协议》，其目标是到2050年实现绿色增长、环境保护、碳中和经济。

2. 在水电开发和储能管理方面优化布局

此外，欧洲在水电开发和储能管理方面也进行了优化布局。根据欧洲输电运营商联盟（ENTSO-E）的数据，2021年1月，欧洲逃过了一场规模堪比2021年2月美国得克萨斯州电力危机的停电事件。2021年1月8日，克罗地亚一座变电站发生故障，导致东南欧电网频率急剧增高，而西北部电网频率相应下降，如果不在几秒内高效解决，这种频率下降（或供电中断）通常会导致重大电力故障和大面积停电。所幸，这次事件由于灵活的水力发电和气电厂调峰迅速增加了发电量而得到解决，也凸显了水电的灵活性和储能服务的重要性。

（三）美国可持续水电开发经验

1. 通过升级现有的水电设施实现水电产能的持续增长

2019年，水力装机容量（80.25 GW）占美国发电装机容量的6.7%，其发电量（27.4万GW·h）占美国总发电量的6.6%，占可再生能源发电量的38%，水力发电被广泛应用于美国电力系统。在美国许多地区，水电提供的频率调节和储备比其在装机容量中所占的份额多。通过升级现有电厂和其他类型的创新性项目，美国水电产能继续增长。自2017年以来，美国水电装机容量净增加0.431 GW，从2010年至2019年，总净增长1.688 GW，主要是通过现有设施的容量增加、管道和运河中的新水电以及为非动力大坝（NPD）供电。

抽水蓄能水电（PSH）占美国电网蓄能的93%，其增长速度与所有其他蓄能技术相当。2019年，美国43座PSH电厂的总装机容量为21.9 GW，预计储能容量为553 GW·h，占公用事业规模储能容量（GW）的93%，占电能储存容量（GW·h）的99%以上。从2010年至2019年，PSH的新增装机容量（1.333 GW）与美国所有其他形式的储能装机容量（1.675 GW）的总和接近，这主要是通过对现有电厂升级实现的。

2. 调整水电政策以激励对新水电和抽水蓄能水电的投资

从2017年至2019年，美国对水电政策进行了较大调整，主要内容是修改了水电许可程序和开发商寻求建设新水电站或 PSH 的激励措施，关于第 401 章节水质认证流程的新规则旨在提高联邦水电授权流程的效率。现阶段，美国各州正致力于实现可再生或清洁能源任务和储能目标，这可能有助于刺激对新水电和 PSH 的投资。

美国现有的水电发电机组规模较大，发电容量超过 80 GW，如图 8 所示。一些水电站的使用寿命或经济寿命将在未来几十年内结束。为了避免美国水力发电加速造成不必要的损失，将通过改造现有的发电机组，继续提供清洁、灵活的电力，并确保美国未来 100% 的清洁能源。通过升级现有水电站，利用其他现有基础设施，如无动力大坝和其他已建水道，而无须建造大型新水坝和水库，可以适度扩大稳固灵活的水电规模。

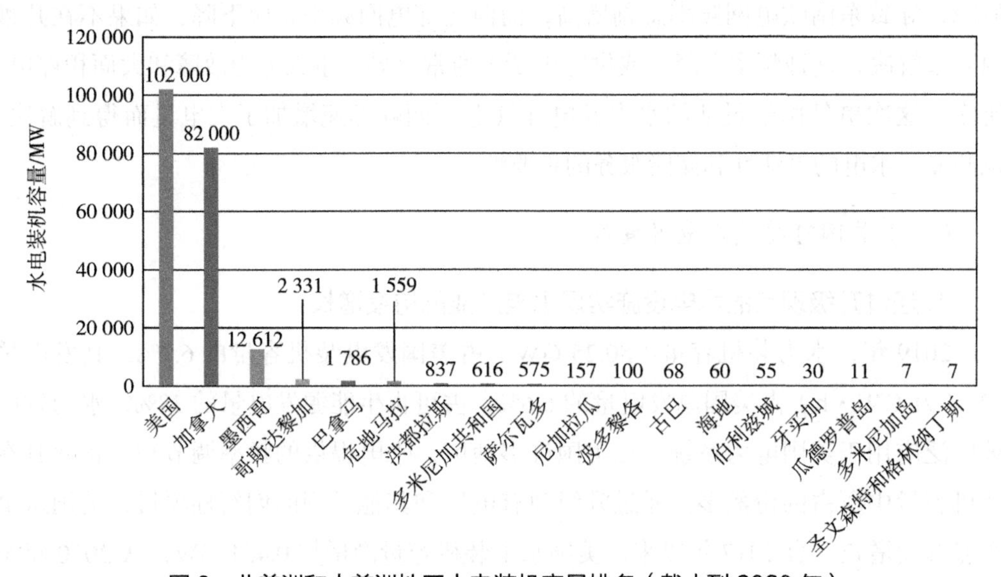

图 8　北美洲和中美洲地区水电装机容量排名（截止到 2020 年）

资料来源：根据国际水电协会《2021 年水电现状报告行业趋势和见解》数据绘制。

在过去十年，美国已经开发了几十个此类新项目，例如将新的水电技术作为灌溉现代化项目的一部分，推进水系统可持续性和农业脱碳目标。美国持续推进水基础设施的不断升级和现代化，其水电创新也取得一定进展，新项目通过结合配水和地下水补给、入侵水生物种管理以及水质监测和改善，以增加水电项目的可持续性。

抽水蓄能水电是美国储能的最大贡献者，装机容量为 21.9 GW，约占美国公共事业规模储能容量的 93%。PSH 可以提供数十到数百吉瓦的额外长时间存储，项目旨在存储数天到数周或数月的能量。持续投资以降低成本、缩短施工时间、展示新型抽水蓄能技术并降低风险，减少美国 PSH 的市场和其他部署障碍，确保随着其他储能技术的不断成熟，尽可能多地提供低成本的和互补的储能选择。

在美国，水电也被利用和升级，以直接缓解气候变化带来的一些影响，并提高河流流域的生态恢复力。例如，水电运营通过提高从水库深处释放冷水的能力，监测和控制入侵物种的传播，以减轻更强烈洪水的影响，帮助缓解高水温。由于气候变化对水电和大坝及水基础设施构成了复杂而不确定的威胁，美国还运用新的分析工具和监测技术，以确保其水系统具有气候适应性。

此外，美国有大量的国内劳动力和供应链支持现有的水电和抽水蓄能行业。2016 年，美国相关机构研究表明，到 2030 年，美国水电和抽水蓄能行业可以增加超过 10 万个就业岗位；此外，在正常情况下，还可以继续支持超过 13 万个劳动力。美国水电相关开发机构通过教育科学、技术、工程和数学（STEM）推广项目以及提供培训机会等方式，支持从业人员的发展和增长，以确保水电行业的可持续发展。

此外，美国联邦政府对水电站建设也有金融方面的政策倾斜，甚至直接拨款兴建水电站。美国早期水电开发中，水电站用售电所得利润向美国联邦政府还本付息；银行提供长期低息贷款，利率由国家规定，一般为 5%～9%，对水电站减免各种税收，大型水电站不向美国联邦政府缴纳税费。

（四）日本可持续水电开发经验

1. 在现有的不用于发电的大坝安装发电设备，或应用新的发电设备更换旧发电设备，以提高发电效率

虽然水电支撑了日本之前的高速发展，但很多地方都已开发完毕，能建新水坝的地方有限，而且建水坝还需要大量的资金和时间。基于此，日本在 2014 年制定的《基本能源规划》中，规定可以在现有的不用于发电的大坝安装发电设备，也可以用新的发电设备更换旧发电设备，以提高发电效率。到 2030 年，如果仅在正在进行的安装项目或经济安装项目上进行开发，发电量预计将达到 862 亿 kW · h；如果通过技术开发等方式提高现有电厂的产量，发电量预计将达到 904 亿 kW · h。

2. 积极发展中小型水电，对水电项目中的长期类调查项目给予支持，对中小型水电实施一定补贴

现阶段，日本采用 0.03 GW 以下的中小型水电代替大型水电的情况正在增加。相较大型水电项目的环境影响和投资体量，小型水电作为一种具有高回报率、高能源转换效率、较低成本的能源供给形式，在国际上具有较多实际应用。《世界小水电

发展报告》指出：全球仍然有60%以上的小水电资源尚未开发，已建设的小水电的可持续管理有待进一步提高。

此外，日本中小型水电也实行上网电价补贴，电力企业以固定价格购买可再生能源发电，认证量自引入电价后稳步提升。日本为实现2030年的能源结构目标，除提高现有电厂发电量外，还积极发展有很多未开发点的中小型水电。基于小水电开发的难度，日本正在制定长期调查的补贴和支持项目。此外，日本为降低中小微企业的水力发电风险，已经确定了购买价格；在以这种方式推动中小型水电扩容的同时，日本还计划在中长期内脱离上网电价制度，以实现低风险、高性价比的中小型水电发展。

3. 发布简单易懂、适用范围广的《小水电开发手册》

日本发布了《小水电开发手册》。日本国际协力机构发布的《小水电开发手册》内容较为充实，涵盖了电源规划、设计、施工与运行、环境与可持续管理、农村电气化等方面，还包含了资助项目的开发流程与要求等内容，手册简单易懂、适用范围广，通过列出清单等方式保证了广泛的适用性和可持续性。

日本政府在推动水电建设方面也有金融政策支持，对具有综合开发效益的水电工程建设给予倾斜。日本政府对水电开发实行财政补贴，装机容量等于或小于2万kW为的补贴率为10%，大于2万kW的补贴率为5%，并按照“可分费用-剩余效益法”由相应受益方进行投资分摊。日本还通过其海外援助机构，以及支持国际多边金融机构开展水电类技术援助项目，推动日本水电开发的理念、标准和技术在境外应用。

三、推动“一带一路”共建国家水电项目合作的相关启示与建议

（一）借助绿色“一带一路”相关合作机制与平台，加强与共建国家在可持续水电相关能源结构与布局优化、金融支持、技术改造与提升等专题领域的交流与合作

在持续深入分析比较国际水电建设已有政策、技术和实际建设运营方式的基础上，应参考发达国家在可持续水电相关能源结构与布局优化、财政与金融政策扶持、技术改造与提升等方面的经验，并结合总结提炼我国国内流域梯级水电站建设和运营管理的良好经验，借助绿色“一带一路”相关合作机制与平台，加强与共建国家在宏观层面的可持续水电政策对话与专题领域交流，在“一带一路”水电具体项目开发中注重研究重点区域和共建国家的能源结构与需求，为稳妥推动“一带一路”

水电项目开发与可持续运营创造良好的合作基础和条件。

（二）注重对可持续水电理念、政策、开发导则等的分享，考虑在对外援助体系中设立有关于“一带一路”共建国家共同开发具体适应水电项目可持续管理的技术援助项目

应参考相关国际经验，注重在“一带一路”共建国家的相关国际援助类项目中，考虑设立和持续支持与可持续水电相关的长期调查合作类项目，用于推动相关水电调查研究类技术援助合作，深入了解并引导共建国家积极发展适用于其水电资源禀赋的中小型水电项目，对共建国家开展可持续水电长期调查分析类项目给予支持，共同研究对共建国家中小型水电实施补贴的政策可行性，共同编制适用的中小型水电开发环境管理手册，促进“一带一路”共建国家水电项目的可持续管理。

（三）根据“一带一路”共建国家发展阶段和自然环境等特点禀赋，加强国别和项目适应性研究，为“一带一路”共建国家水电项目提供支持

“一带一路”共建国家中，环喜马拉雅地区和南美安第斯山脉东麓河流与西麓的亚马孙河流域的一些国家经济增长潜力较大，对清洁能源需求较大。后续，应结合对“一带一路”共建国家经济社会、环境的阶段性分析研究，特别是集合水资源、水环境的潜力研究，在相应国别和项目适用性等方面参考借鉴发达国家已有经验，特别是结合共建国家能源转型需要，优先考虑与共建国家对现有水电工程的扩容改造，充分发挥水电项目对环境的微调节作用，为“一带一路”共建国家水电可持续发展提供技术支持。

参考文献

安雪晖，柳春娜，黄真理，2015. 长江流域水电开发可持续性评价体系［J］. 中国发展，15（2）：7-13.

崔振华，杨帆，林凝，2019. 小水电国际标准梳理与对比研究［J］. 小水电，（6）：1-5.

何鋆，强茂山，2010. 大型水电项目知识共享现状与改进建议——基于典型案例的讨论［J］. 科技进步与对策，27（19）：71-74.

贾宝真，禹雪中，2013. 国内外水电环境及可持续性评价标准的比较［J］. 水力发电，39（4）：13-16.

焦敬平，池砚文，2019. 世界可再生能源发展情况分析［J］. 能源，(12)：59-63.
陆佑楣，2005. 中国水电开发与可持续发展［J］. 中国三峡建设，12（1）：4.
孙丹丹，刘园，蒋红，2020. 可持续水电评价方法研究［J］. 四川水力发电，39（2）：95-99.
杨永江，张晨笛，2021. 中国水电发展热点综述［J］. 水电与新能源，35（9）：1-7.
张希良，黄晓丹，张达，等，2022. 碳中和目标下的能源经济转型路径与政策研究［J］. 管理世界，38（1）：35-51.
张祥和，2014. 水电业可持续发展及水电工程管理模式探讨［J］. 黑龙江水利科技，(5)：189-190.
张仲孝，1998. 实施可持续发展战略　借鉴国际成功经验　加快我国水电开发的建议［J］. 中国能源，(6)：1-6.
周建平，杜效鹄，周兴波，2021. 创新思路　推动水电开发可持续发展——“十四五”水电开发形势预测与对策措施分析［J］. 中国电业，(8)：34-37.
Alfredsen K，Helland I P，Martins E G，et al.，2022. Perspectives on the environmental implications of sustainable hydro-power：comparing countries，problems and approaches［J］. Hydrobiologia，849（2）：261-268.
Alsaleh M，Abdul-Rahim A S，2021. Do global competitiveness factors effects the industry sustainability practices? Evidence from European hydropower industry［J］. Journal of Cleaner Production，310（2）：127492.
Alsaleh M，Abdul-Rahim A S，2021. The nexus between worldwide governance indicators and hydropower sustainable growth in EU 28 Region［J］. International Journal of Environmental Research，15（6）：1001-1015.
Almeida R M，Shi Q，Gomes-Selman J M，et al.，2019. Reducing greenhouse gas emissions of Amazon hydropower with strategic dam planning［J］. Nature Communications，10（1）：4281.
Abbasi T，Abbasi S A，2011. Small hydro and the environmental implications of its extensive utilization［J］. Renewable and Sustainable Energy Reviews，15（4）：2134-2143.
Álvarez X，Valero E，de la Torre-Rodríguez，N，et al.，2020. Influence of small hydroelectric power stations on river water quality［J］. Water，12（2）：312.
Bello M O，Solarin S A，Yen Y Y，2018. The impact of electricity consumption on CO_2 emission，carbon footprint，water footprint and ecological footprint：The role of hydropower in an emerging economy［J］. Journal of Environmental Management，219（1）：218-230.
Gyamfi B A，Bein M A，Bekun F V，2020. Investigating the nexus between hydroelectricity energy，renewable energy，nonrenewable energy consumption on output：evidence from E7 countries［J］. Environmental Science and Pollution Research，27（20）：25327-25339.
Gaudard L，Romerio F，2014. Reprint of“The future of hydropower in Europe：Interconnecting climate，markets and policies”［J］. Environmental Science & Policy，43：5-14.
Gaudard L，Romerio F，2014. The future of hydropower in Europe：Interconnecting climate，markets and policies［J］. Environmental Science & Policy，37：172-181.
Harper M，Rytwinski T，Taylor J J，et al.，2022. How do changes in flow magnitude due to hydropower

operations affect fish abundance and biomass in temperate regions? A systematic review [J] . Environmental Evidence, 11 (1): 3.

Jusi S, 2010. Hydropower and Sustainable Development: A Case Study of Lao PDR [M] . Southampton: WIT Press: 199-210.

Li C G, Lin, T, Xu, Z C, 2021. Impact of hydropower on air pollution and economic growth in China [J] . Energies, 14 (10): 2812.

Li J K, 2012. Research on prospect and problem for hydropower development of China [J] . Procedia Engineering, 28: 677-682.

Moran E F, Lopez M C, Moore N, et al., 2018. Sustainable hydropower in the 21st century [J] . Proceedings of the National Academy of Sciences, 115 (47): 11891-11898.

Pineau P O, Tranchecoste L, Vega-Cárdenas Y, 2017. Hydropower royalties: A comparative analysis of major producing countries (China, Brazil, Canada and the United States) [J] . Water, 9 (4): 287.

Rubio M D M, Tafunell X, 2014. Latin American hydropower: A century of uneven evolution [J] . Renewable and Sustainable Energy Reviews, 38 (1): 323-334 .

Shaktawat A, Vadhera S, 2021. Risk management of hydropower projects for sustainable development: a review [J] . Environment, Development and Sustainability, 23 (1): 45-76.

Spänhoff B, 2014. Current status and future prospects of hydropower in Saxony (Germany) compared to trends in Germany, the European Union and the World [J] . Renewable and Sustainable Energy Reviews, 30: 518-525.

Sun L J, Niu D X, Wang K K, et al., 2021. Sustainable development pathways of hydropower in China: Interdisciplinary qualitative analysis and scenario-based system dynamics quantitative modeling [J] . Journal of Cleaner Production, 287: 125528.

Tahseen S, Karney B W, 2017. Reviewing and critiquing published approaches to the sustainability assessment of hydropower [J] . Renewable and Sustainable Energy Reviews, 67: 225-234.

Venus T E, Smialek N, Pander J, et al., 2020. Evaluating cost trade-offs between hydropower and fish passage mitigation [J] . Sustainability, 12 (20): 8520.

Yoshida Y, Lee H S, Trung B H, et al., 2020. Impacts of mainstream hydropower dams on fisheries and agriculture in Lower Mekong Basin [J] . Sustainability, 12 (6): 2408.

Zarfl C, Berlekamp, J He F Z, et al., 2019. Future large hydropower dams impact global freshwater megafauna [J] . Scientific Reports, 9.

Zhang L X, Pang M Y, Bahaj A S, et al., 2021. Small hydropower development in China: Growing challenges and transition strategy [J] . Renewable and Sustainable Energy Reviews, 137: 110653.

Böttcher H, Unfer G, Zeiringer B, et al., 2015. Fischschutz und Fischabstieg – Kenntnisstand und aktuelle Forschungsprojekte in Österreich [J] . Österreichische Wasser- und Abfallwirtschaft, 67 (7-8): 299-306.

哈萨克斯坦绿色发展战略研究

谢 静 王语懿

一、哈萨克斯坦生态环境与经济发展状况

哈萨克斯坦国土总面积为 272.49 万 km^2，在世界上排名第九，哈萨克斯坦是世界最大的内陆国。哈萨克斯坦自然资源尤其是固体矿产资源非常丰富，境内有 90 多种矿藏、1 200 多种矿物原料，已探明的黑色金属、有色金属、稀有金属和贵重金属矿产地超过 500 处。哈萨克斯坦油气储量丰富，石油已探明储量居世界第七位、独联体第二位。煤储量位列全球第八，钨、铬、铀等固体矿产资源储量均名列世界前茅。采掘业是哈萨克斯坦国民经济的支柱产业。为了降低经济发展对资源的依赖程度，哈萨克斯坦近年来将经济发展重心转移到产业多样性和加工制造业的发展上。虽然工业结构多元化水平近年来有所提升，但哈萨克斯坦对采掘业的依赖短期依然难以转变。

哈萨克斯坦是全球 GDP 碳强度最高的十个国家之一，尽管该国对全球温室气体排放的贡献率不到 1%。哈萨克斯坦于 2009 年批准《京都议定书》，2016 年批准《巴黎协定》，其减排义务是到 2030 年将温室气体排放量减少到 1990 年水平的 15%。要实现这一目标，哈萨克斯坦需要每年减少 3 000 万～4 000 万 t 的二氧化碳排放。哈萨克斯坦计划在 2060 年实现碳中和目标。

市场研究机构 IHS Markit 发布的《2019 年哈萨克斯坦国家能源报告》称，哈萨克斯坦推行的节能政策已取得一定成果，但现行污染物排放标准仍明显低于经合组织[①]国家和中国的水平。该报告称，哈萨克斯坦超过 87% 的大气污染物排放来自固定来源，火力发电站所占份额最大，每年排放超过 11.9 万 t 固体颗粒物、12 万 t 氮氧化物和 31.9 万 t 硫氧化物，约占哈萨克斯坦全国大气污染物排放总量的 40%。大气污染物排放量不断增加，2020 年排放量为 257 万 t，高于 2019 年的 251 万 t。干旱的大陆性气候使得供水成为该国主要生态问题之一，涉及额尔齐斯河、伊犁河等

---

① 经合组织（OECD）是由 38 个市场经济国家组成的政府间国际经济组织，旨在共同应对全球化带来的经济、社会和政府治理等方面的挑战，并把握全球化带来的机遇。成立于 1961 年，成员国总数 38 个，总部设在巴黎。

跨界河流水资源利用，以及废水处理和水污染防治等。生活固体废物处置比例从2017年的3%提高至2021年的14.8%，工业固体废物处置比例从24%升至32%。根据哈萨克斯坦《国家绿色经济转型发展纲要》，固体废物处置比例到2030年应达到40%、2050年达到50%。

根据国际能源署（IEA）发布的数据，2016年哈萨克斯坦GDP能源强度在全球143个国家中排名第119位。哈萨克斯坦《国家绿色经济转型发展纲要》已提出明确目标，即2020年GDP能源强度比2008年水平降低25%，2030年降低30%。尽管在降低GDP能源强度方面已取得一定成绩，但哈萨克斯坦经济仍然具有“能源密集型”特点，哈萨克斯坦是世界上能源消耗最大的国家之一。采掘业能源消耗占工业制造业能源消耗的50%，仍然有近70%的发电量依靠煤炭。因此，对采掘业进行符合环保要求的改革，是哈萨克斯坦实现可持续发展的绝对优先事项。哈萨克斯坦应通过容量市场机制推动企业采用减少污染排放的最佳可行技术（BAT），包括在投资回收期内（不超过10年）提供相应的优惠政策，如减免排放费用、取消土地税和设备进口关税等。对提高固体废物处置比例也需要制定相应的税收激励政策。

如表1所示，哈萨克斯坦水资源领域存在的主要问题为：水利基础设施和节水设施的财政投入不足；用水效率低，公民节水意识不强；居民安全用水问题较严重，饮用水基础设施不足；水利基础设施、水文监测体系、灌溉体系、供排水体系、水净化和循环利用体系设备老化严重；缺乏检验和评估水资源管理效果的指标体系和法律法规；水资源信息透明度不够，公众难以全面了解国家水资源情况；缺乏应对与水有关的自然灾害（如春季融雪、旱涝灾害、河流改道、土壤盐碱化和沼泽化、水侵蚀等）的措施。

表1　哈萨克斯坦可持续发展挑战

可持续发展挑战	具体体现
水资源缺乏	• 哈萨克斯坦人均用水量约为3 650 m^3，比全球平均水平低近40%。在过去的几十年里，平均年降水量减少明显；由于地缘因素，上游流域邻国工业用水需求的增长对哈萨克斯坦影响巨大。 • 城乡差距大，农村地区的平均饮用水覆盖率仅为47%，落后的农业基础设施使2/3的农业用水被浪费
土地退化和沙漠化	• 由于过度放牧、石油开采、农业灌溉用水浪费、河流流量变化和气候变化等因素，哈萨克斯坦2/3的旱地正在退化，1/3的灌溉用地盐碱化。 • 土地沙漠化和盐碱化威胁国家粮食安全，降低植被覆盖率，威胁野生物种，减少农业收入
大气污染	• 电力行业、制造业、采矿业和交通运输业是空气污染物的主要来源。空气污染导致疾病增加，造成每年多达6 000人过早死亡

续表

可持续发展挑战	具体体现
气候变化	• 过去 10 年间气候变化已导致沙漠和半沙漠地区日益干旱，森林火灾发生越来越频繁。气候变暖趋势将进一步加剧，干旱、洪水、泥石流和滑坡等自然灾害的发生频率将上升
城市基础设施落后	• 城市基础设施投资主要集中在努尔苏丹和阿拉木图，造成了城乡基础设施严重失衡。许多市政服务设施（如交通、供水和卫生、集中供暖等）老旧且效率低下。据估计，哈萨克斯坦 75% 的城市基础设施需要修复或更换

哈萨克斯坦目前面临的全球共有的环境挑战包括应对气候变化、荒漠化和土地退化、生物多样性丧失、土壤侵蚀、空气和水污染、非法垃圾填埋、工业废物管理、如何恢复和保护独特的自然遗址生态系统等。城市空气污染和固体生活垃圾回收率低是哈萨克斯坦环境议程的重中之重。在节约用水方面，水资源利用基础设施陈旧、耗水量大、节水不足等问题也需要解决。

二、哈萨克斯坦绿色发展战略及目标

绿色经济通常包括转变经济发展模式、完善环境管理、增加可再生能源、应对气候变化、减少有害物排放、提高资源利用效率和开发节能产品等内容，其核心是绿色技术。

为改变经济增长方式，哈萨克斯坦首任总统努尔苏丹·阿比舍维奇·纳扎尔巴耶夫（以下简称纳扎尔巴耶夫）在 2010 年"第三届阿斯塔纳经济论坛"开幕式上提出关于应对气候变化、发展绿色经济、落实全球能源生态战略的主张，提倡发展清洁能源、重视环保、改革经济结构和发展模式。这也是哈萨克斯坦从传统经济向绿色经济过渡的标志。2012 年，纳扎尔巴耶夫发表题为《哈萨克斯坦—2050》战略的国情咨文，提出在国家战略层面通过发展"绿色经济"来实现国家经济发展转型。

在国际层面，在 2011 年第 66 届联合国大会上，纳扎尔巴耶夫发起"绿色桥梁伙伴计划"，其主要目标是通过技术转移、知识共享、吸引投资和资金支持方面的国际合作，促进哈萨克斯坦与中亚地区的绿色发展。截至 2022 年，已有 16 个国家（阿尔巴尼亚、白俄罗斯、保加利亚、格鲁吉亚、德国、匈牙利、西班牙、哈萨克斯坦、芬兰、吉尔吉斯斯坦、拉脱维亚、蒙古国、黑山、波兰、俄罗斯、瑞典）加入"绿色桥梁伙伴计划"。

哈萨克斯坦陆续通过了《哈萨克斯坦共和国向绿色经济转型构想》《2030 年前哈萨克斯坦燃料能源综合体发展构想》《2014—2040 年哈萨克斯坦水资源管理国家纲要》等系列绿色发展规划和阶段性战略文件，详细列出了关键目标和具体措施，旨在发展可再生能源，提高水、土地等资源的利用率，提高自然资源质量，保护水资源、生物多样性，适应气候变化，实现减排目标。

1.《哈萨克斯坦—2050》战略

2012 年度国情咨文《哈萨克斯坦—2050》战略要求，哈萨克斯坦大力加强创新、高新科技、农业、基础设施、中小企业、社会和行政效率等七大领域的发展。具体目标包括：采用全新的自然资源管理体系，能源市场在保持碳氢化合物为主体的同时，发展可替代能源和可再生能源，积极引进太阳能和风能技术，到 2050 年可替代能源和可再生能源在全部能耗中所占的比重大于 50%；提高土地利用率，将土地租赁与技术和资金投入相结合，努力发展节水农业，争取 2030 年前 15% 的农业灌溉采用节水技术；发展技术密集型产业，争取 2030 年前国家经济结构以加工业为主，2030 年后以技术密集型产业为主。

2.《哈萨克斯坦共和国向绿色经济转型构想》

哈萨克斯坦政府正在推动落实《哈萨克斯坦共和国向绿色经济转型构想》，改善生态环境是政府的优先任务之一，发展新能源产业是实现这一目标的重要工具。哈萨克斯坦政府将继续采取提高可再生能源电站产能等措施，为产业发展创造必要条件。《哈萨克斯坦共和国向绿色经济转型构想》参照经合组织标准，要求力争使哈萨克斯坦经济社会发展达到经合组织成员的平均水平。该构想计划分为 3 个阶段实施：第一阶段（2013—2020 年），主要任务是新建和改造基础设施，夯实绿色经济基础，并鼓励高效利用自然资源；第二阶段（2020—2030 年），合理利用自然资源，大力普及可再生资源利用和节能技术，力争实现经济结构转型，具体目标如表 2 所示；第三阶段（2030—2050 年），在新经济结构基础上实现第三次工业革命。

表 2　《哈萨克斯坦共和国向绿色经济转型构想》提出到 2030 年哈萨克斯坦绿色经济发展具体目标

领域	到 2030 年哈萨克斯坦绿色经济发展具体目标
新能源领域	可再生能源在电力生产中的比重达到 30%
经济领域	单位 GDP 能耗与 2008 年相比下降 30%
农业领域	每公顷耕地的小麦单产达到 2 t，每吨粮食的灌溉耗水量降至 330 m^3
应对气候变化领域	发电的温室气体排放量下降 15%，硫氧化物和氮氧化物的排放量达到欧盟标准
固体废物处理领域	固体废物填埋率达到 100%，垃圾处理率达到 95%，废弃物再利用率达到 40%
地区发展领域	促进各地区平衡发展，相关措施包括以农牧业为主的经济区合理利用水资源和土地，边远地区保障电力供应以及使用可再生能源

3.《2030 年前哈萨克斯坦燃料能源综合体发展构想》

《2030 年前哈萨克斯坦燃料能源综合体发展构想》在总结能源工业成果的基础上，对煤炭、石油、天然气、核能和电力等五大领域的未来发展做出规划，以保障哈萨克斯坦能源生产能够自给自足，保持其独立性。该构想指出，在当前能源发展主要依赖化石能源的情况下，哈萨克斯坦需要加强能源勘探开发，提高能源利用效率，鼓励节能，发展新能源（包括可再生能源、核能、交通用气改造、煤化工等），加强国际合作。2030 年可再生能源的发电量在总发电量中的比重达到 30%，2050 年达到 50%；单位 GDP 能耗（与 2008 年相比）2015 年下降 10%，2020 年下降 25%，2030 年下降 30%。

4.《2014—2040 年哈萨克斯坦水资源管理国家纲要》

为减少对国外水资源的依赖，哈萨克斯坦已将水资源的发展重点转向国内节水措施。政府计划到 2030 年每年减少 45 亿 m^3 的进口水，并将灌溉用水减少 40%。

《2014—2040 年哈萨克斯坦水资源管理国家纲要》确定的水资源管理指标（与 2012 年相比）主要有：单位 GDP 用水量到 2020 年下降 33%；地表水资源量到 2020 年增加 6 亿 m^3；城市和农村的集中供水覆盖率到 2020 年分别达到 100% 和 80%，排水设施覆盖率分别达到 100% 和 20% 以上；确保生态平衡用水需求 390 亿 m^3；降低灌渠和灌溉设施的在途水损失；灌溉节水技术覆盖率在部分灌区不低于 50%，在工业企业不低于 20%；工业循环水设备覆盖率不低于 30%；居民家庭安装水表覆盖率达到 95%；城市供水系统水损失率不高于 15%。

5.《2050 年前低碳发展愿景》

哈萨克斯坦正在研究至 2050 年的低碳发展概念。哈萨克斯坦生态、地质和自然资源部正在欧盟顾问的帮助下，制定《2050 年前低碳发展愿景》，成立政府工作组，负责讨论和制定相关法律。

为消除碳关税风险，首先要实现哈萨克斯坦本国的碳排放交易体系与欧盟同步，这项工作将分阶段进行。其次是创建碳基金，哈萨克斯坦生态、地质和自然资源部部长米尔扎加利耶夫提议在阿斯塔纳国际金融中心（AIFC）的平台上设立碳基金，碳基金将从大型企业征收的碳排放费积累起来，用于实现经济脱碳。创建该基金有助于平衡欧盟碳边境调整机制的影响[①]。专家认为，碳关税对石油、焦炭生产和采掘业影响最大。

① 欧盟计划自 2023 年起对进口产品征收碳关税。《欧洲绿色协议》计划框架项下，欧盟委员会计划自 2023 年引入碳边境协调机制，旨在保护那些被要求减少碳足迹的欧洲企业免受其他国家碳倾销的影响。欧盟计划对每吨二氧化碳排放征收 30 美元碳关税。

6. 碳中和目标愿景

2021 年 5 月 25 日，托卡耶夫总统在采掘业问题国际圆桌会议上表示，新冠大流行后的全球复苏为将环保议题提升至国际议题的前列创造了独特的机会。他强调，对哈萨克斯坦来说，发展脱碳经济的承诺无可替代。哈萨克斯坦是独联体国家中第一个批准《巴黎协定》的国家，并且是采用旨在实现可持续发展目标的积极气候政策的先驱。他重申了哈萨克斯坦计划在 2060 年实现碳中和目标的愿景，这是哈萨克斯坦在 2020 年 12 月举行的 2020 气候雄心峰会上宣布的。

托卡耶夫在会上表示，为减少哈萨克斯坦能源领域对煤炭的依赖性，哈萨克斯坦将制定国家电力发展项目，优先推动天然气、水电和可再生能源的开发。

此外，未来五年，哈萨克斯坦将种植多达 20 亿棵树，并充分执行《2030 年可持续发展目标议程》，确保全球复苏进程的强劲和环保，这将是实现《2030 年可持续发展目标议程》和《巴黎协定》目标不可缺少的一环。

实现碳中和目标需要付出巨大的努力。为进一步发展 2021—2030 年新能源项目，哈萨克斯坦需要吸引至少 2 730 亿坚戈的投资，以减少有害气体的排放，并需要建立严格的监督机制，加快实现碳中和目标。

三、哈萨克斯坦为实现绿色发展战略采取的措施

为落实绿色发展战略和实现绿色经济目标，哈萨克斯坦政府关注七大关键领域：可再生能源；提高住房和公共设施的能源利用效率，发展保温设备和设施；发展有机农业和农业机械化，增加有机肥使用量，减少合成化肥和农药使用量，提高土壤肥力、水资源利用率和牲畜出栏率；加强废弃物管理，扩大垃圾填埋场规模，提高垃圾综合处理水平；改善水管理系统，节约用水，合理利用水资源；发展清洁运输，提高成品油标号，减少尾气排放；保护生态系统。为实现上述目标，哈萨克斯坦确定了相关的 10 个重点行业，即农业、渔业、林业、住房和公共服务业、能源行业、加工业、旅游业、运输业、废弃物处理业、水利业。

哈萨克斯坦近年来通过环保领域投融资、修订法律法规、制定路线图和行动计划、成立专门机构落实行动计划、优先发展新能源领域等措施进一步落实绿色发展战略和具体目标。

1. 环保领域投融资

哈萨克斯坦高度重视引进外资。自 2010 年以来，哈萨克斯坦共设计了 650 多个项目吸纳投资。截至 2020 年年底，哈萨克斯坦在环保领域的投资为 1 571 亿坚戈，

比 2019 年（1 174 亿坚戈）增长 33.8%。在 2019—2022 年中，投资额平均每年增长 75.5%。哈萨克斯坦可再生能源潜力巨大，风能每年约为 9 200 亿 kW · h，水力储能每年约为 620 亿 kW · h，太阳能每年 25 亿 kW · h。2020 年 6 月，纳扎尔巴耶夫总统在出席外国投资商理事会第 30 次会议时表示，到 2020 年年底，哈萨克斯坦计划建成并使用超过 50 个可再生能源项目，发电能力达 2 000 MW；到 2050 年前，可替代能源的比重应提高至能源总量的 50%。

2. 修订法律法规

近年来，哈萨克斯坦根据经济形势和环境状况的变化，陆续修改和补充了土地、水资源、环境保护、企业经营、税收、行政法典等相关法律法规。2016 年，纳扎尔巴耶夫总统签署《关于对哈萨克斯坦共和国向“绿色经济”转型的法律法规进行修改和补充》的法案。该法案对《土地法》《水法》《环保法》《企业法》《税收及其他应上缴财政预算税费法》《行政违法法典》等法律法规进行修改和补充，旨在落实《哈萨克斯坦—2050》战略、《哈萨克斯坦共和国向绿色经济转型构想》等。其中，《水法》详细澄清了用水和排水的具体概念，规定相关机关有权制定和批准用水和排水具体规范。《环保法》明确了利用经济手段调节环境使用和保护的机制，补充了生产者责任延伸原则，完善了对冬季在北里海国家自然保护区开采矿产资源进行环境监测的法律法规等。

2021 年，哈萨克斯坦新修订的《生态法典》正式生效。其任务是通过实施国家政策高水平保护环境，避免任何形式的环境损害，确保及时处理环境发生损害的后果，强化环境保护的法律法规、准则制度，保障环境安全等。

新《生态法典》最突出的重点之一是污染者付费原则。根据这一原则，对环境产生损害影响的企业需要承担违反《生态法典》的责任，企业将做出选择，提前采取预防措施减轻对环境的破坏，或者对环境造成破坏后支付更多的环境预算。目前，大多数公司更愿意采取措施推广应用绿色技术，将最先进的绿色技术引入其生产，加强生产技术现代化，这样既减少环保成本，又减少对环境的负面影响，同时为减少哈萨克斯坦的污染物排放发挥积极作用。

3. 制定路线图和行动计划

2021 年，哈萨克斯坦生态、地质和自然资源部时任部长米尔扎加利耶夫表示，为解决环境问题，哈萨克斯坦出台了《2025 年前改善环境状况路线图》，路线图包括新建 24 个固体生活垃圾填埋场、修复和清理受污染的土地、新建 7 座污水处理厂和重建 12 座污水处理厂等。同时，哈萨克斯坦正在制定《2050 年前低碳发展愿景》，其中包括确定经济脱碳的设想，并制定一揽子绿色增长措施。哈萨克斯坦还制定了“绿色桥梁伙伴计划”及落实行动计划等，旨在发展国家间、国家与地区间、国家与企业间的合作伙伴关系，向绿色经济转型。

4. 成立专门机构落实行动计划

哈萨克斯坦建立了专门的绿色商业学院，目的是制定自然资源保护领域的政策和行动计划，为国家培养相关专业人才。哈萨克斯坦加入了国际可再生能源机构（IRENA），学习国际先进经验，发展创新技术，促进可再生能源的普及和利用。哈萨克斯坦与欧洲复兴开发银行合作成立可再生能源发展基金（KAZSEFF），向可再生能源利用项目提供融资，年平均贷款利率为12%～16%。

2018年，由哈萨克斯坦政府正式成立阿斯塔纳国际金融中心（AIFC），通过促进创新的金融产品和服务，为哈萨克斯坦的可持续经济发展做出贡献，而参与中国的“一带一路”倡议是其主要战略领域之一。截至2021年10月，有来自60个国家的1 046家公司以AIFC为基地。截至2021年5月，通过AIFC进行的投资总额达44亿美元[①]。AIFC通过积极参与绿色金融领域的国际合作，学习借鉴了欧盟、中国、蒙古国和其他国际机构发展绿色金融的重要经验，吸引多元化的外资和发展本国资本市场，被授予了特殊的法律地位和政策优惠，为发展绿色金融提供了便利条件，逐渐在国际绿色金融领域建立了知名度。

2012年，“绿色桥梁伙伴计划”被纳入联合国可持续发展大会“里约+20”峰会的最终宣言中。2015年，第70届联合国大会支持建立“哈萨克斯坦绿色技术中心”，以落实“绿色桥梁伙伴计划”的倡议。2018年，正式组建成立哈萨克斯坦国际绿色技术与投资项目中心，并发布《绿色桥梁伙伴计划2021—2024年度国家行动计划》，包括以下3个方面内容：

①研究、科学与教育，支持与国际专家和机构合作进行国家和国际课程的研究，推动培训、信息与知识交流。

②绿色技术商业化和绿色金融，确保技术转移、促进投资、创新区域发展以及国际合作，在环境友好技术的研究与转移过程中参与和调解。

③推动“绿色桥梁伙伴计划”，建立国家环境风险管理体系，旨在预防和防止环境事故的风险，在减少国家环境影响和为子孙后代节约资源的基础上确保可持续发展。

目前，中国多家企事业单位与哈萨克斯坦国际绿色技术与投资项目中心、阿斯

---

① 阿斯塔纳国际金融中心（AIFC）、中国国际金融股份有限公司（中金公司）于2021年10月20日共同成功举办首个线上“BRI投资日”。

塔纳国际金融中心签署合作备忘录，开展生态环境保护、绿色经济、绿色金融等领域的合作。

5. 优先发展新能源领域

哈萨克斯坦生态、地质和自然资源部《关于将电动汽车、电动公交车和电动载重卡车处置费系数设置为零》于 2021 年 6 月 4 日起正式生效。自命令生效之日起，所有进口至哈萨克斯坦的电动汽车、电动公交车和电动载重卡车将无须缴纳处置费。这些相关举措将有助于哈萨克斯坦新能源汽车行业的发展和绿色环保车辆的进一步增加。

为满足未来电力和热力需求，哈萨克斯坦采取了以下主要措施：

①提高能源利用效率。加强节能，改造现有电力设备和设施，延长现有电站使用寿命，增加环保设备数量，降低煤炭污染，并对部分燃煤电站进行技术升级改造的同时，进行天然气化改造。

②扩大可再生能源利用。力争 2050 年可再生能源在电力生产中的比重达到 30%～50%。截至 2019 年年底，哈萨克斯坦可再生能源项目总投资达 4 060 亿坚戈（约合 10.4 亿美元），可再生能源项目 87 个，主要分布在南部和东部（阿拉木图州、江布尔州、东哈萨克斯坦州等）。

③发展与可再生能源配套的加工业。生产热力和光电元件、各种小型锅炉机组、新材料、新型水轮发电机等。为配合太阳能利用，哈萨克斯坦政府于 2010 年启动“哈萨克 PV”计划，委托企业开采硅矿、加工成硅晶片，再运到首都加工成太阳能电池模块。

四、中哈绿色低碳合作前景及工作建议

绿色发展符合联合国可持续发展目标的倡议和《巴黎协定》的要求，同时是世界主要经济体和国家的重要战略发展方向。走绿色发展道路有利于哈萨克斯坦加强与其他大国的合作，哈萨克斯坦作为中亚最大的国家，成为绿色经济示范国也将提高其自身的地区影响力。

中国是哈萨克斯坦的第二大贸易伙伴国。中国企业积极参与哈萨克斯坦可再生能源产业发展。2015—2020 年，中国企业以直接投资和建设合同的形式在哈萨克斯坦投资了 19 个项目。哈萨克斯坦央行数据显示，截至 2020 年 1 月 1 日，中国居哈萨克斯坦对外负债来源国第四位，中国在哈萨克斯坦的投资产业主要包括交通运输和仓储业（投资比例为 26.01%）、制造业（16.77%）、采矿业（15.92%）、建筑业

（12.99%）、批发与零售业（10.05%）等。中国投资建设的扎纳塔斯风能发电站[①]等项目在哈萨克斯坦国内发挥了示范作用。相关中资项目的顺利实施对哈萨克斯坦完成可再生能源建设计划、实现环保和经济转型目标具有重要意义。

1. 合作领域分析

在资源经济走低的情况下，绿色经济的出现将带动清洁能源、清洁交通、污染治理等产业发展，成为新的就业增长点。基于哈萨克斯坦可持续发展战略、发展现状和可再生能源发展潜力，中哈在以下领域有着广阔的合作机遇：

①可持续基础设施建设。中哈已在基础设施领域达成多项合作。在基础设施的投资、规划、设计、建设和运营阶段充分融入可持续发展理念，符合中哈共同的发展理念和需求。

②节水和水资源综合处理。为减少对国外水资源的依赖，哈萨克斯坦政策制定者已将水资源的发展重点转向国内节水措施，同时哈萨克斯坦工业供水缺乏废水回收装置，导致水资源利用效率低和水污染，这为在农业节水、工业废水处理等领域的创新和投资提供了巨大机遇，中哈可在水处理领域展开产业和技术方面的密切合作。

③可再生能源。哈萨克斯坦可再生能源较为丰富，具有较高开发潜能，为共同实现碳中和长远目标，需要中哈双方进一步提速可再生能源领域的投资和发展，开展可再生能源项目合作，将化石能源主导的能源结构逐步扭转。

2. 合作建议

①拓展绿色低碳领域合作，丰富中哈环保合作委员会成果。在应对气候变化、低碳发展等领域加强交流合作，相互学习和借鉴低碳发展创新技术、绿色发展实践解决方案等，深化中哈新能源、清洁能源领域合作，鼓励中国企业将适用的绿色低碳技术应用于哈萨克斯坦基础设施和绿色转型等建设，传播中国的生态文明理念和绿色低碳技术与经验。

②抓住绿色金融和气候投融资机遇，助力疫后经济绿色复苏和实现碳中和目标。哈萨克斯坦正在大力发展绿色金融，2021 年修订的哈萨克斯坦《生态法典》纳入了绿色金融分类目录、绿色信贷、绿色债券的概念，且哈萨克斯坦正在研究制定其碳税体系。我国近年来绿色金融发展成效显著，绿色信贷规模居世界第一，并建成全球规模最大的碳市场。未来应积极宣传我国碳达峰碳中和政策体系，指导我国地方政府和企业积极参与哈萨克斯坦基础设施、水资源、能效提升、可再生能源等领域

---

① 该项目于 2019 年 7 月正式开工建设，总投资约 1.5 亿美元，已列入中哈产能合作重点项目清单。该项目作为中哈两国在新能源领域的代表性合作项目，为哈萨克斯坦能源体系“去碳化”做出示范。

项目投融资，争取哈萨克斯坦绿色财税优惠政策，抓住绿色投资机遇，助力疫后经济绿色复苏和实现碳中和目标。

③构建绿色低碳伙伴关系，推动中国“一带一路”倡议与哈萨克斯坦“光明之路”新经济政策对接。哈萨克斯坦是“一带一路”首倡之地和重要参与国，中国将继续邀请更多哈萨克斯坦伙伴加入“一带一路”绿色发展国际联盟，实施“一带一路”应对气候变化南南合作计划，开展绿色低碳、可再生能源等研究，与哈萨克斯坦联合打造“一带一路”低碳合作示范项目，构建绿色低碳伙伴关系。中国将继续加强与哈萨克斯坦国际绿色技术与投资项目中心、阿斯塔纳国际金融中心（AIFC）等机构在绿色技术和绿色金融方面的合作，推动中国“一带一路”倡议与哈萨克斯坦“光明之路”新经济政策对接。

参考文献

布浩，2020. 哈萨克斯坦：新冠逆风中的绿色转型［EB/OL］. http：//cms.iweek.ly/index.php?/article/index/200080556.

王博璐，张静依，陈韵涵，2021.“一带一路”绿色金融国别案例分析——哈萨克斯坦［J］. 银行与信贷，（4）：71-74.

徐洪峰，王晶，2019. 哈萨克斯坦可再生能源发展现状及中哈可再生能源合作［J］. 俄罗斯东欧中亚研究，（4）：141-154.

中国驻哈萨克斯坦使馆经商参处，2013. 哈萨克斯坦积极发展可再生能源［EB/OL］. http：//kz.mofcom.gov.cn/article/ztdy/201303/20130300042830.shtml，2013-03-04.

中华人民共和国商务部，2019. 哈萨克斯坦计划发展地热能［EB/OL］. https：//www.chplaza.net/article-4801-1.html.

中华人民共和国商务部，2019. 中国对外投资发展报告 2019［R］.

Ветряная энергетика в Казахстане［EB/OL］. http：//gbpp.org/ru/2017/07/16459.

Солнечнаяэнергетика в Казахстане［EB/OL］. http：//gbpp.org/ru/solnechnaya-energetika.

Министерство Энергетики Республики Казахстана，2018. ПОТЕНЦИАЛ И ПЕРСПЕКТИВЫ РАЗВИТИЯ ГИДРОГЕОТЕРМАЛЬНОЙ ЭНЕРГЕТИКИ КАЗАХСТАНА. http：//energo.gov.kz/index.php?id=2962.

Трофимов ГГ，2012. Анализ развития и распространения передовых технологий в области энергоэффективности и возобновляемой энергетики в Казахстане［EB/OL］. http：//www.unece.org/fileadmin/DAM/energy/se/pdfs/gee21/projects/Study_KZ.pdf.

剖析“从摇篮到摇篮”产品认证体系为构建绿色金融背景下的中国产品评价体系提供借鉴

张志丹　苏　畅　彭　政

国际标准化组织（ISO）将产品认证定义为由第三方通过检验评定企业的质量管理体系和样品型式试验来确认企业的产品、过程或服务是否符合特定要求，是否具备持续稳定地生产符合标准要求产品的能力，并给予书面证明的程序；即产品认证可以理解为由可以充分信任的第三方证实某一产品或服务符合特定标准或其他技术规范的活动。产品认证按强制程度分为强制认证和自愿认证两种。强制性产品认证制度是为保护国家安全、防止欺诈行为、保护人体健康或者安全、保护动植物生命或者健康、保护环境，国家规定的相关产品必须经过认证，并标注认证标志后，方可出厂、销售、进口或者在其他经营活动中使用。强制性产品认证制度之外的产品认证制度统称为自愿性产品认证制度。相对于强制性产品认证以保证安全性为主旨的“底线”作用，自愿性产品认证则起到促进质量优化的“高线”作用。

近年来，随着生活水平的提高，居民消费水平也有所提高，消费者不仅关注产品的安全和质量，而且逐步关注产品的绿色、环保和生态等性能，因此自愿性产品认证需求急剧增长，相关认证标准体系和认证标签也种类繁多。目前，仅在发达国家就有数百个绿色产品认证标准体系，覆盖制造业、建筑业、住宿和餐饮业、居民服务业等各个行业领域。

一、“从摇篮到摇篮”理念介绍

自 20 世纪以来，人类对原材料的需求呈爆炸性的增长。资源消耗的剧增不仅导致全球资源的短缺，还引发气温升高、气候恶化和环境污染等一系列问题，从而对全球可持续发展产生负面影响。上述状况的出现起因于世界各国工业生产一直所沿袭的“从摇篮到坟墓”（Cradle to Grave）的产品生命周期模式，即“资源开采—加工制造—产品消费—废旧产品抛弃”的模式。此模式将工业生产和环境保护视为互为矛盾且无法协调的两方面：当把工业生产视为首要问题时势必对自然环境产生不利影响，而当把环境保护作为首要问题时又会减缓工业生产的发展速度。在此背景下，“从摇篮到摇篮”（Cradle to Cradle，以下简称 C2C）的理念孕育而生并打破“从摇篮到坟墓”工业生产模式的弊病，成为兼顾工业生产和环境保护且实现两者可持续发展的新“工业革命”。

C2C 理念最早由美国建筑师威廉·麦克唐纳（William McDonough）和德国化学家迈克尔·布劳恩加特（Michael Braungart）于 2002 年在其合作出版的《“从摇篮到摇篮”：循环经济设计之探索》（*Cradle to Cradle*：*Remaking the Way we Make Things*）一书中提出。在“从摇篮到摇篮”理念正式提出之前，麦克唐纳和布劳恩加特认为可持续发展理念是未来工业生产所遵循的基本原则并坚持将其应用于工业设计实践领域。基于此，1991 年，他们联合提出了 2010 年世博会可持续设计导则，即“汉诺威原则”（The Hannover Principles），其以“消除废物”为核心并强调“消除废物”不是减少或避免废物的产生，而是通过设计彻底消除废物；1995 年，他们联合成立了名为“McDonough Braungart Design Chemistry”（MBDC）的公司，在批判“从摇篮到坟墓”的基础上倡导可持续的发展模式，从而最终催生出“从摇篮到摇篮”的可持续发展理念。

他们以樱桃树的生长模式为例——樱桃树从环境中汲取养分，使得自己花果累累，同时它撒落在地上的花、叶也滋养了周围的事物——描绘的是一种非单项的从生长到消亡的线性发展模式（“从摇篮到坟墓”），而是一种“从摇篮到摇篮”的全新的人类社会可持续发展模式。C2C 理念不同于传统意义上的寻找减少消耗的环保思路，主张的是一种全新的工业革命，该理念认为所有事物均可再生，或作为“生态养分”重新回到水或土壤中，或作为“工艺养分”转化为其他工业生产的有用原料。基于此，建立一种原材料“生产—恢复—再造”的闭合循环代谢过程，从而促成原材料的循环利用以最终实现人类工业的可持续发展。

二、“从摇篮到摇篮”产品认证体系介绍

C2C 产品认证标准植根于 William McDonough 和 Michael Braungart 建立的 C2C 设计原则。C2C 产品认证是全球公认的更安全、更可持续的产品标准。截至 2021 年 12 月，有约 660 个种类的产品进行了 C2C 产品认证，产品种类包括汽车、婴幼儿用品、室内装饰及家具、建筑材料、服装等十余个产品大类。

C2C 产品认证标准将对获证产品在五个关键的可持续性类别中进行环境和社会绩效评估：材料健康、材料再利用、可再生能源和碳管理、水管理和社会公平。每个类别分为基础、铜、银、金、白金五个级别，其中级别最低的类别的级别代表了产品的整体认证等级。该标准鼓励随着时间的推移不断改进，在不断提升的成就基

础上颁发认证，并要求认证每两年更新一次。

（一）C2C 产品认证管理机构

2005 年，MBDC 创建了“从摇篮到摇篮”认证产品计划，同年发布《从摇篮到摇篮认证产品标准》1.0 版本，2.0 版本于 2008 年发布。2010 年，William McDonough 和 Michael Braungart 创建了“从摇篮到摇篮”产品创新研究院（C2CPII），C2CPII 从 MBDC 接管了 C2C 认证产品项目的管理。C2CPII 是一家非营利组织，拥有 C2C 认证产品计划的所有权以及独家权威标准的制定和认证的管理。创始人继续担任 C2CPII 标准指导委员会（SSC）名誉顾问。

C2CPII 总部设在美国加利福尼亚州的奥克兰和荷兰的阿姆斯特丹，在华盛顿特区设有办事处，采用董事会管理制度。组织架构上下设标准指导委员会、利益相关方咨询委员会和技术咨询组。标准指导委员会负责提供对 C2C 认证产品标准的监督，是该标准的主要管理机构；并根据 C2CPII 董事会的批准，进一步发展优化完善标准，以保持标准的完整性和可行性，并根据 C2CPII 的使命和战略计划发展标准。利益相关方咨询委员会由各种利益相关方团体组成，包括 C2C 认证标准用户、行业领袖和来自政府、公共部门、学术界、非政府组织的代表，其成员由 C2CPII 董事会任命，负责对 C2CPII 董事会、SSC 和其他人员提供 C2C 认证标准市场开发、认证实施以及其他发展策略等的相关建议。技术咨询组是 C2CPII 标准指导委员会的常设机构，负责处理与标准开发相关的特定主题。技术咨询组就当前和拟议的标准方法、要求的最佳实践和技术，以及产品在市场上的应用和可行性，向认证标准指导委员会和 C2CPII 工作人员提供建议。

（二）C2C 产品认证流程

为了在 C2C 认证产品标准下认证材料或产品，或获得材料健康证书，申请方必须与合格的独立评估机构合作，以确保材料或产品满足标准的要求。通常 C2C 认证包括如下六个关键步骤。

1. 判断产品是否符合认证规则

该步骤具体包括确认认证范围，判断产品或材料是否符合禁用化学物质清单、申请方是否承诺持续改进或进行产品优化，判断产品是否满足 C2C 认证标准的合格性要求等方面的内容。

2. 选择经认可的认证机构开展产品测试、分析和评价

了解、判断并选择合适的认证机构，制订认证计划，认证计划内容包括认证成

本、时间计划和开展认证必要的资源等。截至 2023 年 3 月，C2CPII 官网发布了 11 家认证机构，名单具体如表 1 所示。

表 1　C2C 认证机构信息

序号	认证机构名称	地址
1	ARCHE Consulting	比利时
2	C2C Platform	比利时
3	Eco Intelligent Growth	西班牙、法国、葡萄牙、孟加拉国、巴基斯坦
4	EPEA—Part of Drees & Sommer	德国、荷兰、比利时、卢森堡、法国、中国、俄罗斯
5	EPEA Switzerland	瑞士，欧盟、奥地利、德国、意大利、匈牙利、斯洛文尼亚、巴基斯坦、孟加拉国、越南、柬埔寨
6	McDonough Braungart Design Chemistry（MBDC）	美国
7	Toxservices	美国
8	Upcyclea	法国、美国
9	VITO	比利时
10	Vugge til Vugge	丹麦
11	WAP Sustainability	美国

3. 认证实施

认证实施包括与认证机构和供应商一起收集数据、基于标准评价数据、制定优化改进策略、认证机构向 C2CPII 提交评价总结报告并接受评审等内容。

4. 证书颁发

C2CPII 评审评价总结报告以确保完整性和准确性，评审通过后，申请者签署认证协议、缴纳认证费用等。C2CPII 将颁发最终认证决定，颁发认证证书。

5. 证书使用

申请者获得认证证书后，进行产品宣传并持续改进。

6. 再认证

获得认证后，申请者每两年需要与认证机构和供应商重新收集数据进行再认证，由认证机构重新评估数据并提出改进优化策略；并向 C2CPII 提交再认证评估报告。

（三）C2C 产品认证标准基本要求

《从摇篮到摇篮认证产品标准》1.0 版本于 2005 年发布，2.0 版本于 2008 年发布，3.0 版本于 2012 年发布，3.1 版本于 2014 年发布，4.0 版本于 2021 年 3 月发布，并于 2021 年 7 月 1 日正式生效。获得 3.1 版本认证的产品可以从 2021 年 7 月 1 日（4.0 版本生效日期）开始申请4.0版本认证，并要求在2024年6月30日（4.0版本生效日期后3年）之前获得4.0版本认证。2022年6月30日后（4.0版本生效日期后1年）签发的3.1版本证书将于2024年6月30日（4.0版本生效日期后3年）失效。表2为C2C认证标准介绍及版本差异分析。

表2　C2C认证标准介绍及版本差异分析

序号	比较内容	3.1版本内容及要求	4.0版本内容及要求
1	发布时间	2014年	2021年
2	认证等级	五个认证级别：基础、铜、银、金、白金。 评价类别中每个类别均划分为五个等级，最低类别代表了产品的整体认证等级	四个认证级别：铜、银、金、白金。 评价类别中每个类别均划分为四个等级，最低类别代表了产品的整体认证等级
3	基本要求	无	银级要求所有生产装置设施实施环境管理体系；另外，铜级和银级的再认证申请者必须证明至少有一项可测量的改进绩效
4	标准评价类别	五大类别：材料健康、材料再利用、可再生能源和碳管理、水管理和社会公平	原有五大类别和新增三大类别：产品包装、动物保护要求、私有标签产品要求

1. C2C产品认证实施情况

C2C产品认证是全球公认的更安全、更可持续的产品标准。截至2021年12月，近660个种类的产品进行了C2C产品认证，产品种类包括汽车、婴幼儿用品、室内装饰及家具、建筑材料、服装等十余个产品大类。产品认证级别主要集中在铜级和银级，占77%左右；获得金级的产品约占22%。具体产品认证级别和产品认证种类分布如图1所示。

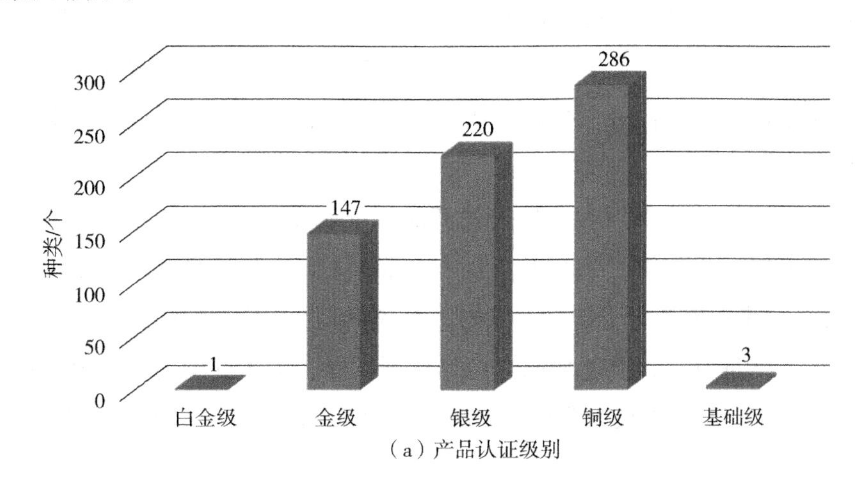

（a）产品认证级别

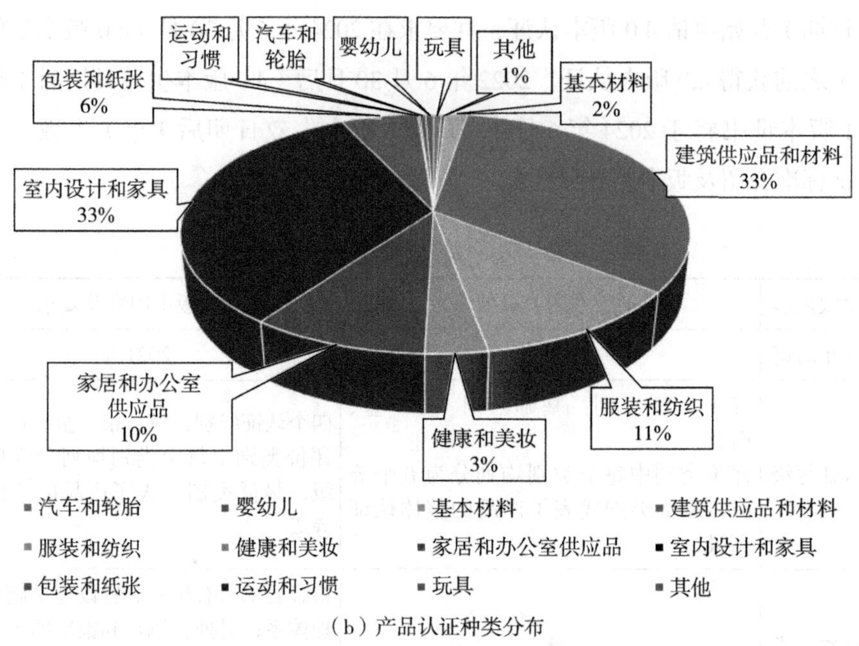

（b）产品认证种类分布

图 1 C2C 产品认证级别和产品认证种类分布

二、我国生态环境产品认证评估体系

我国同样实行自愿性与强制性相结合的产品认证制度。我国规定实施强制性产品认证的产品目录（以下简称强制性产品目录）中的产品必须经过强制性产品认证，并标注认证标志后，方可出厂、销售、进口或者在其他经营活动中使用。由于我国强制性产品认证制度的英文全称为 China Compulsory Certification，故又简称“3C”认证。强制性产品认证制度之外的产品认证制度统称为自愿性产品认证制度，分为国家统一推行的认证制度和机构自主开展的认证制度。其中，国家推行的产品认证属于国推认证制度，基本规范、认证规则、认证标志均由国家认证认可监督管理委员会（以下简称国家认监委）制定；国家认监委尚未制定认证规则及标志的，经国家认监委批准的认证机构可自行制定认证规则及标志，并开展认证，并报国家认监委备案核查。

近年来，国家认监委加大了自愿性产品认证制度的推广力度。《中华人民共和国国民经济和社会发展第十二个五年规划纲要》《质量发展纲要（2011—2020 年）》《国家认证认可事业发展“十二五”规划》等政策文件中提出要鼓励认证机构开发新的自愿性产品认证制度，推动自愿性产品认证发展。工作重点也逐渐由体系认证向产品认证转变，例如国内较为典型的中国环境标志产品认证、绿色产品认证等。

（一）中国环境标志产品认证标准

中国环境标志计划始于 1993 年，是中国政府响应 1992 年巴西里约热内卢联合国世界环境与发展大会提出的可持续发展思想，在国际生态标签运动的大背景下倡导和发展起来的，现由生态环境部直接管理并组织实施。环境标志通过唤起民众的可持续消费意识来强化企业的环境责任和行为，使经济发展、社会需求和环境保护协调一致。环境标志为公众参与环境保护、推进经济可持续发展提供了有效的途径，带来了良好的社会效益、经济效益和环境效益（邢红霞，2015）。

环境标志产品认证模式采用产品抽样检测、一致性审查与获证后监督相结合的方式。中国环境标志标准根据产品特点建立了不同的产品环境行为评价体系，评价体系涉及定量要求和定性要求。根据行业和产品的特性，中国环境标志标准定量指标包括大气污染物控制、水污染物控制、固体废物控制、能源节约和资源节约 5 个类别。各类别主要控制指标如表 3 所示。

表 3　中国环境标志标准定量指标汇总

序号	类别	主要控制指标
1	大气污染物控制	VOCs、甲醛、苯系物、SO_2、NO_x、CO、CO_2 等
2	水污染物控制	磷酸盐、COD 等
3	固体废物控制	塑料垃圾、重金属汞等
4	能源节约	电力、化石燃料
5	资源节约	节省新纸浆、节约水资源、再生鼓粉盒、塑料废料产量、工业废渣产量等

中国环境标志于 1994 年首批发布卫生纸、无氟冰箱、水性涂料等 7 项标准。经过多年的发展，截至 2021 年 12 月，现行有效的产品标准有 120 余项，涵盖了制造业、建筑业、住宿和餐饮业、居民服务业等五大行业，涉及的产品包括电视机、服装、汽车、电脑、家具、洗涤剂、门窗等 300 多类产品，涵盖了家用电器、服装鞋帽、床上用品、办公电器、装饰装修材料、日用化工、汽车、印刷服务、装饰装修等各个领域。

（二）绿色产品评价认证标准

2015 年 9 月，中共中央、国务院在《生态文明体制改革总体方案》中提出要“建立统一的绿色产品体系。将目前分头设立的环保、节能、节水、循环、低碳、再生、有机等产品统一整合为绿色产品，建立统一的绿色产品标准、认证、标识等体系。”意味着以往不同领域不同的绿色认证将得到整合，统一整合为绿色产品评价认证。2016 年 11 月，国务院办公厅发布的《关于建立统一的绿色产品标准、认证、标识体系的意见》明确指出，“按照统一目录、统一标准、统一评价、统一标识的方针，将现有环保、节能、节水、循环、低碳、再生、有机等产品整合为绿色产品。到 2020 年，初步建立系统科学、开放融合、指标先进、权威统一的绿色产品标准、认证、标识体系，健全法律法规和配套政策，实现一类产品、一个标准、一个清单、一次认证、一个标识的体系整合目标”。2021 年 3 月，《中华人民共和国国民经济和社会发展第十四个五年规划和 2035 年远景目标纲要》中再次明确提到要“大力发展绿色经济，建立统一的绿色产品标准、认证、标识体系”。

绿色产品认证是依据中共中央、国务院印发的《生态文明体制改革总体方案》和国务院办公厅印发的《关于建立统一的绿色产品标准、认证、标识体系的意见》，由国家推行的自愿性产品认证制度。国家按照统一目录、标准、评价、标识的方针，将环保、节能、节水、循环、低碳、再生、有机等产品整合为绿色产品。

2018 年 4 月，国家市场监督管理总局发布了《绿色产品评价标准清单及认证目录（第一批）》，公布了包括涂料、卫生陶瓷、纺织产品等在内的 12 项第一批可进行绿色产品评价认证的产品名称，同时公布了第一批绿色产品评价认证标准，第一批标准于 2018 年 7 月 1 日起实施。截至 2021 年 12 月，绿色产品共发布了三批 17 个标准。

绿色产品评价标准基于全生命周期理念，对组织层面和产品层面提出了基本要求和覆盖资源、能源、环境、品质的评价指标要求（尚建珊等，2021）。具体指标框架如图 2 所示。

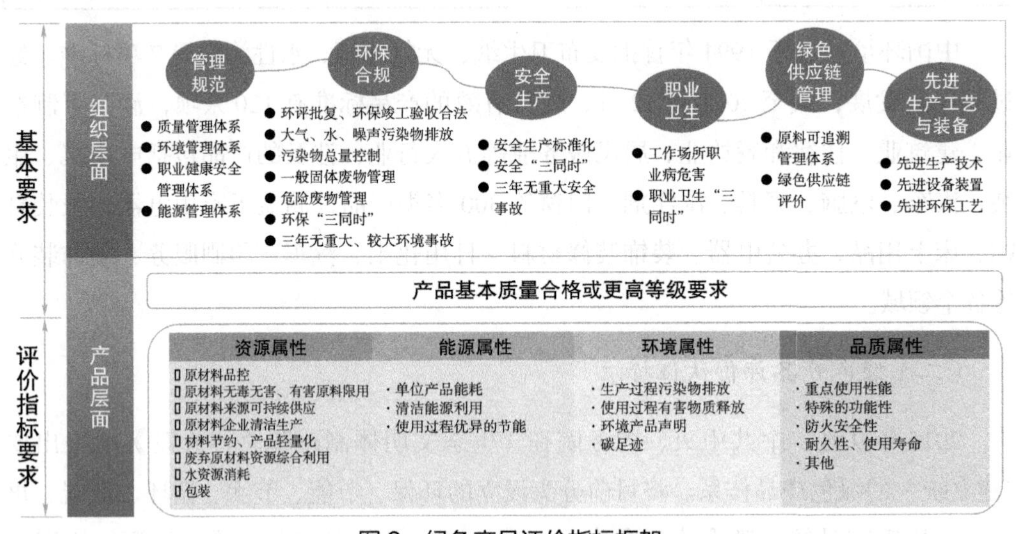

图 2　绿色产品评价指标框架

绿色产品认证模式采用与环境标志产品认证模式类似的初始检查结合产品抽样

检测、一致性审查与获证后监督相结合的方式。

三、国内外产品认证体系分析

下文从3个方面对比分析C2C产品认证体系与我国环境标志产品和绿色产品认证标准体系。

一是在认证模式及流程方面，国内外产品认证体系认证流程和认证模式差异不大，均采用抽样检测、一致性审查和证后监督的方式进行管理。评价方式采用符合性评价或评级式，主要取决于产品评价的目的或用途等方面。

二是在认证理念方面，国外C2C产品认证体系重点突出源头、全面管理，对所有原材料进行等级评估，侧重于产品材料的健康性以及循环利用，突出消除废物、原材料循环利用的“从摇篮到摇篮”理念。中国环境标志产品和绿色产品认证出于市场推广和成本有效性的角度，强调末端管理，指标更倾向于产品安全、健康和环境属性，更加强调产品本身的环保绿色、资源节约等消费者更关心的指标，受制于国内回收再利用体系的完善度较低，对循环利用的关注度相对较低。

三是在认证标准方面，C2C产品认证标准作为一项通用型标准，不分产品类别，不同产品使用统一的认证标准，更加强调所有产品设计、生产、废弃、回收、再利用整个工业价值链的共性特点；中国环境标志产品和绿色产品标准基本上是基于产品类别制定不同的标准。总体来说，C2C产品认证体系更关注组成产品的原材料健康程度以及材料的循环利用和可持续性。目前，国内产品认证体系主要关注产品的各项环保和绿色性能指标，在材料健康和循环利用等方面仍需加强。

四、建议

2021年，中国人民银行等四部委联合发布的《金融标准化“十四五”发展规划》中提到“到2025年，与现代金融体系建设相适应的标准体系基本建成，金融标准的经济效益、社会效益、质量效益和生态效益充分显现”。当前，尽快推动全球绿色金融背景下的标准体系的构建成了各国争取的又一个战略领域。因此，结合上述分析对比，提出以下3点建议。

一是综合考虑国内外产品认证体系的差异，在指标选取方面可以侧重源头管理，重点关注材料健康、水管理和土壤管理等方面；尤其是结合当下的“双碳”管理热点，制定相关目标、指标，为后续水、土目标和应对气候变化等提前做好谋划和规划。

二是密切结合成本有效性及国内市场推广角度，制定“本土化”、适用性强的、可复制推广的认证体系，可以结合当前的碳市场管理热点、“无废城市”示范、已有项目示范，选取有条件、有能力的示范区或示范企业先行开展认证，不断总结和完善指标设定。

三是借助当前全球绿色金融的“东风”，推动我国绿色金融标准国际化，占领国际该领域的制高点。随着国际社会对气候变化、资源保护、生态平衡等问题的日益重视，未来绿色金融业务将有更大的发展空间，当前全球绿色金融业务处在同一条起跑线。作为绿色金融服务核心的绿色标准，将会决定未来绿色金融的方向与侧重点。我国应在构建绿色产品标准及其他标准时，密切结合绿色金融的走势，提前做好谋划和规划。

参考文献

尚建珊，刘祎铭，李虹，2021. 绿色设计产品评价技术探究［J］. 中国市场，（9）：51-55.

邢红霞，2015. 推进环境标志认证，实现可持续发展［J］. 环境保护，43（23）.

Cradle to cradle products innovation institute. https：//c2ccertified.org/.

第二章

深入打好污染防治攻坚战

《2012—2017 年全球三氯一氟甲烷排放增量的大洲贡献》主要内容及建议

李 丽 冯 卉 郭晓林 王一雯

三氯一氟甲烷（CFC-11）是《关于消耗臭氧层物质的蒙特利尔议定书》（以下简称《议定书》）受控物质之一，其全球受控用途生产和使用已于 2010 年停止。自 2018 年 5 月《自然》杂志发表《消耗臭氧层的 CFC-11 全球排放意外持续增加》以来，国际社会对 CFC-11 全球排放意外增加问题持续高度关注。2018—2021 年发表的相关研究显示，全球 CFC-11 大气排放在 2012—2016 年意外增长，2018—2019 年呈现显著下降趋势，2019 年全球 CFC-11 排放量接近 2008—2012 年的平均水平，其中中国东部地区对全球 CFC-11 排放增加和下降的贡献均约占 60%。

2022 年 3 月初，美国国家海洋和大气管理局（NOAA）全球监测实验室研究人员在《大气化学和物理》杂志发表了题为《2012—2017 年全球三氯一氟甲烷排放增量的大洲贡献》的文章。该文章研究显示，2012—2017 年亚洲 CFC-11 排放增量占全球增量的 86%；除中国东部地区外，温带西亚和热带亚洲两个地区的 CFC-11 排放增量在全球 CFC-11 排放增量中占极高比重。3 月 18 日，臭氧秘书处（以下简称秘书处）在其官网发布了题为《2012—2017 年 CFC-11 排放增长新研究》的信息。该信息回顾了全球 CFC-11 意外排放问题并援引了上述文章结论。联合国环境规划署臭氧新闻（*Ozonews*）3 月刊对该研究及秘书处网站信息均进行了报道。

一、《2012—2017 年全球 CFC-11 排放增量的大洲贡献》文章内容及主要结论

（一）文章内容

文章指出，科学界发现 2012—2017 年全球 CFC-11 排放出现意外增长（Montzka et al., 2018），其中部分（60% ± 40%）来自中国东部地区（Rigby et al., 2019）；2018—2019 年 CFC-11 大气浓度和排放出现显著下降（Montzka et al., 2021），部分（60% ± 30%）仍来自中国东部地区（Park et al., 2021）。引起全球 CFC-11 排放增减

变化的其他地区未全部确定。

该研究以两项全球飞机烧瓶采样活动——用于环境研究的高性能仪器空基平台极点观测（HIPPO）和大气断层扫描任务（ATom）获取的监测数据以及同期 NOAA 全球地面烧瓶采样、全球在线采样和北美飞机剖面采样的监测数据作为分析依据，通过贝叶斯模型框架反演推算这两个采样活动时期之间的全球和地区 CFC-11 排放变化。HIPPO 和 ATom 监测采样的起止时间分别为 2009 年 11 月至 2011 年 9 月和 2016 年 8 月至 2018 年 5 月，作者认为恰好覆盖 2018—2019 年下降之前 CFC-11 排放的最小值和最大值区间。在此研究中，全球被划分为亚洲、北美洲、南美洲、欧洲、非洲和澳大利亚，亚洲被进一步细分为北亚、温带西亚地区、温带东亚地区和热带亚洲地区。

该研究通过数据选择、足迹模拟、背景估计、排放演绎、反演系综等步骤开展研究。校准、筛选和随机选择了大量太平洋和大西洋海盆遥远点位以及北美洲上空自由对流层的观测数据，使用 NOAA 拉格朗日混合单粒子轨道模型（HYSPLIT）模拟排放足迹和背景摩尔分数，并为反演构建了 11 个先验排放场。在以上参数基础上，研究人员构建了 23 个用于反演 HIPPO 和 ATom 期间全球和地区 CFC-11 排放的反演系综。反演计算完成后，研究人员将反演结果与其他近期全球和地区 CFC-11 排放研究进行对比，认为相关排放推算大致相同。

（二）主要结论

① HIPPO 至 ATom 期间的监测数据确认，2009—2018 年 CFC-11 大气摩尔分数下降放缓的情况发生在整个对流层。与地面观察的情况（Montzka et al.，2018，2021）类似，整个对流层中 CFC-11 大气摩尔分数下降放缓的类似幅度也非常明显。HIPPO 时期，CFC-11 在南纬 60° 至北纬 90° 上空对流层的中位增长率为 −2.5 ppt/a（每年万亿分之一），到 ATom 时期这一数值放缓至 −0.7 ppt/a。此外，ATom 时期太平洋海盆点位监测的 CFC-11 增长高于大西洋海盆，说明这一时期太平洋海盆上风区 CFC-11 排放量高于大西洋海盆上风区。

② HIPPO 至 ATom 期间，除温带东亚地区外，温带西亚地区和热带亚洲地区也是全球 CFC-11 排放增长的主要来源。根据区域反演结果，大洲尺度范围内仅亚洲出现了显著的 CFC-11 排放增长。亚洲 HIPPO 时期 CFC-11 排放的最佳估算为 2.4（1.4～4）万 t/a，占全球排放的 43（37～52）%；ATom 期间 CFC-11 排放的最佳估算为 4.8（3.8～6.5）万 t/a，占全球排放的 57（49～62）%；两个时期之间亚洲 CFC-11 排放增长量为 2.4（1.8～2.8）万 t/a，占同期全球 CFC-11 排放增长的 86

（59～115）%。除温带东亚地区外，温带西亚地区和热带亚洲地区 CFC-11 排放也出现显著增长，亚洲上述三个地区的 CFC-11 排放增长量分别为 0.4 万 t/a、1 万 t/a 和 1 万 t/a。

③同期其他大洲对 CFC-11 排放增加的贡献均较小。根据现有的大气观测数据，北美洲和欧洲分别占 HIPPO 时期全球 CFC-11 排放总量的 10%～15%，而在 ATom 时期占比较小。同时该研究认为，观测结果对南美洲、非洲和澳大利亚等地区排放的敏感性较低，这些地区反演的排放量依赖于排放及排放变化的先前假设。虽不能排除南半球地区 CFC-11 排放增长的可能性，但由于此前研究（Montzka et al.，2021）发现全球 CFC-11 排放增长时南北半球 CFC-11 大气摩尔分数差也随之增大，作者认为南半球 CFC-11 排放大幅增加的可能性不大。

二、秘书处网站信息主要内容

《2012—2017 年 CFC-11 排放增长新研究》回顾了全球 CFC-11 意外排放问题及相关研究，指出 2018 年和 2019 年研究发现，2012—2017 年全球 CFC-11 大气浓度下降速度比预期放缓约 50%，其中 40%～60% 的全球 CFC-11 排放来自中国东部地区，其他排放来源由于大气监测网络覆盖范围不足无法确定。为应对这一问题，《议定书》缔约方迅速反应并采取行动，通过决定要求科学评估小组（SAP）提供完善受控物质全球大气监测网络建设的可选方案。同时作为对缔约方关切的回应，SAP 在报告中指出 2018—2019 年全球 CFC-11 排放迅速下降，如持续保持这一趋势，此前的全球 CFC-11 意外排放将不会对臭氧层恢复产生重大影响。

该研究援引了《2012—2017 年全球三氯一氟甲烷排放增量的大洲贡献》研究结果，即亚洲在 HIPPO 和 ATom 时期的 CFC-11 排放增量占全球 CFC-11 排放增量的 86%，除此前有量化研究的中国东部地区外，温带西亚地区和热带亚洲地区也对全球 CFC-11 排放增长有显著贡献。同期北美洲和欧洲排放所占比例相对较小（各占 10%～15%），包括南美洲、非洲和澳大利亚在内的南半球大陆对全球 CFC-11 排放的区域贡献也相对较小。该信息最后指出，《议定书》对排放地区进行有针对性的监测可以解析排放原因，确保臭氧层按预期恢复。当前全球监测网络仍有很多未覆盖地区，弥补这些空白将有利于预测可能发生的受控物质意外排放。

三、对我国潜在影响的初步分析

2018 年以来，全球 CFC-11 意外排放问题受到国际社会特别是《议定书》缔约方的高度关注，也引发了科学界广泛深入的研究。前期开展的研究表明中国东部地区排放量占全球 CFC-11 排放增量的 60% 左右；由于全球大气监测网络仍有很多未能覆盖的区域，因此尚未确定其余 40% 的排放来源及各区域对 CFC-11 排放增加的贡献。近期 NOAA 研究人员发表关于大洲 CFC-11 排放贡献的文章表明科研领域正在利用已有的监测数据深入研究 CFC-11 的排放来源和区域贡献。

该文章使用贝叶斯反演模型分析了 4 组大气监测数据，进一步量化了 2018 年前全球 CFC-11 意外排放中 9 个地区及次区域排放，指出亚洲既是 HIPPO 和 ATom 时期全球 CFC-11 排放的主要来源，更是占全球排放增长量的最大比重（86%）。与其他相关研究无法确定剩余排放来源不同，该文章认为温带西亚地区和热带亚洲地区对全球 CFC-11 意外排放有重要贡献。虽然在该文章中，中国西部和南部被分别划入温带西亚地区和热带亚洲地区，但中国东部地区不再是唯一可能的 CFC-11 排放增加来源。这一观点已引起秘书处和《议定书》相关方对温带西亚地区和热带亚洲地区 CFC-11 排放问题的关注，或将在一定程度上转移缔约方将全球 CFC-11 排放讨论聚焦于我国东部地区的压力，同时亚洲地区缔约方也会更加关注并参与《议定书》缔约方大会上对 CFC-11 相关问题的讨论。

为加强《议定书》受控物质全球大气监测网络建设，缔约方大会近期多次将弥补全球大气监测网络空缺列为重要政策议题，设立接触小组进行专门讨论。我国代表团在第 33 次缔约方大会表示，支持缔约方共同采取行动不断完善全球大气监测网络，并提出尊重缔约方自主选择，为第 5 条款缔约方提供资金、技术和能力建设支持，以及不断加强受控物质大气监测的科研合作与交流。秘书处转载该文章结论时也特别提及全球大气监测网络空缺问题。SAP 认为（Scientific Assessment Panel，2020），除亚洲东部、北美洲中部和西欧外，亚洲大部、南美洲大陆、非洲大陆大部、东欧、北美洲部分地区、澳大利亚和新西兰都存在大气监测空白，而文章研究结果几乎将 2012—2017 年全球 CFC-11 排放增量的近九成锁定在亚洲地区。如缔约方大会将文章结论作为参考，广大亚洲地区很可能成为弥补大气监测网络建设空白议题下重点关注和讨论的地区。

在监测数据选择方面，不同于 Rigby 等（2019）采用邻近地区数据的做法，该文章所选用的大量数据来自太平洋和大西洋海盆，距离温带东亚地区、热带亚洲地区特别是温带西亚地区非常遥远。这些数据作为地区 CFC-11 排放分析依据的可靠性有待进一步对比证实。就研究结果而言，该文章认为温带东亚地区、温带西亚地区和热带亚洲地区 2012—2017 年 CFC-11 增长分别约为 4 000 t/a、1 万 t/a 和 1 万 t/a，分别约占全球年均增长的 15%、36% 和 35%，而 Rigby 等（2019）的研究数据认为中国东部地区 2014—2017 年 CFC-11 排放量比 2008—2012 年增长了 7 000 t/a，占全球排放量的 40%～60%。此外，北美地区的反演排放结果与其他研究结果也存在一定差异，有待进一步研究和分析。

四、下一步工作建议

鉴于以上分析，拟对近期下一步工作提出如下建议。

（一）继续跟踪 CFCs 等受控物质排放问题

继续跟踪相关缔约方对该研究结论的反应，与秘书处、联合国环境规划署等机构保持沟通，掌握各方立场，了解相关动态。继续跟踪受控物质排放研究动态，对排放情况进行深入研究。积极参与《议定书》下加强全球大气监测网络建设议题的讨论，密切跟踪全球大气监测网络建设进展情况。

（二）加快国内受控物质大气监测网络建设

继续按计划推进山东长岛大气监测背景站建设，持续做好 7 个大气背景站手工采样监测，定期分析监测数据。不断完善统一监测技术体系，推进监测评估体系研究，对受控物质排放的重点地区开展试点监测，完善监测预警机制，为我国《议定书》履约成效评估提供技术支撑。

（三）加强日常监督管理，持续保持打击非法活动的高压态势

确保四氯化碳生产国家监控平台和消耗臭氧层物质信息管理系统有效运行，督促地方生态环境部门加强对辖区内重点行业企业的日常监管。定期开展全国专项执法行动，加强对非法案件所涉物质来源和流向的追溯，依法加大对非法行为的执法惩处力度，防止非法行为死灰复燃。

参考文献

Hu L，Montzka S A，Moore F，et al.，2022. Continental-scale contributions to the global CFC-11 emission increase between 2012 and 2017［J］. Atmospheric Chemistry and Physics，22：2891-2907.

Montzka S A，Dutton G S，Portmann R W，et al.，2021. A decline in global CFC-11 emissions during 2018—2019［J］. Nature，590：428-432.

Montzka S A, Dutton G S, Yu P, et al., 2018. An unexpected and persistent increase in global emissions of ozone-depleting CFC-11 [J] . Nature, 557: 413-417.

Park S, Western L M, Saito T, et al., 2021. A decline in emissions of CFC-11 and related chemicals from eastern China [J] . Nature, 590: 433-437.

Rigby M, Park S, Saito T, et al., 2019. Increase in CFC-11 emissions from eastern China based on atmospheric observations [J] . Nature, 569: 546-550.

Scientific Assessment Panel, 2020. Closing the Gaps in Top-Down Regional Emissions Quantification: Needs and Action Plan [R/OL] . https: //ozone.unep.org/system/files/documents/ORM11-II-4E.pdf.

United Nations Environment Programme Ozone Secretariat, 2022. New study on CFC-11 emission increase between 2012 and 2017: Continental-scale contributions to the global CFC-11 emission increase between 2012 and 2017 [R/OL] . https: //ozone.unep.org/continental-scale-contributions-global-cfc-11-emission-increase-between-2012-and-2017.

欧盟委员会发布《2030年土壤战略》对我国深入打好土壤污染防治攻坚战的启示建议

李奕杰 李宣瑾 张晓岚 费伟良

2021年11月17日，欧盟委员会（European Commission）发布了《2030年土壤战略》（*Soil Strategy for* 2030）。该战略与源于《欧洲绿色新政》的其他欧盟政策（如《欧盟零污染行动计划》《循环经济行动计划》《气候适应战略》《森林战略》等）密切相关，它们互为补充、相互协同，并将在国际层面上支持欧盟对土壤采取全球行动的雄心。本文主要对该战略的背景目标及框架内容进行梳理分析和研究，旨在为我国当前土壤污染防治保护工作提供启示与建议。

一、欧盟《2030年土壤战略》出台的背景与目标

（一）背景

1. 土地和土壤面临严重污染与退化过程

根据欧盟委员会2020年开展的一项研究，欧盟有60%～70%的土壤是不健康的。土地和土壤正在遭受严重的退化过程，如侵蚀、压实、有机物减少、污染、生物多样性丧失、盐碱化和密封等。这种损害是由不可持续的土地利用和管理、过度开发和污染物排放所造成的。

欧洲有12.7%的地区受到中度至高度水土流失的影响，造成的农业生产损失估计每年约为12.5亿欧元。每年仅因水的侵蚀就损失了相当于柏林市大小的地区1 m深的土壤，而产生1 cm的肥沃土壤可能需要1 000年、失去它仅需要几年的时间。

欧盟耕地表层土壤的有机碳储量正在减少。据估计，有45 000～55 000 km^2的有机土壤被用于农业用途，而这些土壤中的有机碳正在流失。在欧盟27国中，用于农业的排水有机土壤（drained organic soils）每年排放约1.005亿t二氧化碳；排水有机森林土壤（drained organic forest soils）每年排放6 760万t二氧化碳；泥炭开采每年排放560万t二氧化碳；耕地下的矿物土壤每年损失约740万t二氧化碳。此外，欧盟的湿地面积一直在稳步下降，自20世纪初以来，约有一半的湿地已经消

失。此外，气候变化和不可持续的森林管理导致了森林生物质和土壤的碳损失。

所有欧洲国家都存在地方性污染问题。在 280 万个被工业活动污染的地块中，有 14%（约 39 万个地块）预计需要修复（remediation）。但到 2018 年，这些污染地块中只有 65 500 个得到了修复。大气沉降、土地管理活动、工业排放、污水污泥等造成的土壤扩散污染问题非常普遍，并导致土壤中的重金属、农药、抗生素、过量营养物质、微塑料等物质的含量不断升高。

土壤污染不仅会造成生物多样性的丧失，而且会降低土壤的生产力和肥力，并以直接或间接接触的方式影响人类健康，比如通过吸入、皮肤接触、摄取等方式直接接触，或通过饮食摄入受污染的食物或饮用水间接接触。此外，由于儿童在靠近地面的地方玩耍，儿童接触的污染风险最大。据估计，重金属（尤其是铅）和化学品的土壤污染每年在全球造成 20 万～80 万人死亡。

人类引起的盐碱化问题影响了欧盟 380 万 hm^2 土地，沿海地区土壤盐分多，特别是地中海地区的土壤盐碱化非常严重。虽然有自然盐碱化的土壤，但不适当的灌溉方法、不良的排水条件或使用盐来道路除冰，都会产生人为的或次生的盐碱化。欧洲每年因盐碱化问题产生的成本预计在 5.77 亿～6.1 亿欧元。

总体来说，土地和土壤退化的影响非常大，而且代价巨大，估计欧盟为此每年要花费 500 亿欧元。在欧洲，对土壤退化不作为所造成的代价比采取行动所花费的成本高出 6 倍。在世界范围内，土地退化造成的生态系统服务损失估计为每年 6.3 万亿～10.6 万亿美元。阻止和扭转当前的土壤退化趋势每年可在全球范围内带来高达 1.2 万亿欧元的经济效益，这说明投资于土地退化预防和土壤恢复具有非常合理的经济意义。为了避免土壤持续退化对经济和人民福祉造成的风险和影响，土壤问题值得各级政府、议会、公共机构以及土壤使用者、当地社区和公民给予高度关注。

2. 土壤保护相关法律法规不健全

尽管欧盟对土壤和土地退化在气候变化、生物多样性、食品安全等领域的跨界影响有了更深入的了解，并认识到需要利用土壤来最大限度增加耕地、森林和湿地的碳汇，但在欧盟层面，除一些现有的与土壤保护有关的欧盟法律法规以及根据 2006 年《土壤保护主题战略》采取的行动外，目前还未提出一个涵盖土壤保护、修复、可持续利用和监测等的全面的法律框架。如果没有全面的法律保护框架，欧盟有可能无法实现其绿色新政和关于气候变化、生物多样性、土地退化和荒漠化的国际承诺，同时也会危及粮食安全和保障。

欧盟的土壤政策行动以《欧盟运作条约》（TFEU）第 191 条（Article 191 of the

Treaty on the Functioning of the EU）为基础。该条款要求欧盟的政策旨在维护、保护和改善环境质量，保护人类健康，谨慎和合理地利用自然资源，促进国际层面的措施，以处理区域或全球环境问题，特别是应对气候变化。

在欧盟，只有 9 个成员国制定了关于土壤保护的具体立法，但其通常是针对土壤面临的某个具体问题，如希腊、意大利、葡萄牙和西班牙面临的荒漠化问题，荷兰、德国和比利时（法兰德斯）面临的土壤污染问题等。但由于土壤退化问题仍在加剧，这些立法不足以支撑全面的土壤保护和修复工作。

在欧盟层面，目前还没有具有约束力的框架来明确土壤保护的政策重点。欧盟与土壤保护相关的现有立法包括《环境责任指令》（2004/35/EC）、《工业排放指令》（2010/75/EU）、《环境影响评价指令》（85/337/EEC）、《污水污泥指令》（86/278/EEC）、《化肥指令》（2019/1009）、《汞指令》（2017/852）、《土地利用、土地利用变化与林业监管指令》（2018/841）以及《共同农业政策》（1307/2013）等。上述指令政策等主要是通过其他不完全以土壤为重点的环境目标（如减少污染、抵消温室气体排放等）实现了土壤保护成果。

与土壤保护有关的重要文件还有欧盟委员会于 2006 年通过的《土壤保护主题战略》[Thematic Strategy for Soil Protection，COM（2006）]，这是欧盟委员会提出的七项专题战略之一，其旨在通过防止土壤进一步退化、保护土壤功能并修复退化的土壤来保护欧洲土壤。该文件宣布了土壤保护的政策方针，将欧盟土壤主要面临的威胁确定为侵蚀、洪水和滑坡、土壤有机质流失、盐碱化、污染、压实、封闭和土壤生物多样性丧失。该战略确定了欧盟应对土壤退化问题的 4 个关键行动措施，包括：①将土壤保护纳入欧盟和国家政策的制定和实施中；②通过欧盟和国家研究计划支持的研究，来填补土壤保护领域的认知空白；③提高公众对保护土壤的必要性的认识；④制定以保护和可持续利用土壤为主要目标的立法框架。

综上，为了获得健康土壤对人类、食物、自然和气候的益处，欧盟委员会于 2021 年 11 月 17 日发布《2030 年土壤战略》，提出了欧盟到 2050 年实现土壤健康的愿景和目标，以及在 2030 年前采取的具体行动，并为保护、恢复和可持续利用土壤制定框架和具体措施，以实现欧盟气候、生物多样性和长期经济等共同目标。该战略还宣布到 2023 年将发布新的《土壤健康法》（*Soil Health Law*），以确保公平的竞争环境以及高水平的环境与健康保护。如图 1 所示，欧盟《2030 年土壤战略》与源于《欧洲绿色新政》的其他欧盟政策（如《欧盟零污染行动计划》《循环经济行动计划》《气候适应战略》《森林战略》等）密切相关它们互为补充、相互协同，并将在国际层面上支持欧盟对土壤采取全球行动的雄心。

图 1　欧盟土壤战略与欧盟其他政策的关系

（二）目标

1. 2050 年愿景目标

立足于欧盟《2030 年生物多样性战略》和《气候适应战略》,《2030 年土壤战略》中的土壤愿景为到 2050 年，欧盟的所有土壤生态系统均处于健康状态，从而具有更强的适应性，保护、可持续利用和恢复土壤已经成为常态。

2. 2030 年中期目标

主要包括：①防治荒漠化，恢复退化的土地和土壤；②大面积的退化和富碳生态系统（包括土壤）得到恢复；③欧盟土地利用、土地利用变化和林业（LULUCF）部门实现每年 3.1 亿 t 二氧化碳当量的净温室气体去除量；④到 2027 年，地表水达到良好的生态和化学状态，地下水达到良好的化学和数量状态；⑤到 2030 年，养分损失至少减少 50%，化学农药的总体使用和风险减少 50%；⑥污染场地的修复取得重大进展。实现欧盟气候、生物多样性和长期经济等共同目标。如表 1 所示。

表 1　欧盟土壤战略中长期目标

2030 年中期目标	2050 年愿景目标
①防治荒漠化，恢复退化的土地和土壤，包括受荒漠化、干旱和洪水影响的土地，并努力建立一个不再出现土地退化的世界；②大面积的退化和富碳生态系统（包括土壤）得到恢复	没有净土地被占用
①到 2027 年，地表水达到良好的生态和化学状态，地下水达到良好的化学和数量状态；②到 2030 年，养分损失至少减少 50%，化学农药的总体使用和风险减少 50%，更危险农药的使用减少 50%；③污染场地的修复取得重大进展	①土壤污染应减少到不再被认为对人类健康和自然生态系统有害的程度；②尊重地球所能承受的极限，从而创建一个无毒的环境
欧盟土地利用、土地利用变化和林业（LULUCF）部门实现每年 3.1 亿 t 二氧化碳当量的净温室气体去除量	①到 2035 年，率先实现欧洲“气候中和”，努力在欧盟实现陆地气候中和；②到 2050 年，为欧盟实现一个具有气候适应能力的社会，完全适应气候变化不可避免的影响

二、欧盟《2030 年土壤战略》主要内容

为落实《2030 年土壤战略》目标，欧盟提出了具体的实施路径和手段，推动中长期目标的实现。

（一）加强气候、土壤、水协同管理

1. 根据《减碳 55》一揽子计划实现气候中和的目标并促进气候适应

对于有机土壤，考虑在《自然恢复法》中提出具有法律约束力的目标，限制湿地和有机土壤的排水，恢复经过管理和排水的泥炭地，以维持和增加土壤碳储量，最大限度地减少洪水和干旱风险，并加强生物多样性，同时需考虑这些目标对未来碳耕作倡议以及农业和林业生产系统的影响。

对于矿质土壤，欧盟委员会将考虑根据《自然恢复法》，提高农业用地的生物多样性，这将有助于保护和增加土壤有机碳含量（SOC）。同时，为气候中和的欧盟经济的可持续碳循环（包括二氧化碳的捕获、储存和使用）制定一个长期愿景。作为其中的一部分，将在 2022 年提出欧盟碳耕作倡议和关于碳清除认证的立法提案，以推广新的绿色商业模式，奖励土地管理者（如农民和林务员）的气候友好做法。

2. 探索“土壤通行证”制度，实现对挖掘土流向可追溯的监测

为了将受污染的土壤与清洁的土壤区分，必须在整个价值链中对这些流向进行更密切的监测，从挖掘现场一直到接收端都要有可追溯性和质量控制措施。调查欧盟产生、处理和重新利用的挖掘土流向，并在 2023 年前为成员国的市场状况制定基准。作为《土壤健康法》制定工作的一部分，评估“挖掘土壤通行证”法律约束条款的必要性和潜力，并根据成员国的经验，为建立此类制度提供指导。该通行证应反映挖掘出的土壤的数量和质量，以确保其在其他地方安全运输、处理或重新使用。

3. 实施“土地占用等级”制度，推动土地的再利用和循环利用

成员国应当在 2023 年之前制定自己雄心勃勃的国家、地区和地方目标，减少净土地占用，并报告进展情况，以便为欧盟 2050 年的目标做出可衡量的贡献。将“土地占用等级”纳入城市绿化计划，在国家、地区和地方层面优先考虑土地的再利用和循环利用以及优质的城市土壤，通过适当的监管措施，逐步取消有违这一等级的财政激励措施，如将农业用地或自然土地转化为建筑环境的地方财政优惠。

欧盟委员会将在《土壤健康法》中对净土地占用做出定义。作为《土壤健康法》影响评估的一部分，根据成员国报告的数据，考虑监测和报告实现无净土地占用目

标的进展情况以及“土地占用等级”制度实施情况的备选方案。就如何减少土壤封存向公共当局和私营公司提供指导，并在2024年之前修订《欧盟土壤封存指南》。促进最佳做法的交流，借鉴拥有空间规划系统的成员国或地区的经验，成功应对土地占用的挑战，最终制定一个通用的方法。

4. 安全回收利用生物有机物，促进土壤养分的封闭和碳循环

回收生物有机物（比如堆肥、沼渣、污水污泥、加工过的粪便和其他农业残余物）有诸多好处：经过适当处理的材料可作为有机肥料，有助于补充枯竭的土壤碳库，并改善保水能力和土壤结构，从而封闭养分和碳循环。然而，这应该始终以安全和可持续的方式进行，以防止土壤污染。为此，欧盟委员会将修订《城市污水处理指令》以及地表水和地下水污染物清单，评估《污水污泥指令》，并采纳一项综合养分管理行动，以更安全地使用土壤中的养分。在《土壤健康法》的影响评估中，欧盟委员会将对有助于实现50%养分流失减少目标的措施进行评估，包括使该目标具有法律约束力的备选方案。在单独收集有机废物义务的基础上，欧盟委员会将寻求资助一个新的LIFE项目，该项目倡导优先使用土壤生物废弃物形成的优质堆肥。欧盟委员会还将继续资助研究，即如何通过对环境有益的方式从生物废弃物中回收有机肥料。

5. 整合与协调土壤和水的管理，促进水资源的健康

恢复土壤的海绵功能可以促进清洁淡水的供应并减少洪水和干旱的风险。此外，一些特别肥沃和富含碳元素的土壤被侵蚀并沉积在下游的河川、水坝和海洋中，只要是干净的，这些沉积物可以被重新使用。因此，土壤、沉积物和水密切相关，协调水和土壤的政策对于通过更好的土壤和水管理（包括跨境管理）实现健康的土壤和水生生态系统，以及减少洪水对人类和经济的影响至关重要。欧盟委员会将考虑解决土壤和水管理的充分整合和协调问题，包括《土壤健康法》的影响评估；还将促进成员国之间就土壤、水和沉积物之间的关系交流各自的做法，并发布一份关于沉积物可持续管理的指南。成员国应在可能的情况下，通过部署基于自然的解决方案，如保护性自然特征、景观特征、河流恢复、洪泛区等，更好地将土壤和土地使用管理纳入其河流流域和洪水风险管理计划。

（二）加强土壤退化防治及促进健康土壤恢复

1. 加强各层面的协调和合作，使可持续土壤管理成为新常态

要使可持续的土壤管理成为新常态，需要在地方、区域、国家、欧盟和全球层面进行协调和合作，以促进和实施此类做法。欧盟委员会将运用其职能，把土壤的可持续利用纳入欧盟的相关政策。①作为《土壤健康法》的一部分，评估可持续利用土壤的要求，使其提供生态系统服务的能力不受阻碍；②与成员国和利益相关者协商，编制一套“可持续的土壤管理”做法，包括符合农业生态学原则的再生性耕作，以适应土壤生态系统和类型的广泛变化，并确定不可持续的土壤管理做法；③向成员国提供援助，通过国家基金实施“免费测试土壤”倡议，更多地了解土壤特征（pH、体积密度、土壤有机物、养分平衡等）将有助于土地使用者采用最佳管理方法；④与成员国联手建立一个优秀的从业人员网络，以及一个有包容性的可持续土壤管理大使网络，将学术界和农业从业人员及其范围之外的更多利益相关者汇集在一起；⑤在共享农业政策（common agricultural policy，CAP）背景下，与成员国密切合作，继续传播成功的可持续土壤和养分管理解决方案，包括通过国家农村网络、农场咨询服务、农业知识和创新系统，以及欧洲农业生产力和可持续性创新伙伴关系；⑥通过加强与农业界的合作，例如欧洲土地所有者土壤奖，重视可持续土壤管理方面的突出成就和创新举措；⑦继续支持全球土壤伙伴关系，在全球促进可持续土壤管理。

2. 通过公约及联合倡议等行动防治荒漠化和土地退化

欧盟委员会将：①从《联合国防治荒漠化公约》的 3 个指标入手，制定方法和相关指标，以评估欧盟的荒漠化和土地退化程度，并继续鼓励成员国参与联合国的“土地退化中立”目标设定计划；②在欧洲环境署（EEA）和联合研究中心（JRC）的支持下，每五年发布一次关于欧盟土地退化和荒漠化状况的信息；③继续支持关键的倡议，如“非洲绿色长城”倡议、“重新绿化非洲”，以及发展合作过程中对土地和土壤问题的援助。成员国将根据欧盟《气候适应战略》所设想的行动，采取适当的长期措施来防止和缓解土地退化，特别是通过减少用水和使作物适应当地的供水状况，同时更广泛地使用干旱管理计划并采取可持续的土壤管理措施。

3. 从源头防止土壤污染，并尝试在欧盟层面统一土壤污染管理制度

为确保土壤长期清洁和健康，应优先从源头上防止污染。在《农场到餐桌战略》《化学品战略》《零污染行动计划》的基础上，欧盟委员会将：①修订《可持续使用农药指令》，并评估《污水污泥指令》。②在欧盟对化学品、食品和饲料添加剂、农药、化肥等的风险评估中，改善和协调对土壤质量和土壤生物多样性的考虑。将按照“一种物质，一次评估”倡议，与欧洲化学品管理局（ECHA）、欧洲食品安全局（EFSA）、欧洲环境署（EEA）、联合研究中心（JRC）和各成员国合作开展这项工作。③根据《关于化学品注册、评估、许可与限制的法规》（REACH）限制有意使用的微塑料，并尽快制定关于无意释放微塑料的措施。在一些成员国启动限制程序后，欧盟委员会将根据 REACH 法规准备对所有非必要用途的全氟和多氟烷基物质（PFAS）实施限制，防止其排放到包括土壤在内的环境中，同时制定一个关于生物基塑料、可生物降解塑料和可堆肥塑料的政策框架。2024 年 7 月前，根据《欧盟施肥产品条例》，对某些聚合物（如涂层剂和农用地膜）采用生物降解性标准。

目前，欧盟各国的土壤污染管理进展报告是自愿、不定期进行的，并且基于不断变化的方法及不同的国家定义、筛选值和风险评估方法。鉴于这种缺乏公平竞争的情况，欧盟委员会将探讨是否有必要制定法律法规，在《土壤健康法》的背景下，在整个欧盟强制规定进行统一报告。作为《土壤健康法》影响评估的一部分，欧盟委员会将：①考虑制定具有法律约束力的规定，例如确定受污染的场地、建立这些场地的清单和登记册、在 2050 年前补救对人类健康和环境构成重大风险的场地；评估为土地交易引入土壤健康证书的可行性，以便为土地购买者提供有关他们拟购买土地的主要特征和健康信息。②与成员国和利益相关者合作，促进关于土壤污染风险评估方法的对话和知识交流，并确定最佳做法；到 2024 年前，制定一份欧盟优先清单，列出对欧洲土壤质量构成重大风险的主要和（或）新出现的污染物，以及需要在欧洲和国家层面保持警惕和采取优先行动的污染物；到 2023 年前，修订《工业排放指令》，评估《环境责任指令》，包括土地损害的定义和财政保障的作用。成员国将在欧盟研究计划和“欧洲土壤交易”任务的支持下，建立土地交易的土壤健康证书制度。

（三）加深对土壤的了解

1. 数字技术的应用推广为土壤状况的监测等提供新的解决方案

《农场到餐桌战略》的目标是在农村地区提供快速宽带互联网，推进数据传输和智能使用及传感器的实时监控。《零污染行动计划》强调了解决土壤污染问题的数字解决方案，例如鼓励并支持成员国建立农场可持续性营养工具（FaST）；作为农场咨询服务的一部分，这些工具会根据现有立法、数据和知识，向农民提供有关肥料使用的建议。“哥白尼”和“欧洲联盟地球”观测方案及其土地监测服务会继续提供关于生物地球物理变量、欧盟内外土地覆盖和土地利用的数据。这些活动为监测土壤、土地压力和状况提供了新的、未开发的机会，还有可能推动机器学习技术、传感系统（如为精准农业提供的系统）和现场测量系统（如手持式光谱仪、便携式 DNA 提取、现场化学分析）等人工智能解决方案的广泛使用。欧盟委员会将：①加强数字工具和“哥白尼”的使用，依靠 JRC 进一步开发欧洲土壤观测站（European

Soil Observatory）和欧洲经济区，以及开发由地理空间分析产品支持的欧洲土地信息系统（Land Information System for Europe）；②与“欧洲地平线”“欧洲土壤交易”合作，提高“委员会目的地土壤”项下土壤相关过程的建模能力。

2. 通过法律手段推动各土壤监测系统的协调统一

欧盟成员国一级存在几种土壤监测系统，然而这些系统零散、不完整，而且相互间并不协调。为填补土壤监测的这一空白，欧盟委员会将：①作为《土壤健康法》的一部分，基于现有的国家和欧盟方案，考虑关于土壤和土壤生物多样性的监测和土壤状况的报告（包括 LUCAS 土壤模块），为 LUCAS 土壤调查提供法律基础，依法锚定目标、条件、资金、土地使用、数据和隐私等问题。②通过 LUCAS 土壤调查，在欧盟范围内协调监测土壤有机碳含量和碳储量的演变，补充成员国根据 LUCAS 条例提交的报告。③致力于在 2022 年土壤调查中，整合未来的污染模块，以更好地了解并绘制欧盟的扩散土壤污染问题，并编制清洁土壤展望，作为综合零污染监测和展望框架的一部分。④在实施 EUSO 时，通过与成员国和其他主要利益相关方的对话，利用欧洲农业土壤管理联合方案，确定土壤监测差距；开发一个土壤仪表盘，其中包含一套可靠的土壤指标，将趋势和预测结合起来；制定欧盟土壤生物区系清单，以便监测并更好地了解土壤生物多样性。

3. 实施雄心勃勃的土壤研究和创新

“欧洲地平线”研究和创新框架计划将促进知识创新和合作，从而加速向健康土壤的过渡。“欧洲土壤交易”任务为研究和创新提供了一个全面的框架，还有助于创建一个统一的欧盟土壤监测和报告框架，并实现健康土壤的有效研究政策和研究实践接口。除填补知识空白外，“欧洲土壤交易”任务还会通过“生活实验室”（在地面实验室进行的实验和创新）和“灯塔”（用于展示良好实践）网络，测试、演示和部署土壤健康解决方案，以供广泛采用。通过“欧洲地平线”，特别是“欧洲土壤交易”任务，欧盟委员会将：①实施雄心勃勃的研究和创新路线图，用于扩大土壤管理知识库、提升研究活动成果的获取和使用；②继续为解决土壤退化问题、增加土壤生物多样性的研究解决方案、试验性创新去污技术等提供大量资金；③促进数字和远程传感器、应用程序和手持采样器的开发及使用，用于评估土壤质量。

（四）加速向健康土壤的转变

1. 提高私人金融和欧盟投资者对土壤的了解，加速向健康土壤的过渡

整个价值链、供应链和经济部门都要依赖健康的土壤。但是价值链中的许多参与者并不知道他们的资产易受土壤退化的影响。投资者和银行逐渐意识到土壤退化的金融风险，以及预防和恢复的回报。欧盟委员会将与公共部门、私营部门和金融部门建立对话，了解如何为防止土壤退化和恢复土壤健康提供资金。欧盟委员会将在明确2021—2027年的所有优先事项和重点领域之后，于2022年发布一份指南，概述欧盟可用于土壤保护、可持续管理和恢复的资金支持机会；根据《欧盟分类法条例》及其授权法案，促进对可持续管理和不会显著损害土壤的项目的投资。

2. 开展土壤扫盲活动，提高社会参与意识

越来越多的城市化人口往往将土壤视为“泥土”和无限的自然资源，不知道土壤与日常生活的相关性及其在可持续和循环生物经济中的关键作用，因此提高公众意识和社会参与很有必要。土壤扫盲活动通过沟通和教育，使土壤更贴近人们的生活，将广泛的意识与跨学科的专业理解结合起来。为了达到这个目标，欧盟委员会将与成员国和利益相关方一道：在“海洋扫盲”成功范例的基础上，发起土壤扫盲参与和意识倡议；促进并鼓励分享土壤交流和参与方面的最佳做法，建立EUSO门户网站，搭建针对健康土壤的外联网络；将土壤退化问题纳入欧洲可持续能力共同参考框架，与欧洲公民一起推进土壤扫盲概念；在“欧洲土壤交易”和欧盟土壤观测站的基础上，开展一系列全面的沟通、教育和公民参与行动，促进不同层级的土壤健康，使土壤更接近公民的价值观。

三、对我国的启示与建议

（一）完善相关领域政策法规机制建设

1. 加强土壤与气候变化、生物多样性等业务领域协同管理

为促进气候适应，提出具有法律约束力的目标，采取提高农业用地生物多样性等的方法，限制湿地和有机土壤的排水，恢复泥炭地，维持和增加土壤碳储量，最大限度地减少洪水和干旱风险，保护和增加土壤有机碳含量。

2. 跟踪借鉴“土壤通行证”制度、“土地占用等级”制度的进展及效果

推动国内土地的再利用和循环利用，安全回收利用生物有机物，促进土壤养分的封闭和碳循环。整合与协调土壤和水的管理，促进水资源的健康。

3. 建立健全基于生命周期管理的环境与健康风险评估体系

防范化学品、食品和饲料添加剂、农药、化肥等对土壤质量和土壤生物多样性的影响。

（二）创新管理和技术手段，开展可持续土壤管理

1. 借鉴“可持续的土壤管理”做法

基于我国土壤生态系统和类型的多样性以及地方经验，探索可持续土壤管理经验，逐步建立适用于我国土壤可持续管理的模式，用于指导各地有针对性地开展土壤管理工作，如帮助土地使用者在充分了解土壤特征（pH、体积密度、土壤有机物、养分平衡等）的基础上采用最佳“可持续的土壤管理”做法。

2. 加强数字工具的使用

进一步开发土壤观测站以及由地理空间分析产品支持的土地信息系统，提高土壤相关过程的建模能力；促进数字和远程传感器、卫星遥感、应用程序和手持采样器的开发与使用，用于高效便捷地评估土壤质量、开展非现场检查等。

3. 搭建创新平台，加强成果宣传

通过网络、媒体、咨询服务、知识和创新平台等，宣传推广成功的可持续土壤管理最佳做法，使可持续土壤管理成为新常态。

（三）推动广泛的社会参与和资金投入

1. 加大资金投入

围绕“十四五”期间探索建立多元化投融资机制、建立健全省级土壤污染防治基金等任务要求，加强与公共部门、私营部门和金融部门的沟通，探讨加强防止土壤退化和恢复土壤健康资金投入，推动社会资本为土壤保护、土壤可持续管理和土壤恢复提供资金支持。

2. 提升公众意识

开展土壤扫盲和提高认识的行动，通过沟通和教育活动，使人们了解土壤与日常生活的相关性及其在可持续和循环生物经济中的关键作用，促进不同层级的土壤健康。

参考文献

黄琴，张竞心，2021. 欧盟出台“零污染行动计划”[J]. 生态经济，37（7）：4.

周伟，石吉金，苏子龙，等，2021. 耕地生态保护与补偿的国际经验启示——基于欧盟共同农业政策[J]. 中国国土资源经济，34（8）：7.

Agriculture and Rural Development，2019. Soil matters for our future [EB/OL].（2019-12-05）https：//

ec.europa.eu/info/news/soil-matters-our-future-2019-dec-05_en.

April P. The 7th EU Environment Action Programme：Preventing disease，increasing wellbeing and quality of life through environmental measures［R］.

Commission E，2000. Water Framework Directive（2000/60/EC）.

EC，2011. Roadmap to a Resource Efficient Europe［R］. European Commision，COM/2011/571.

EU Biodiversity Strategy for 2030［EB/OL］. North American Association for Environmental Education. https：//www.survivalinternational.org/events/epconference.

EU Climate Adaptation Strategy［EB/OL］North American Association for Environmental Education. https：//www.cmcc.it/eu-climate-adaptation-strategy-2021.

European Commission，2020. Study to support the preparation of Commission guidelines on the definition of backfilling［M］. Brussels：European Commission.

European Commission，2021. Technical guidance handbook：Setting up and implementing result-based carbon farming mechanisms in the EU. Data are from 2016，including UK［M］. Brussels：European Commission.

European Environment Agency，2019. The European Environment：State and Outlook 2020［EB/OL］. https：//doi.org/10.2800/96749.

IPBES，Willemen L，2018. Summary for policymakers of the assessment report on land degradation and restoration of the Intergovernmental Science-Policy Platform on Biodiversity and Ecosystem Services［M］. Bonn：IPBES.

Landrigan P J，et al.，2018. The Lancet Commission on pollution and health［J］. Lancet，391：463.

Lugato E，Bampa F，Panagos P，et al.，2014. Potential carbon sequestration of European arable soils estimated by modelling a comprehensive set of management practices［J］. Global Change Biology，20（11）：3557-3567.

Miu I V，Rozylowicz L，Popescu V D，et al.，2020. Identification of areas of very high biodiversity value to achieve the EU Biodiversity Strategy for 2030 key commitments. 2020.

Mowlds S，2020. The EU's farm to fork strategy：missing links for transformation［J］. Acta Innovations，36（36）：17-32.

Nkonya E，Mirzabaev A，Braun J V，2016. Economics of Land Degradation and Improvement—A Global Assessment for Sustainable Development. Springer. iresearchplatform. Web.

Panagos P，2018. Cost of agricultural productivity loss due to soil erosion in the European Union：From direct cost evaluation approaches to the use of macroeconomic models［J］. Land Degradation and Development，29（3）：476-484.

Payá，A P Rodríguez N，2018. Status of local soil contamination in Europe. Revision of the indicator 'Progress in the management contaminated sites in Europe'［R］.

Schils R，Kuikman P，Liski J，et al.，2008. Review of existing information on the interrelations between soil and climate change.（ClimSoil）. Final report［R］.

United Nations，2015. Transforming our world：the 2030 Agenda for Sustainable Development.

Veerman C，Correia T P，Bastioli C，et al.，2020. Caring for soil is caring for life：Ensure 75% of soils are healthy by 2030 for food，people，nature and climate. Report of the Mission Board for Soil health and food [R] .

World Business Council for Sustainable Development，2018. The business case for investing in soil health [EB/OL] . https：//www.wbcsd.org/n58n.

借鉴发达国家和地区经验，完善我国多金属危险废物资源综合利用污染防治管理体系

吴广龙　任　永　谢佳宏

近些年，随着我国工业化进程的不断推进和经济总量的快速增长，各类危险废物的产生量也在迅速增加。生态环境部发布的《2019年全国大、中城市固体废物污染环境防治年报》数据显示：2008年以前，我国工业危险废物年产生量稳定在1 000万t左右；自2008年增速加快，2018年全国工业危险废物产生量为4 643万t，是2010年的4倍多。

随着工业危险废物产生量的剧增，我国工业危险废物综合利用量有待提高。2018年数据显示，我国工业危险废物的综合利用率为43.7%，还有大量工业危险废物采用填埋方式处置，不仅占用大量土地，而且由于渗漏问题对周边土壤和地下水造成污染。多金属危险废物是工业危险废物中有回收利用价值的一类，对多金属危险废物的综合回收与利用不仅能减少对矿产资源的开发，还能有效减少其的不当处置对环境的损害。因此，加强多金属危险废物资源综合利用污染防治管理，完善环境管理体系，淘汰不达标或落后的生产工艺及污染防治技术，对于实现环境保护目标、完成节能减排任务等具有积极意义。同时，对提高企业的稳定达标排放率、指导行业环境技术的发展、促进行业可持续发展也有巨大意义。

一、加强多金属危险废物资源综合利用污染防治管理的意义

多金属危险废物资源综合利用污染防治管理旨在在多金属危险废物整个生命周期内最大限度地减少其对人类健康和环境的不利影响。因此，多金属危险废物资源综合利用污染防治管理包括预防（采用预防措施）、治理（如采用污染者付费原则）、在多金属危险废物资源综合利用的生命周期（生产、储存、运输、使用和处置）内尽量减少和消除风险（如采用防止污染原则）。

（一）有利于解决多金属危险废物污染问题

我国是世界上人口众多、产生固体废物量最大的国家，固体废物产生强度高、利用不充分。环境保护部发布的《2015年环境统计年报》数据显示：多金属危险废

物产生量最大的种类是有色金属冶炼废物，产生量为388.9万t，占所有危险废物总量的9.8%。有色金属冶炼废物产生量较大的省（区）为云南（122.9万t）、内蒙古（78.4万t）、甘肃（35.4万t）、湖南（30.6万t）、江西（21.9万t）、青海（21.2万t），6个省（区）合计占有色金属冶炼废物产生量的79.6%。部分企业危险废物处置问题十分突出，要加强多金属危险废物资源综合利用污染防治管理，引导企业减少危险废物的产生，提升企业危险废物管理水平，加快解决危险废物污染问题，不断改善生态环境质量。

（二）有利于完善危险废物管理体系

长期以来，我国多金属危险废物的管理主要侧重有色金属冶炼行业和再生金属行业，相关行业都已经构建完整的政策、监管和污染防控体系。与此相对应的是多金属危险废物资源综合利用行业的污染现状不清，缺乏有效的政策引导和环境监管，而且多金属危险废物资源综合利用行业技术标准缺失，企业采用的技术方案、工艺路线良莠不齐，导致危险废物综合利用活动不规范造成的资源浪费和二次污染等现象严重。加强多金属危险废物资源综合利用污染防治管理，是从全生命周期层面继续深化危险废物综合管理体系的重要措施，为推进危险废物源头减排、循环利用、安全处置提供有力抓手。

（三）有利于促进企业绿色转型发展

危险废物问题本质是发展方式的问题。近年来，我国多金属危险废物资源综合利用行业通过产业结构调整和技术改造，采用先进的清洁生产新工艺、新设备，使新鲜水使用量、废水排放量、污染物排放量均大幅减少，环保工作有较大的进步。但相对于有色金属冶炼行业和再生金属行业，在生产自动化控制水平、工艺技术水平、污染防治等方面，还有相当大的差距。加强多金属危险废物资源综合利用污染防治管理，使提升企业危险废物综合管理水平与上下游协同利用相衔接，与区域内、区域间协同消纳有机融合，将推动形成节约资源和保护环境的空间布局、产业结构、工业生产方式，提高企业绿色发展水平。

二、发达国家和地区多金属危险废物资源综合利用污染防治管理经验

（一）美国和欧盟危险废物管理框架

为了便于对危险废物进行管理，美国《资源保护和回收法》（*Resource Conservation*

and Recovery Act，RCRA）对危险废物进行了分类。第一种是按生产来源和风险等级分为 4 类，分别为显示危险特性的废物、危险废物名录中的废物、包含以上两种废物的混合物和从以上类别中提取出的废物。第一类废物即为呈现易燃性、腐蚀性、易反应性、毒性 4 个特性中一种或多种的废物。第二类中的危险废物名录指废物清单，主要由 4 类组成，分别为 F 类（非特定源产生的污染物）、K 类（特定源产生的污染物，目前共列入 181 个编码）、P 类（急性毒性化学废物）和 U 类（一般毒性化学废物）。第三类危险废物为第一类危险废物与第二类危险废物的混合物，而第四类是两者的派生物，比如在处理过程中发生反应产生的新有毒废物。第二种是按风险等级分类，分为可燃性（I）、腐蚀性（C）、反应性（R）、毒性特性（E）、急性危险性（H）和有毒（T）6 类，管理者可通过使用危险代码中的一个或多个，说明其在该部分中列出的废弃物的分类或类型。第三种是按废物的形态特征分为有机固体废物、无机固体废物、有机液体废物、无机液体废物、有机污泥、无机污泥及混合介质、残渣和器件 7 类。每一类有若干代码，并由物质含量、pH 等描述。第四种分类是按产生者及其产生危险废物的多少分为大源、小源和有条件豁免小源。

1994 年，欧共体以 94/3/EC 和 94/904/EC 决定的形式发布了《欧洲废物目录》（*European Waste Catalogue*）和《危险废物名录》（*Hazardous Waste List*），这两个目录分别应用于所有废物和危险废物的分类，旨在建立一个统一的废物分类体系。1975 年欧共体颁布的《废物指令》（*Council Directive Amending Directive 75/442/EEC on Waste*）是欧共体第一部综合性废物管理法规。在指令 78/319/EEC 中对危险废物的定义是：危险废物又称为有毒有害废物，是指含有该指令附录中列出的 27 类危险物质并且所含浓度超过了危害人类健康和环境的最低风险水平的废弃物或被污染物质。为了更准确地确定危险废物，欧共体之后在《危险废物指令》（91/689/EEC）中对危险废物所具有的危险特性进行了全面的表述，即危险废物是满足以下任意一条的废物：①列入《危险废物名录》，并且这些废物表现出《废物指令》（75/442/EEC）附件Ⅲ中一种或多种危险特性；②所有成员国所定义的表现出《废物指令》（75/442/EEC）附件Ⅲ中一种或多种危险特性的废物。

欧盟《废物框架指令》（*Waste Framework Directive*）规定企业有义务对危险废物和非危险废物进行登记。除此之外，欧盟《废物框架指令》也要求主管部门进行监管，确保相关信息的有效性和登记的可行性。登记所需的信息包括企业的名称、地址，废物的来源、种类和数量，运输方式、目的地，废物的处理方式等。如荷兰就设立了专门的废物登记机构——国家废物运输登记处（LMA），负责欧盟《废物框架指令》所要求的相关废物信息的登记工作。

对于废物越境转移，应遵守《欧盟废物运输法规》（*European Waste Shipment Regulation*）。即运送黄色和红色种类的废物应填写法规中规定的废物转移联单（《欧盟废物运输法规》根据废物转移过程管理严格程度的不同所划分的废物种类不同）；在欧盟成员国之间运送绿色种类的废物也应提供必要的信息，如废物的数量、种类、运输商、利用方式等。

欧洲环境署按照废物的类别对废物进行管理。主要包括 6 个指令：2006/12/EC 指令是废物管理的基础，对所有废物的管理做了框架式的基本规定；91/689/EEC 指令是专门针对危险废物的；1999/31/EC 指令主要针对垃圾填埋场的废物处理；75/439/EEC 指令、86/278/EEC 指令和 94/62/EC 指令则分别用于废油、污泥和包装废物的管理。

（二）发达国家和地区多金属危险废物管理经验

以含铜多金属危险废物综合利用为例，总结发达国家和地区多金属危险废物资源综合利用污染防治管理实践，主要体现在以下几个方面。

1. 对多金属危险废物的分类标准详细可行，注重对可回收危险废物的回收及综合利用

在含铜废料回收标准方面，《美国废物回收工业协会标准（ISRI）》废料规格手册根据废料的种类进行分类，如废电线、青铜废料、废弹壳、废水暖件等，各类废料的形状可能不同，但成分相近，这样既利于回收和贸易，也利于废料的利用；欧盟《铜及铜合金废料》（EN 12861：1999）主要阐述了铜及铜合金废料用于重熔（分级）的特性、条件、湿度、成分组成、金属含量、金属产量及二次原材料的测试步骤等技术要求。

国外的固体废物管理体系中，对于有综合利用价值的固体废物，在其回收过程中，有一定的豁免，可以不受危险废物法律法规的限制。在美国的法律中，废电路板、选矿废物被排除在固体废物之外，在回收时不受 RCRA 监管；废金属属于危险废物，但是在回收时不受危险废物规则管控；可用于贵金属提取的材料在回收时不受 RCRA 管控，受其他标准控制；其余的含铜多金属危险废物（如电镀金属表面处理废物）回收时完全受 RCRA 管控。

2. 基于最佳可行技术明确污染物排放限值，便于日常环境监管

美国与欧盟都是基于最佳可行技术制定污染物排放限值，对于含铜固体废物综合利用企业，污染物排放标准稍有区别。通过综合对比美国《再生铜生产有害大气污染物排放标准》（*Secondary Copper Smelting Area Sources*：*National Emissions Standards for Hazardous Air Pollutants*）、《有色金属制造业废水排放导则》（*Nonferrous Metals*

Manufacturing Effluent Guidelines），欧盟《有色金属最佳可行技术参考》（BREF）、《有色金属行业最佳可行技术目录》（BATC），爱尔兰《有色金属及电镀工业最佳可行技术》（*BAT Guidance Note on Best Available Techniques for Non-ferrous Metals and Galvanizing*）等，有关再生铜冶炼大气污染物排放限值的比较如表 1 所示。

表 1 国外再生铜行业大气污染物排放限值对比

国家和地区	颗粒物 /（mg/m^3）	SO_2 /（mg/m^3）	硫酸雾 /（mg/m^3）	二噁英 /（$ngTEQ/m^3$，标准状态下）
欧盟	1～5	50～300	10～35	0.1～0.5
美国	4.55	—	33	—
爱尔兰	10	350	—	0.1～0.5

有关废水污染物的排放限值对比如表 2 所示。

表 2 国外再生铜行业废水污染物排放限值 单位：mg/L（pH 除外）

国家和地区	pH	总铅	总砷	总镉	总锌	总铜	总镍
美国	6～9	0.6	—	1.2	4.2	4.5	—
欧盟	—	0.5	0.1	0.02～0.1	1	0.05～0.5	0.5
日本	5.8～8.6	0.1	—	0.1	5	3	—
德国	6.5～8.5	0.5	0.1	0.1	1	0.5	0.5

3. 生产工艺技术装备先进、规模化效应明显

（1）原料预处理技术完善

国外含铜废料的预处理较好，电子废料也基本呈碎屑状，这样大大减少了进入冶炼、加工环节的有机物，避免有机物高温燃烧产生二噁英等毒性物质，同时也对有机物进行有效的回收利用。

（2）资源利用效率高

大多数工厂的工艺和装备能够处理品位低、成分复杂的原料，而且能够对有价金属进行有效回收，有些工厂能回收十多种单一金属，实现了资源最大限度的回收和利用。

（3）生产工艺先进、装备机械化和自动化程度高

采用的奥斯麦特炉、KSR 系统、卡尔多炉、TBRC 等冶炼技术成熟，密闭效果好，冶炼效率高，且污染物排放少。采用的 DCS、PLC 等自动化控制系统提高了生产效率，降低了劳动强度，保障安全生产和产品质量，且企业规模化效应明显、生

产效益好。

4. 污染防控水平高，做到清洁生产、绿色发展

国外企业环保意识强，各家工厂都有完善的烟气、烟尘和废水处理设施。基本能够做到工业废水零排放，一些 BAT 技术在二噁英、二氧化硫、氮氧化物废气处理方面也起到了很好的效果。在固体废物方面，除污水处理污泥作为危险废物处置外，其他固体废物都可以得到很好的处理处置，做到清洁生产和绿色发展。

5. 污染防控技术标准体系相对完善

欧盟《有色金属最佳可行技术参考》（BREF）与《有色金属行业最佳可行技术目录》（BATC）对再生铜冶炼过程从备料、预处理、冶炼、废气排放到固体废物处置方面都给出了最佳可行技术，并针对不同的技术，从技术可行性、经济可行性、环境友好性等方面给出了具体分析。

三、我国多金属危险废物资源综合利用污染防治管理差距分析

我国危险废物的处置利用企业主要集中在东部沿海地区，这一地区经济发达，危险废物产生量也大，因此东部地区集中了我国大部分危险废物处置利用企业。

以含铜多金属危险废物综合利用为例，全国范围内具有处理含铜危险废物资质的单位超过 180 家，主要分布在广东、江西、江苏、浙江等地，其中广东以处理含铜废物（HW22）电子元件制造类危险废物的企业为主；含铜污泥的综合利用企业主要集中在江西，江西具有处理表面处理废物资质的企业最多，有 50 多家，占江西具有危险废物经营资质单位的 50% 以上，江西其余含有危险废物经营资质的单位也以处理重金属危险废物为主。

目前，多金属危险废物资源综合利用行业技术标准缺失，企业采用的技术方案、工艺路线参差不齐，导致危险废物综合利用活动不规范造成的资源浪费和二次污染等现象，成为制约我国多金属危险废物资源综合利用行业发展的重要因素，且我国多金属危险废物资源综合利用行业环境管理体系尚不能满足环境保护的需求。

对比分析我国与发达国家和地区多金属危险废物资源综合利用污染防治管理之间的差距，主要集中在以下方面。

（一）多金属危险废物豁免还不够完善

我国自 1998 年颁布《国家危险废物名录》第一版后，根据国内危险废物情况进行不断的修订和完善。

和国外的多金属固体废物种类相对比，表面处理废物无论是在国内还是国外都

属于危险废物。在美国，原生铜冶炼产生的炉渣、尾矿、污泥目前不属于危险废物，我国铜冶炼的粉尘和污泥包含在危险废物名录中。在美国，废线路板和选矿废物都不属于危险废物的范围，我国硫化铜矿、氧化铜矿等的采选过程中集（除）尘装置中收集的粉尘及废电路板（包括已拆除或未拆除元器件的废弃电路板），以及废电路板拆解过程产生的废弃 CPU、显卡、声卡、内存、含电解液的电容器、含金等贵金属的连接件属于危险废物。

国外危险废物管理以风险控制为依据，对不同风险的废物有相应的豁免管理。在美国，为了鼓励废物回收，原生铜冶炼产生的炉渣、尾矿、污泥、选矿废物和废线路板都豁免在危险废物外，废线路板在回收过程中也不受 RCRA 的限制。另外，对于产生量小的废物、低风险废物、混合物都有一定的豁免政策。

以含铜多金属危险废物综合利用为例，我国在《国家危险废物名录》（2008 年）中共列出了 33 类特定废物（标注了“*”），这些废物经申请可以进入豁免审核程序。其中涉及金属表面处理废物、含铜废物、有色金属冶炼废物等多种含铜多金属危险废物，但在《国家危险废物名录（2020 年）》中取消了该豁免管理，增加了豁免管理清单，仅将符合条件的废电路板列入豁免清单中。

（二）多金属危险废物综合回收行业定义不清晰、执行的排放标准不明确

我国的含铜危险废物种类主要有表面处理废物（HW17）、含铜废物（HW22）、有色金属冶炼废物（HW48）以及其他废物。有色金属冶炼废物产生量最大，含铜量低，利用价值少，大多采用贮存方式处置。其余含铜危险废物中产生量最大的为表面处理废物，是铜综合利用行业的主要原料。

我国含铜危险废物综合利用行业企业原料的类型决定了其在国内的行业分类以及适用标准。我国再生铜行业定义为以废杂铜为原料生产阳极铜及阴极铜的企业，并不包含铜泥及含铜危险废物综合利用企业，而国内大多数含铜危险废物综合利用企业原料除了含铜危险废物外还有废杂铜，含铜多金属危险废物经熔炼后形成黑铜，黑铜与废杂铜一起经火法精炼形成阳极铜。国外再生铜行业不仅包括废杂铜，还包括含铜废料、含铜废物等的加工和重熔，产品除了阳极铜、阴极铜外，还包括铜合金等，比国内再生铜的行业定义更为宽泛。

我国的再生铜行业并不包括含铜危险废物的综合利用，对于其综合利用，并没有具针对性的法律法规以及明确的行业标准。唯一一项明确指出含铜污泥综合利用企业的规范为《排污许可证申请与核发技术规范　有色金属工业——再生金属》（HJ 863.4—2018），该标准规定：以含铜污泥为原料的企业执行的排放标准可参考

《再生铜、铝、铅、锌工业污染物排放标准》（GB 31574—2015）。

目前在执行过程中，根据原料类型确定执行的污染物排放标准：①以铜精矿为原料，协同处置少量的含铜多金属危险废物的企业执行《铜、镍、钴工业污染物排放标准》（GB 25467—2010）；②以含铜多金属危险废物为原料的大部分企业执行《危险废物焚烧污染控制标准》（GB 18484—2001），该标准中不涉及的污染因子执行《大气污染物综合排放标准》（GB 16297—1996）；③以含铜多金属危险废物为原料火法熔炼产生黑铜，黑铜与废杂铜一起经火法精炼产生阳极铜的企业，熔炼部分执行《危险废物焚烧污染控制标准》（GB 18484—2001），精炼部分执行《再生铜、铝、铅、锌工业污染物排放标准》（GB 31574—2015）；④《排污许可证申请与核发技术规范　有色金属工业——再生金属》（HJ 863.4—2018）中规定含铜污泥的综合利用可以参照执行《再生铜、铝、铅、锌工业污染物排放标准》（GB 31574—2015）。由此可见，含铜多金属危险废物综合利用行业执行的标准比较繁杂，不利于行业监管。

（三）处理工艺和装备相比于国外仍有一定差距

熔池熔炼技术是我国自主研究的含铜废料处理技术，但该技术使用的原料仍是以铜精矿为主，搭配少量的含铜废料，在处理电镀污泥、废催化剂等含铜、含镍废料方面有成功的应用，但与国外可处理几十种二次资源或固体废物的生产线相比，仍有一定的差距。

（四）污染源头和过程控制技术有待进一步提升

通过《排污许可证申请与核发技术规范　有色金属工业——再生金属》（HJ 863.4—2018）中推荐的污染物防治可行技术与国外再生铜行业的污染物可行技术的对比，发现我国含铜多金属危险废物综合利用行业源头和过程的最佳可行技术还相对缺乏，还需加快污染防治可行技术的研发力度，从源头减少污染物的排放。

（五）污染防控技术标准体系不完善

目前关于含铜多金属危险废物综合回收行业还没有发布专门的污染防治可行技术，仅在《排污许可证申请与核发技术规范　有色金属工业——再生金属》（HJ 863.4—2018）中对末端治理方面的废气、废水相关技术做出了一定说明。而欧盟的《有色金属行业最佳可行技术目录》从原料预处理、冶炼过程、末端污染物处理等多方面给出了铜再生行业的污染可行技术。与其相比，我国污染防控技术标准体系还不完善。

四、关于加强我国多金属危险废物资源综合利用污染防治管理的建议

多金属危险废物资源综合利用污染防治管理关系到我国未来生态环境改善。在推进美丽中国建设、实现人与自然和谐共生的现代化国家建设过程中，加强我国多金属危险废物资源综合利用污染防治管理意义重大。根据发达国家和地区多金属危险废物资源综合利用污染防治管理趋势和成功经验，结合我国实际情况，提出如下建议。

（一）完善《国家危险废物名录》中多金属危险废物豁免相关规定

根据我国多金属危险废物综合利用行业的回收和利用现状，以及污染防治技术应用情况、发展形势等，结合发达国家和地区多金属危险废物豁免相关规定与我国多金属危险废物综合利用需求，择机选择环境风险较小的多金属危险废物纳入《国家危险废物名录》豁免内容。

（二）适当拓展再生有色金属行业的定义和范围，明确多金属危险废物污染物排放相关标准

适当拓展再生有色金属行业的范围，在广义的再生有色金属定义中加入资源综合利用行业，修订《再生铜、铝、铅、锌工业污染物排放标准》（GB 31574—2015），或专门制定多金属危险废物综合利用行业污染物排放标准。

（三）规范和提升多金属危险废物综合利用污染防控水平

通过排污许可制度、行业规范条件、清洁生产审核等方式，规范和提升多金属危险废物资源综合利用企业综合利用技术工艺和污染防治水平，以环境保护倒逼产业升级改造，同时取缔小规模以及作坊式处理企业，提高行业企业清洁生产水平。

（四）加大多金属危险废物综合利用过程中污染预防技术的研发

研发适用于多金属危险废物综合利用行业的富氧还原熔炼技术、封闭式料仓技术、污染源密闭技术等污染预防技术，从源头减少污染物的排放。

（五）完善多金属危险废物综合利用污染防控技术标准体系

制定《多金属危险废物综合利用行业污染防治技术政策》《多金属危险废物综合利用行业污染防治可行技术指南》《多金属危险废物综合利用行业污染防治工程

技术规范》等，从政策的导向，到原料预处理、冶炼过程、末端污染物处理等多方面规定多金属危险废物综合利用行业的污染可行技术及工艺参数要求。

参考文献

环境保护部，2017. 2015 年环境统计年报［R/OL］.（2017-02-23）［2023-09-22］. https：//www.mee.gov.cn/hjzl/sthjzk/sthjtjnb/201702/P020170223595802837498.pdf.

黄启飞，杨玉飞，岳波，等，2013. 国内外危险废物豁免管理研究［J］. 环境工程技术学报，3（1）：18-21.

生态环境部，2019. 2019 年全国大、中城市固体废物污染环境防治年报［R/OL］.（2019-12-31）［2023-09-22］. https：//www.mee.gov.cn/ywgz/gtfwyhxpgl/gtfw/201912/P020191231360445518365.pdf.

王静，叶海明，2010. 含铜电镀污泥中铜的资源化回收技术［J］. 化学工程与装备，（8）：197-199，205.

European Commission，2016. Directory of best available technologies for the non-ferrous metals industry（BREF）［S/OL］.（2016-10-20）. https：//eippcb.jrc.ec.europa.eu/sites/default/files/inline-files/NFM_Chinese_ENV-2016-00513_0.pdf.

European Commission，2016. BAT Guidance Note on Best Available Techniques for Non-ferrous Metals and Galvanizing［S/OL］.（2016-10-20）. https：//www.epa.ie/publications/licensing-permitting/industrial/ied/BAT-Guidance-Note-Non-Ferrous-Metals-&-Galvanising.pdf.

European Commission，2016. A Guidance Note on the Best Practicable Means for Copper Works［S/OL］.（2016-10-20）. https：//www.epd.gov.hk/epd/sites/default/files/epd/gn_pdf/BPM6.pdf.

European Parliament and Council，2008. Waste Framework Directive［S］. EU.

European Parliament and Council，2006. Waste Shipment Regulation［S］. EU.

European Union（EU），2002. European Waste Catalogue［S/OL］.（2002-01-01）［2023-09-22］. https：//www.eea.europa.eu/help/glossary/eea-glossary/european-waste-catalogue-1.

European Union（EU），2002. Hazardous Waste List［S/OL］.（2002-01-01）［2023-09-22］. https：//www.eea.europa.eu/help/glossary/eea-glossary/european-waste-catalogue-1.

European Union，1997. Council Directive 91/156/EEC amending Directive 75/442/EEC on waste［S/OL］.（1997-02-05）［2023-09-22］. https：//www.informea.org/en/legislation/council-directive-91156eec-amending-directive-75442eec-waste#：~：text=A%20set%20of%20Community%20rules%20on%20waste%20disposal，down%20particular%20amendments%20and%20addenda%20to%20that%20Directive.

European Union，2006. Directive 2006/12/EC of the European Parliament and of the Council on waste［S］. EU.

European Union，1991. Council Directive 91/689/EEC on hazardous waste［S/OL］.（1991-12-31）

[2023-09-22] . https：//faolex.fao.org/docs/pdf/eur37496.pdf.

European Union，1999. Council Directive 1999/31/EC on the landfill of waste [S/OL] . (1999-07-16) [2023-09-22] . https：//faolex.fao.org/docs/pdf/eur38106.pdf.

European Union，1975. Council Directive 75/439/EEC on the disposal of waste oils [S] . EU.

European Union，1986. Council Directive 86/278/EEC on the protection of the environment，and in particular of the soil，when sewage sludge is used in agriculture [S/OL] . (1986-06-12) [2023-09-22] . https：//www.legislation.gov.uk/eudr/1986/278/pdfs/eudr_19860278_adopted_en.pdf.

European Union，1994. European Parliament and Council Directive 94/62/EC on packaging and packaging waste [S/OL] . (1994-12-20) [2023-09-22] . https：//www.legislation.gov.uk/eudr/1994/62/pdfs/eudr_19940062_adopted_en.pdf.

Institute of Scrap Recycling Industries (ISRI)，2014. ISRI Scrap Specifications Circular [S/OL] . (2014-10-20) [2023-09-22] . https：//www.isrispecs.org/wp-content/uploads/2023/05/ISRI-Scrap-Specifications-Circular-updated-1.pdf.

U.S. Environmental Protection Agency (EPA)，2007. Secondary Copper Smelting Area Sources：National Emissions Standards for Hazardous Air Pollutants (NESHAP) [S] .

U.S. Environmental Protection Agency (EPA)，1990. Nonferrous Metals Manufacturing Effluent Guidelines (NFMM) [S] . US.

U.S. Environmental Protection Agency (EPA)，1976. Resource Conservation and Recovery Act [S] .

典型流域排水综合毒性表征研究成果与政策建议

李宣瑾　张晓岚　费伟良　杨　铭　查金苗[①]

2021 年 11 月,《中共中央　国务院关于深入打好污染防治攻坚战的意见》对我国完善现代化生态环境监测体系以及排水水质评价与监管工作提出了新的管理和技术要求。现有研究表明，仅利用常规水质指标已无法准确客观地评价排水的安全性，有毒有害污染物的评价和控制将逐渐成为我国水生态环境管理工作的重要内容。为有效控制排水污染，保护水生态环境安全，需建立基于毒性控制的排水水质安全评价及管理方法体系，控制排水污染物浓度，并加强排水生物毒性管理。

一、项目简介

本项目发挥全球环境基金（GEF）赠款资金催化作用，集成世界银行 GEF 主流化项目[②]技术成果，参考借鉴发达国家排水生物毒性测试标准和技术指南、表征方式以及毒性限值等排水毒性管理经验和技术方法，结合现有实验生物学信息、综合毒性研究成果和经验，以海河流域、珠江流域、淮河流域为试点流域，选取典型行业，针对当前试点流域、典型行业排水生物毒性表征现状和问题，开展综合毒性评估技术体系研究，获取流域中典型行业排水以及纳污水体综合毒性表征，构建一套适用于我国国情的综合毒性评估技术方法体系，具体包括综合毒性测试生物选择、测试技术、测试终点、测试方法和表征方法等；并探索提出我国流域排水综合毒性控制建议值，为有效保护我国水生态安全提供案例成果和数据支撑，助力深入打好污染防治攻坚战和美丽中国目标建设。

此外，基于科学性、系统性、可操作性与可比对性等原则，探索提出我国行业

---

① 中国科学院生态环境研究中心科研员。

② GEF 主流化项目：全称为全球环境基金水资源与水环境综合管理主流化项目。该项目由世界银行作为国际执行机构，生态环境部对外合作与交流中心和水利部灌溉排水发展中心分别作为生态环境部和水利部 GEF 项目办负责组织实施。该项目旨在用基于耗水量（ET）、环境容量（EC）、生态系统服务（ES）的水资源与水环境综合管理（IWEM）方法，解决流域和区域水资源短缺和水环境恶化等问题，在试点示范项目区提高水分生产率，减少污染排放，改善生态环境，并将创新性的水资源与水环境综合管理方法推广应用到海河流域、黄河流域、辽河流域等其他流域。项目实施期为 2016—2021 年。GEF 主流化项目示范区为海河流域滹沱河子流域的石家庄市以及滦河子流域的承德市。

排水综合毒性管理建议标准值，形成《典型流域综合毒性表征》报告和《流域综合毒性管理技术导则和指南》。下文主要围绕典型流域综合毒性表征成果进行阐述。

本项目技术路线如图1所示。

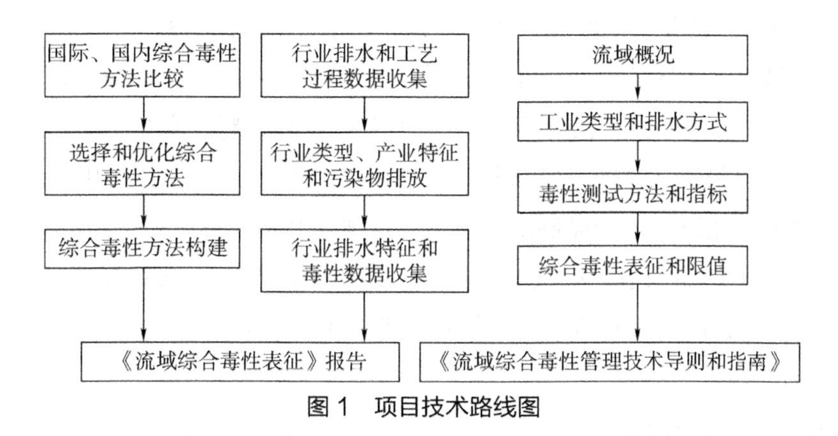

图1　项目技术路线图

二、项目成果与创新

（一）成果一：典型流域综合毒性表征成果

本研究选取珠江流域、淮河流域和海河流域典型行业的排水进行综合毒性测试。在此期间，形成了系列综合毒性测试标准试验方法，包括发光菌发光抑制试验、小球藻48 h生长抑制试验、大型溞48 h运动抑制试验、青鳉鱼96 h急性致死试验、大型溞14 d繁殖试验、青鳉鱼17 d受精卵孵化及幼鱼暴露试验、河蚬急性毒性试验和河蚬14 d短期慢性毒性试验的标准试验方法；并且系统表征了珠江流域、海河流域、淮河流域典型行业排水生物毒性，阐明了典型流域生物毒性现状和排水安全状况，是我国基于流域综合毒性管理的第一手资料。同时，也使用我国多种本地种开展工作，为有效保护我国水生态安全提供数据支撑。

1. 流域概况

（1）东江流域

东江是珠江流域三大水系之一，发源于江西省，在广东省河源市龙川县合河坝与安远水汇合后称东江，经河源市龙川县、东源县、源城区、紫金县，惠州市博罗县、惠城区，至东莞市石龙镇后，流入珠江三角洲东部网河区，分南北两水道（南支流与北干流）注入狮子洋，经虎门出海。

东江干流由东北向西南流，河道长度从源头至石龙为520 km，至狮子洋全长562 km，其中在江西省内127 km、广东省内435 km。河口狮子洋以上流域总面积为

35 340 km^2，其中广东省内 31 840 km^2，占流域总面积的 90.1%，江西省内 3 500 km^2，占流域总面积的 9.9%。东江是香港特别行政区以及广东省广州东部（天河区、黄埔区、增城区）、深圳、河源、惠州、东莞等地的主要供水水源，总供水人口近 4 000 万人，供水区域人均水资源量约 800 m^3，仅是全国人均水资源量的 1/3。

东江流域内各地区的产业分布差异明显。源头地区的产业以采矿及加工业、畜禽养殖业和种植业为主；上游河源地区的产业以食品饮料、采矿冶炼、机械制造、电子电器、轻纺服装、建材、生物制药、畜禽养殖和种植业为主；中游的惠州和深圳龙岗地区的产业以电子产品制造、石化、电镀和种植业为主；下游的东莞和广州市增城区以电子产品制造、电气机械制造、纺织服装制造、家具制造、玩具制造、造纸及纸制品、食品饮料制造、化工制品制造和种植业为主。

（2）淮河流域

淮河流域地处我国中东部的腹心地带，流域总面积约为 27 万 km^2，流域西起桐柏、伏牛山，东临黄海，南以大别山、江淮丘陵、通扬运河及如泰运河与长江流域相接，北以黄河南堤和沂蒙山脉与黄河流域毗邻。淮河流域跨河南、湖北、安徽、江苏、山东 5 省。淮河流域人口密集、土地肥沃、资源丰富、交通便利，是长江经济带、长三角一体化、中原经济区的覆盖区域，也是我国重要的农业种植区。

（3）海河流域

海河流域总面积为 31.82 万 km^2，占全国总面积的 3.3%，包括北京、天津和河北绝大部分，山西东部，山东、河南北部，辽宁及内蒙古的一小部分。东临渤海，西倚太行，南界黄河，北接蒙古高原。海河流域人口密集，大中城市众多，是我国重要的政治、经济和文化中心，其中部平原是我国重要的粮食主产区，西部、北部山区是国家主要能源基地。流域内人口占全国总人口的 10%，地区生产总值、耕地面积、粮食产量分别占全国的 12%、9% 和 10%。

本研究在东江流域、淮河流域、海河流域典型行业开展综合毒性测试的研究成果见下文。

2. 东江流域典型行业排水综合毒性测试结果

（1）行业选择和样点布设

本研究选择珠江流域东江子流域尤其是中下游地区内的典型行业，即印染业、与 IT 业相关的电镀业和电路板制造业、造纸业以及排水量巨大的生活污水处理业 5 个行业，共计布设 83 个样点（工厂企业）。所有样点均配置污水处理设备，并且正常运行。各行业样点数量如表 1 所示。

表 1 东江流域典型行业与布设样点数量

行业	样点数量 / 个
印染业	21
电镀业	19
电路板制造业	20
造纸业	13
生活污水处理业	10

（2）东江流域综合毒性表征

东江流域综合毒性评估表明同类行业的排水中有毒物质的组成或浓度差别较大。其中电镀业排水的急性毒性最大，印染业和电路板制造业排水的急性毒性基本一致，造纸业和生活污水处理业排水基本上不存在急性毒性。在不同的毒性评价方法下，不同生物对同一排水的急性毒性、慢性毒性的敏感性不同；对水生生物无急性毒性的行业排水可能会存在慢性毒性。

从急性毒性超标率看，电镀业、电路板制造业的急性毒性超标率超过 50%。电镀业、电路板制造业对菌、藻、溞、鱼有较强的急性毒性，而造纸业对鱼有较强的急性毒性。从短期慢性毒性超标率看，印染业、电镀业、电路板制造业的超标率较高（如表 2 和表 3 所示）。

表 2 东江流域典型行业急性毒性超标率 单位：%

基准	印染业				电镀业				电路板制造业				造纸业				生活污水处理业			
	菌	藻	溞	鱼	菌	藻	溞	鱼	菌	藻	溞	鱼	菌	藻	溞	鱼	菌	藻	溞	鱼
美国基准 CMC=0.3 TUa	10	38	24	43	58	58	83	47	5	35	65	50	10	0	0	54	0	0	10	20

注：TUa 是急性毒性单位。

表 3 东江流域典型行业短期慢性毒性超标率 单位：%

基准		印染业		电镀业		电路板制造业		造纸业		生活污水处理业	
		繁殖	发育	繁殖	发育	繁殖	发育	繁殖	发育	繁殖	发育
短期慢性毒性基准参考值	低毒（1～2）	14	57	5	10	45	10	15	15	0	10
	中毒（2～10）	19	0	0	0	20	0	8	8	0	0
	高毒（10～100）	0	19	53	42	5	30	0	0	0	0
	高毒（>100）	0	5	16	11	5	5	0	0	0	0
美国基准	CCC=1.0 TUc	33	81	74	63	85	45	23	23	0	10

注：TUc 是慢性毒性单位。

1）行业排水对 Q67 菌发光抑制毒性测试结果

电镀业排水对 Q67 菌的发光抑制毒性最大，印染业和电路板制造业排水的毒性基本一致，造纸业排水再次之，而生活污水处理业对 Q67 没有急性毒性。

2）行业排水对小球藻生长抑制毒性测试结果

电镀业排水对小球藻的生长抑制毒性最大，电路板制造业排水的毒性次之，而造纸业和生活污水处理业排水对小球藻生长没有抑制毒性。

3）行业排水对大型溞运动抑制毒性检测结果

电镀业排水对大型溞的运动抑制毒性最大，电路板制造业排水的毒性次之，而造纸业和生活污水处理业排水对大型溞的运动基本没有抑制毒性。

4）行业排水对青鳉鱼急性致死毒性检测结果

电镀业排水对青鳉鱼的致死毒性最大，印染业排水的毒性次之，电路板制造业排水的毒性再次之，而造纸业和生活污水处理业排水对青鳉鱼没有急性毒性。

5）行业排水对大型溞繁殖抑制毒性检测结果

电镀业排水对大型溞的繁殖抑制慢性毒性最大，电路板制造业排水的毒性次之，印染业排水的毒性再次之，造纸业和生活污水处理业排水对溞的慢性毒性不显著。

6）行业排水对青鳉鱼卵孵化抑制毒性检测结果

电镀业排水对青鳉鱼卵孵化的慢性毒性最大，印染业排水的毒性次之，电路板制造业排水的毒性再次之，造纸业和生活污水处理业排水对青鳉鱼卵的慢性毒性不显著。

3. 淮河流域典型行业排水综合毒性测试结果

（1）行业选择和样点布设

淮河流域样点集中布设在淮河中段蚌埠地区，主要针对不同类型企业排水、纳污水体以及淮河干流等水体样品进行生物毒性评估，具体包括 20 个纳污水体和河流水体样品采集，3 种生物（大型溞、稀有鮈鲫和河蚬）急性毒性和 1 种生物（河蚬）慢性毒性评价。本研究同时采集蚌埠地区五河县、怀远县和固镇县 3 县和禹会区、龙子湖区、淮上区、蚌山区 4 区几乎所有涉水的 49 个企业的排水，其中涉及发酵食品加工、化工、橡胶、重金属及机械制造、生化制药、印染、纺织、玻璃制造、烟草 9 个行业。采样过程中重点考虑环境排放量最大的城市污水处理业，采样地区共有 9 个城市污水处理厂，采集的污水处理厂进水和出水共计 18 个水样。综合统计，本次水质评价共计 87 个环境样品。

（2）淮河流域综合毒性表征

淮河流域综合毒性评估表明（如表 4 和表 5 所示），在急性毒性方面，六大行业的大型溞和河蚬急性毒性结果类似，毒性较为明显的行业主要是重金属及机械制造行业、化工行业、橡胶行业 3 个行业。稀有鮈鲫急性毒性试验显示，除上述 3 个行业外，发酵和食品加工业也出现了较高急性毒性。

表 4　淮河流域典型行业急性毒性表征

行业	试验类别	毒性特征
重金属及机械制造业	大型溞和河蚬急性毒性、稀有鮈鲫急性毒性试验	较高急性毒性
化工行业	大型溞和河蚬急性毒性、稀有鮈鲫急性毒性试验	较高急性毒性
橡胶行业	大型溞和河蚬急性毒性、稀有鮈鲫急性毒性试验	较高急性毒性
发酵和食品加工业	稀有鮈鲫急性毒性试验	较高急性毒性

表 5　淮河流域典型行业慢性毒性表征

行业	试验类别	毒性特征
重金属及机械制造业	河蚬慢性毒性	显著的雌激素干扰效应
生化制药业	河蚬慢性毒性	显著的雌激素干扰效应
发酵和食品加工业	河蚬慢性毒性	显著的雌激素干扰效应
玻璃制造业	河蚬慢性毒性	显著的雌激素干扰效应
烟草行业	河蚬慢性毒性	显著的雌激素干扰效应
印染行业	河蚬慢性毒性	显著的雌激素干扰效应和氧化应激效应
化工行业	河蚬慢性毒性	显著的氧化应激效应
橡胶行业	河蚬慢性毒性	显著的氧化应激效应
采矿业	河蚬慢性毒性	一定的氧化应激效应
造纸业	河蚬慢性毒性	显著的氧化应激效应
污水处理业	河蚬慢性毒性	进水具有雌激素干扰效应、神经毒性、氧化应激效应；出水具有神经毒性

在慢性毒性方面，重金属及机械制造业中汽车制造等重金属相关企业排水和生化制药业具有显著的雌激素干扰效应。发酵和食品加工业企业排水河蚬慢性毒性试验表明雌激素干扰效应显著。玻璃制造业和烟草行业排水有显著的雌激素干扰效应。印染行业排水的雌激素干扰效应和氧化应激效应显著。化工行业和橡胶行业排水仅氧化应激效应显著。采矿业排水表现出一定的氧化应激效应。造纸业排水有显著的氧化应激效应。污水处理业进水在雌激素干扰效应、神经毒性以及氧化应激效应方面均有所表现，出水方面仍具有神经毒性。

针对淮河蚌埠段干流和支流 20 个采样点水样的慢性毒性结果显示，超过 50% 的河段出现明显的雌激素干扰效应，6 个采样点具有显著的神经毒性效应，除少数河段（3 个）引起氧化应激效应外，其余河段无显著效应。

4. 海河流域典型行业排水综合毒性测试结果

（1）行业选择和样点布设

在海河流域，主要选取北京地区沿河河段 15 个农村污水处理站出水作为研究对象。

（2）海河流域综合毒性表征

海河流域综合毒性评估结果表明，农村污水处理站排水整体毒性水平较低，在绿藻、大型溞和鱼类急性毒性试验中均显示为无毒或者微毒，说明农村日常生活所产生的污染物是有限的，且污水处理站也发挥了一定作用。

3 个流域水样的不同生物急性毒性试验和慢性毒性试验结果显示：①不同行业的排水中有毒物质的组成或浓度差别较大，所表现出的毒性效应类型也有差异；②不同生物对同一排水的急性毒性、慢性毒性的敏感性不同；不同生物对同一水样的敏感性也有差异。因此，为得到更加真实可靠的数据，在排水毒性表征过程中选择多种生物进行毒性试验很有必要。

（二）成果二：综合毒性评估技术方法体系构建

本研究探索构建了一套适合我国国情的流域综合毒性评估技术方法体系，包括综合毒性测试生物选择、测试技术、测试终点、测试方法和表征方法等。

1. 综合毒性测试生物选择

测试生物的选择标准包括生态相关性、易于饲养和成本效益，以及是否了解生物的行为、生命周期和栖息地要求等。排水毒性检测方法所使用的生物物种主要遵从以下条件：①在接受水体营养结构中具有重要生态、经济性；②对有毒物质敏感；③生命早期阶段为整个生命过程中最敏感的阶段；④在一年中的大多数时间需获得早期生命阶段生物体；⑤必须容易在实验室进行养殖与管理；⑥对有毒物质的反应必须稳定、可重复；⑦在实验室内部和不同的实验室相同的测试方法条件下，结果必须相对稳定。

在此条件下，本研究涵盖的排水生物毒性测试物种包括紫背浮萍、青虾、溞状溞、稀有鮈鲫或唐鱼、河蚬、四尾栅藻、摇蚊幼虫等，从浮游植物到底栖生物，全覆盖多营养级生物。此外，由于不同物种的敏感性存在差异，目前也未发现一个物种可以表征所有的实质性毒性终点，因此一般建议同时选取 3～5 个不同营养级（如细菌、浮游植物、无脊椎动物和鱼类）的物种进行测试，可增加测试的可靠性。

2. 综合毒性测试技术

本研究在引入国际通用种基础上，培育我国特有水生生物物种，发展了小球藻生长抑制试验、大型溞活动抑制和短期繁殖试验、斑马鱼或青鳉鱼急性毒性试验和短期胚胎发育试验等。构建了以我国特有水生生物为实验生物的试验，具体包括四尾栅藻生长抑制试验、Q67 发光菌抑制试验、溞状溞活动抑制和短期繁殖试验、稀有鮈鲫或唐鱼急性毒性试验和短期胚胎发育试验、河蚬急性毒性和短期生长试验、紫背浮萍生长抑制试验等系列试验方法，可为我国综合毒性测试技术提供参考借鉴。

3. 综合毒性测试终点

测试终点作为综合毒性指标方法中的关键内容，直接反映以何种生物效应作为排放控制点，因此直接影响综合毒性排放限值的确定。一般排水综合毒性测试以水生生物个体为受试生物，不同受试生物（如微生物、藻类、溞类、鱼类等）在急性毒性、慢性毒性、遗传毒性等不同毒性试验下有不同的测试终点（如表 6 所示）。

表 6　不同受试生物的毒性测试终点

受试生物	毒性试验类型	测试终点
微生物	急性毒性	发光细菌的发光量
	慢性毒性	细菌生长抑制率
	遗传毒性（采用营养缺陷型或基因缺陷型微生物）	产生回复突变的菌落数或产生的酶活水平
	基因重组酵母菌的雌性激素和雄性激素筛检（以酵母为受试生物）	β- 半乳糖苷酶活性水平
藻类	急性毒性	细胞生长量的抑制率（细胞生长量采用细胞计数、叶绿素Ⅱ荧光、吸光度和生物量等表征）
	慢性毒性	藻细胞增殖速度
溞类（大型溞和网纹溞）	急性毒性	致死率和活动能力抑制率
	慢性毒性	存活率和繁殖力
鱼类	急性毒性	致死率、失稳
	慢性毒性	受精卵和胚胎发育、幼鱼生长和存活率
动植物细胞	动植物细胞体外微核试验（检验分裂间期细胞质中的微核数量）	含有微核的双核细胞频率
人、鼠或鱼肝细胞	类二噁英效应测试	肝细胞内部 EROD（Ethoxyresorufin-O-deethylase）的活性水平

微生物急性毒性测试以发光细菌的发光量为测试终点，而慢性毒性测试以细菌

生长抑制率作为毒性终点，微生物遗传毒性试验往往采用营养缺陷型或基因缺陷型微生物，测试终点是产生回复突变的菌落数或产生的酶活水平。基因重组酵母菌的雌性激素和雄性激素筛检法以 β- 半乳糖苷酶活性水平为测试终点。

虽然受试藻类有很多种，但是所有藻类生长抑制试验的测试终点均为细胞生长量的抑制率，细胞生长量可以采用细胞计数、叶绿素Ⅱ荧光、吸光度和生物量等多种方式进行表征。

大型溞和网纹溞是最常见的无脊椎受试生物，急性毒性的测试终点通常是致死率和活动能力抑制率，慢性毒性的测试终点则是存活率和繁殖力。

用于排水综合毒性测试的鱼类种类很多，绝大多数鱼类的急性毒性测试终点是致死率，极个别的测试终点是失稳，鱼类的慢性毒性测试则以受精卵和胚胎发育、幼鱼生长和存活率作为测试终点。

此外，动植物细胞体外微核试验则检验分裂间期细胞质中的微核数量，测试终点为含有微核的双核细胞频率。针对人、鼠或鱼肝细胞，则采用类二噁英效应测试，并用肝细胞内部 EROD 的活性水平作为测试终点。

4. 综合毒性测试试验方法

流域综合毒性管理技术的基本原理大致如下：利用完整污水样品进行生态毒理测试，以得到整个样品包括未知物质的综合毒性效应。测试终点、持续时间和生物种类各不相同，试验可在实验室条件下或现场（如笼中研究或人工溪流）进行，可对单个物种或简单群落（多个物种）进行。

常规的毒性测试方法主要通过对大型溞、淡水虾、轮虫、发光细菌、单细胞绿藻、淡水鱼胚胎及幼体等受试生物在 24 h/48 h 运动抑制试验、24 h 急性毒性试验、7 d 生长抑制试验等不同毒性试验测试下，计算其死亡百分比、发光抑制率等不同测试终点来测定其毒性。上述所有测试都适用于排水综合毒性评价，而且大多数是标准化的方法。试验采用稀释法，并通常在 6 种不同的浓度下进行。测试结果可以用不同的单位表示，但最常用的单位是 EC_{50} 值。常规的排水综合毒性测试方法如表 7 所示。

表 7　常规的排水综合毒性测试方法

受试生物	试验类型	毒性类型	测试终点
大型溞（*Daphnia magna*）	24 h/48 h 运动抑制试验	急性毒性	运动抑制生物百分比
淡水虾（*Thamnocephalus platyurus*）	24 h 急性毒性试验	急性毒性	虾的死亡百分比
轮虫（*Brachionus calyciflorus*）	24 h 急性毒性试验	急性毒性	轮虫的死亡百分比

续表

受试生物	试验类型	毒性类型	测试终点
原生纤毛虫（*Tetrahymena thermophila*）	24 h 生长抑制试验	急性毒性	原生纤毛虫生长抑制率
发光细菌（*Vibrio fischeri*）	发光细菌（*Vibrio fischeri*）试验	急性毒性	发光细菌暴露 15 min 和 30 min 后的发光抑制率
单细胞绿藻（*Desmodesmus subspicatus*, *Pseudokirchinella subcapitata*）	72 h 生长抑制试验	短期慢性毒性	单细胞绿藻生长抑制率
轮藻（*Nitellopsis obtusa*）	90 min 电生理试验	短期慢性毒性	细胞膜电位去极化的半数抑制浓度
浮萍（*Lemna minor*）	7 d 生长抑制试验	短期慢性毒性	总叶面积、生物量或叶绿素含量
大型溞（*Daphnia magna*）	21 d 繁殖试验	长期毒性	亲本动物的生存和繁殖能力
淡水鱼胚胎及幼体	淡水鱼胚胎及幼体发育试验，暴露时间 10～14 d	短期慢性	孵化和存活的鱼卵和幼鱼的数量
Umu 试验	鼠伤寒沙门氏菌（*Salmonella typhimurium*）暴露试验	遗传毒性	4 h 的诱导效应
突变沙门氏菌（*Salmonella typhirium*）	埃姆斯试验	基因毒性	菌落生长数量
微核试验（V79 细胞株）	V79 细胞株微核试验	遗传毒性	微核数量
鱼肝细胞	72 h 暴露 EROD 活性试验	Ah 受体效应	EROD 活性
鱼肝细胞卵黄蛋白原	鱼肝细胞卵黄蛋白原 72 h 诱导试验	内分泌干扰效应	细胞中产生的卵黄蛋白原浓度
雌激素酵母	酵母 72 h 筛查试验	雌激素效应	雌激素受体转录激活活性
雄激素酵母	酵母 72 h 筛查试验	雄激素效应	雌激素受体转录激活活性

5. 综合毒性表征方法

本研究梳理并总结了系列标准化的毒性测试方法，以进行排水综合毒性评价。综合毒性表征方法主要包括急性毒性阈值（LC_x[①]、EC_x[②]）和慢性毒性阈值［LOEC（即最低可观察效应浓度）、NOEC（即无可观察效应浓度）］。大多数国家通常采用传统的毒理学阈值评价排水综合毒性。毒性阈值数值越小，排水的综合毒性越大。

排水毒性分级方法直接以传统的毒理学阈值大小进行分级，如根据排水样品浓

① LC_x："LC"（lethal concentration）代表致死浓度，"x"表示受试生物体中出现毒性终点的百分比。

② EC_x："EC"（effect concentration）代表有效浓度，"x"表示受试生物体中出现毒性终点的百分比。

度和发光细菌的发光度获得 EC_{50}，对水样毒性进行分级。美国提出毒性单位（TU），其中：

$$TUa=100/EC_{50}$$

$$TUc=100/NOEC$$

式中：TUa 为急性毒性单位，TUc 为慢性毒性单位。TU 越大，毒性越强。

加拿大以阈值效应浓度（TEC）计算 TU：

$$TEC=(NOEC \times LOEC)^{1/2}$$

$$TU=100/TEC$$

此外，以德国为代表的 ISO 标准体系采用最低无效应稀释浓度（LID）表征排水综合毒性并直接将其应用为排放限值。LID 表示无可见抑制作用的最大浓度组，或者只观察到不超过该测试效应变异性的最大浓度组。LID 越大，排水的综合毒性越强。

6. 探索提出我国排水综合毒性控制建议值

基于流域综合毒性表征，结合国际上发达国家综合毒性管理标准分析，探索提出我国典型流域排水综合毒性控制建议值。急性毒性建议值如表 8 所示，慢性毒性建议值如表 9 所示。

表 8　典型流域综合毒性控制建议值（急性毒性）

类型	综合毒性建议限值 /TUs
化工或制药	25
金属冶炼或加工	10
纺织、制革、造纸、玻璃	5
农产品加工、食品、城市生活污水	1.4
城市污水处理厂出水	1

注：每排放一个 TU，接受水体至少应该有 20 倍稀释。实验物种：中国本土鱼类（如稀有鮈鲫）。监测周期：每年或每两年一次。对象：典型工业排水。

表 9　典型流域综合毒性控制建议值（慢性毒性）　单位：TUs

工业类型	最低无效应稀释度（LID）	工业类型	最低无效应稀释度（LID）
纸浆生产	2	阳极处理	2
化学工业	2	酸洗、上漆、电镀玻璃	4
废物生物处理	2	电镀（废玻璃）、印刷电路板、电池生产	6

续表

工业类型	最低无效应稀释度（LID）	工业类型	最低无效应稀释度（LID）
皮革和人造皮革生产	2	有色金属生产	4
皮毛加工	4	印刷和出版	4
纺织品生产和整理	2	洗毛	2
煤焦化	2	废物地面储存	2
废物物理化学处理和废油处理	2	橡胶加工和橡胶制品生产	2
钢铁生产（二级冶炼、连续浇筑、热成型）	2	废物焚烧的废气洗涤，燃烧系统的废气洗涤，无机颜料生产，半导体元件生产，基于纤维胶处理和醋酸纤维的化学纤维、薄膜和纱布生产	2
钢铁生产（鼓风炉冶生铁和炉渣造粒、带钢热成型）	6		

注：实验物种：中国本土鱼类（如稀有鮈鲫）。监测方法：鱼类胚胎发育测试。监测周期：每年或每两年一次。对象：典型工业排水。

（三）主要创新点

本研究整合国际上的排水毒性管理经验和技术，为摸清和了解我国典型流域行业排水生物毒性表征积累重要经验和成果，为解决海河流域、淮河流域、珠江流域等重点流域水生态环境管理提供技术支撑和基础数据。

本研究获得的典型流域生物毒性表征进一步表明排水对纳污水体生态系统的影响，同时探索提出适合我国国情的流域综合毒性评估技术方法体系，为我国水质目标管理提供新思路，并为“十四五”水生态环境保护规划实施提供重要基础数据，有效支撑黄河流域生态保护和高质量发展等国家重点战略实施。

三、政策建议

为深入贯彻落实《中共中央　国务院关于深入打好污染防治攻坚战的意见》中“建立完善现代化生态环境监测体系”的相关要求，建立健全基于毒性控制的水生态环境评价及管理体系，借鉴国际经验，有以下思考和建议。

一是建立适合我国国情的基于毒性控制的排水水质安全评价和管理体系及技术规范。我国地域辽阔，生物多样性丰富，各地区水生生物种类众多且存在较大的地域差异，同一物种在不同地区的生长繁殖类型也有所不同。因此，应根据我国水生生物类别、排水污染物毒性特征和控制技术水平等进行综合考量，筛选我国各地区水生态系统的代表性敏感种，建立和健全我国废水生物毒性评价技术规范，以客观准确评价废水的安全性。此外，探索联合化学分析以及原位生物多样性调查等多种手段，构建完整的水生态完整性评价体系。

二是积极探索推动我国排水生物毒性监测试验方法及处理工艺发展。由于排水中的毒性物质来源广泛，存在多种多样的复合型污染物，污染物之间可能存在协同、拮抗或叠加等多种相互作用，因此单一的生物毒性试验不一定能综合表达废水污染情况，需积极探索研究联合毒性监测试验方法，推动我国排水生物毒性处理工艺的发展。

三是探索建立适合我国国情的重点行业排水生物毒性控制基准和标准及管控方法。由于不同行业类型存在的污染物有差异，不同污染物现存的处理工艺和处理效果也有所不同，因此需广泛开展排水生物毒性评价研究，针对不同的行业类型和管控需求，探索建立适合我国国情的排水生物毒性控制基准和标准及管控方法。同时，可进一步探索化学分析和生物毒性检测的有效结合，加强水质综合毒性定期评估和监测，开展行业排水综合毒性筛查，明确污染物来源和削减措施，为水生态安全管理提供有效支撑。

国际新污染物治理经验及启示

肖学智 张彩丽 王昊杨 赖劲宇

2022年5月，国务院办公厅印发《新污染物治理行动方案》，对新污染物治理工作进行全面部署。我国相关媒体英文报道中分别使用了“new pollutants”和“emerging pollutants”两个概念（中国政府网，2021；新华网，2021；中国日报，2021）。“新”是“new”还是“emerging”涉及对新污染物概念的理解。本文就如何理解新污染物的内涵及范畴，总结分析了国际社会关于新污染物的定义及分类、主要国家和地区新污染物治理经验，提出了我国新污染物治理的工作建议。

一、国际社会关于新污染物的定义

（一）新污染物的“新”

目前，国际社会尚未形成统一的新污染物定义，亦未形成统一的英文术语。研究领域，新污染物的英文名称中，“emerging pollutants”（新兴污染物）和“emerging contaminants”（新兴污染物）是使用最多的两个术语，其他包括“contaminants of emerging concern”（新兴关切污染物）、“pollutants of emerging concern”（新兴关切污染物）、“emerging organic contaminants”（新兴有机污染物）、“emerging organic pollutants”（新兴有机污染物）、“emerging environmental concern contaminants”（新兴环境关切污染物）和“emerging environmental concern pollutants”（新兴环境关切污染物）等；同义词还包括一些特定类型的新污染物，如持久性有机污染物（POPs）、药品和个人护理产品、人造有机化合物（RamÃ-rez-Malule et al., 2020），其中“contaminants”（污染物）、“pollutants”（污染物）、“substances”（物质）、“chemicals”（化学品）等术语常互换使用（Terpenning et al., 2016）。

“新”的界定是相对的，文献和政策文件中新污染物的英文名称很少用“new”，而多用“emerging”，这是因为关注焦点可从已在环境中存在一段时间但最近才引起关注的污染物到最近才出现的污染物，还可纳入关于传统污染物的新兴问题（Sauvé et al., 2014）。类似术语可以用于解释：①最近在环境中检测到的物质，指的是由于检测技术进步而能够在较低浓度下检出，使得此类物质正在“emerging”（出现）；

②环境浓度不断上升的物质，这里“emerging”（不断增加）指的是时间和空间上的变化趋势；③有（不断增加的）理由相信对人类健康或环境存在不利影响的某类物质，这里指的是不利影响正在“emerging”（不断增加）；④由于科学报道和媒体宣传等，对之关切不断增加的某类物质，这里“emerging”（不断增加）的是人们的关切（Terpenning et al., 2016）。

以有机氯农药滴滴涕（DDT）为例，DDT 于 1874 年首次合成，但其杀虫性能自 1939 年才被发现，DDT 在第二次世界大战期间被大量用于平民和士兵抗击疟疾、斑疹伤寒，随后被用作农业和家庭杀虫剂。1962 年，《寂静的春天》阐述了不当使用 DDT 等杀虫剂的严重影响。许多国家于 20 世纪 70 年代禁止使用 DDT。2001 年，《斯德哥尔摩公约》将 DDT 列入首批受控 POPs。现今，DDT 仅在一些非洲国家用于防治疟疾和伤寒。然而，研究表明在禁用近半个世纪后，北美洲一些湖泊中的 DDT 浓度水平仍然令人关切，影响主要水生生物甚至整个湖泊食物链（Kurek et al., 2019）。虽然已合成近一个半世纪，DDT 仍然是已出版的新污染物研究中关注最多的物质（Halden, 2015）。

（二）相关国际组织、国家和地区对新污染物的定义

研究表明，在欧盟和美国等国家和地区的政策文件中，关于新污染物的术语表述有一个趋势，即关注重心从“新兴物质”（emerging substances）本身转向“物质”和“关切”并重（emerging substances of concern），进而转向更关注人们的“关切”（contaminants of emerging concern）（Terpenning et al., 2016）。美国佛罗里达州环境保护局强调此类术语中的“新兴”（emerging）和“关切”（concern）两词非常重要，因为其反映了科学和政策的现状（Florida Department of Environmental Protection，2008）。

1. 联合国环境规划署（UNEP）

UNEP 使用的术语为“emerging pollutants”，指的是“新近被确定为对环境有害并由此对人类健康有害的化学品和化合物。确切地说，它们被贴上‘emerging’（新兴）的标签，是因为其受关切程度越来越高。此外，许多新污染物尚未受到国家或国际立法的管制，因此对我们的生活构成更大风险”（UNEP, 2020）。

2. 联合国教科文组织（UNESCO）

UNESCO 在其实施的“发展中国家废水再利用中的新污染物项目”中使用的术语为“emerging pollutants”，将其定义为：“任何合成或天然存在的化学品或微生物，其通常未受监测或监管，且被认为对人类健康和环境有害……它们的潜在影响可能包括慢性毒性、人类和水生野生动物内分泌干扰以及发展出细菌病原体耐药性”（UNESCO, 2015）。而在该项目案例研究报告中使用的术语是“contaminants of emerging concern”（新兴关切污染物）（Terpenning et al., 2016）。

3. 经济合作与发展组织（OECD）

2012 年，OECD 使用的术语为“emerging contaminants”，主张新污染物是“迄今为止尚未广泛研究的一类化学品，利益攸关方（科学家、监管部门、非政府组织等）担心此类污染物可能对环境或人类健康产生影响，或担心现有的环境评估范式不适合此类污染物”（OECD，2012）。而 2018 年，OECD 相关研讨会和活动使用“contaminants of emerging concern”（新兴关切污染物），指“包括最近才出现在水中的大量污染物，或最近才引起关注的污染物，因为其浓度明显高于预期，或其对人类健康和环境的风险可能尚未得到充分了解”（OECD，2018）。

4. 欧盟

欧盟委员会在水政策领域建立物质观察清单的（EU）2015/495 号决定和（EU）2018/840 号决定使用了“emerging pollutants”这一表述。而 2020 年，欧盟《饮用水水质指令》（Directive 2020/2184）使用“emerging compounds”（新兴化合物）、“contaminants of emerging concern”（新兴关切污染物）表述，但均未明确其定义。

2005 年，由欧盟委员会资助成立的，由新污染物监测相关的参考实验室、研究机构和利益攸关方组成的非营利机构 NORMAN Network 将“emerging substances”（新兴物质）和“emerging pollutants”（新兴污染物）进行了区分，将“emerging substances”（新兴物质）定义为“已在环境中检出但尚未列入欧盟常规监测计划的物质，其环境归趋、行为和（生态）毒理影响尚未得到充分了解”，将“emerging pollutants”（新兴污染物）定义为“尚未纳入欧盟常规监测计划的污染物，其可能成为未来管控对象，主要取决于对其（生态）毒性、潜在健康影响、公众认知以及对其在各种环境介质中存在情况的监测数据”。

5. 美国

美国国家环境保护局（USEPA）用“contaminants of emerging concern”（新兴关切污染物）取代了自 20 世纪 90 年代中期广泛使用的“emerging contaminants”（新兴污染物）的概念，用以识别“尚没有监管标准的化学品和其他物质，这些化学品和物质新近在天然河流中‘被发现’（通常是因为检测水平的提高），并可能在环境相关浓度下对水生生物造成有害影响。此类物质目前未列入常规监测计划，并可能是候选监管物质，具体取决于其（生态）毒性、潜在的健康影响、公众认知和在环境介质中出现的频率。新兴关切化学品不一定是新化学品，包括之前已存在于环境中但其存在和严重性现在才正被评估的污染物”（USEPA，2008）。

美国地质调查局和美国国会研究服务处也逐步转为使用“contaminants of

emerging concern”。美国国会研究服务处认为“这个术语通常指环境中检测到的可能对人类健康、水生生物或环境构成风险的未受管控的物质，对其潜在风险的科学理解正不断演变……用于确定其对人类健康、水生生物或环境风险的数据通常有限”（Congressional Research Service，2019）。

6. 加拿大

加拿大环境部长理事会使用的术语为“emerging substances of concern”（新兴关切物质），但未明确定义，仅指出对其相关风险尚未全面了解（Canadian Council of Ministers of the Environment，2010）。

（三）启示

一是尽管关于新污染物的英文术语表述不统一，但是“新”的概念基本都用“emerging”表述，很少使用“new”，即使使用，也经常是“new”和“emerging”并用。二是欧盟和美国等国家和地区的政策文件中新污染物的英文表述除突出“新”外，亦突出“关切”，以反映科学和政策现状。三是尽管未形成统一的新污染物定义，但是新污染物既包括人造化学物质又包括天然物质已基本成为共识，新污染物关注的焦点在于某类物质对人类健康和环境不利影响的“关切”，而不在于物质本身产生历史的“新”“旧”。

二、国际社会关于新污染物的分类

（一）相关多边环境协定

1.《斯德哥尔摩公约》

截至 2023 年 3 月，《斯德哥尔摩公约》受控 POPs 物质共 31 种（类），即将提请缔约方大会增列或在审查物质 6 种（类）（见表 1 和表 2）。

表 1 《斯德哥尔摩公约》受控 POPs 物质清单（截至 2023 年 3 月）

分类	对中国已生效	对中国未生效
有意生产类	艾氏剂、狄氏剂、异狄氏剂、七氯、毒杀芬、多氯联苯、氯丹、灭蚁灵、六氯苯、滴滴涕、十氯酮、五氯苯、六溴联苯、林丹、α- 六氯环己烷、β- 六氯环己烷、四溴二苯醚和五溴二苯醚、六溴二苯醚和七溴二苯醚、硫丹原药及其相关异构体、六溴环十二烷、全氟辛基磺酸及其盐类和全氟辛基磺酰氟（PFOS/F）	六氯丁二烯、五氯苯酚及其盐类和酯类、多氯萘、短链氯化石蜡、十溴二苯醚、三氯杀螨醇、全氟辛酸及其盐类和相关化合物、全氟己基磺酸及其盐类和相关化合物
无意产生类	多氯二苯并对二噁英、多氯二苯并呋喃、六氯苯、多氯联苯、五氯苯	多氯萘、六氯丁二烯

表 2 《斯德哥尔摩公约》在审查物质清单（截至 2023 年 3 月）

物质	审查阶段
甲氧滴滴涕、得克隆、UV-328	已完成审查，即将提交 2023 年缔约方大会审议增列
中链氯化石蜡、长链全氟羧酸及其盐类和相关化合物	附件 F 风险管理评价审查
毒死蜱	附件 E 风险简介审查

2.《鹿特丹公约》

截至 2023 年 3 月，列入《鹿特丹公约》附件三适用事先知情同意程序的化学品共 54 种（类），其中农药类化学品 35 种（类）[含极为危险的农药制剂 3 种（类）]，工业化学品 18 种（类），既是农药也是工业化学品的 1 种（类）（见表 3）。

表 3 《鹿特丹公约》附件三化学品中的农药类（截至 2023 年 3 月）

分类	化学品
农药 [32 种（类）]	2, 4, 5- 涕及其盐类和酯类、甲草胺、涕灭威、艾氏剂、谷硫磷、乐杀螨、敌菌丹、克百威、氯丹、杀虫脒、乙酯杀螨醇、滴滴涕、狄氏剂、二硝基 - 邻 - 甲酚及其盐类、地乐酚及其盐类和酯类、1, 2- 二溴乙烷、硫丹、二氯化乙烷、环氧乙烷、敌蚜胺、六六六、七氯、六氯苯、林丹、汞化合物（包括无机汞化合物、烷基汞化合物和烷氧烷基及芳基汞化合物）、甲胺磷、久效磷、对硫磷、五氯苯酚及其盐类和酯类、甲拌磷、毒杀芬、敌百虫
极为危险的农药制剂 [3 种（类）]	含量≥7% 的苯菌灵、含量≥10% 的虫螨威、含量≥15% 的福美双、磷胺（有效成分含量超过 1 000 g/L 的可溶性液剂）、甲基对硫磷（有效成分含量≥19.5% 的乳油及有效成分含量≥1.5% 的粉剂）
农药 / 工业化学品 [1 种（类）]	三丁锡化合物
工业化学品 [18 种（类）]	阳起石石棉、铁石棉、透闪石石棉、青石棉、直闪石石棉、商用八溴二苯醚、商用五溴二苯醚、六溴环十二烷、全氟辛基磺酸 / 全氟辛基磺酸盐 / 全氟辛基磺酰 / 全氟辛基磺酰胺（12 种）、多溴联苯、多氯联苯、多氯三联苯、短链氯化石蜡、四乙基铅、四甲基铅、三（2, 3- 二溴丙磷酸酯）磷酸盐、十溴二苯醚、全氟辛酸及其盐类和相关化合物

3. 国际化学品管理战略方针（SAICM）

SAICM 下至今明确的新兴政策问题和关切问题共 8 类，分别是：①产品中的化学品；②干扰内分泌的化学品；③环境持久性制药污染物；④电气和电子产品生命周期内的危险物质；⑤高危农药；⑥含铅涂料；⑦全氟和多氟烷基物质（PFAS）；⑧纳米技术和人造纳米材料。

（二）国际组织

1. UNEP

除现有化学品和废物领域相关多边协定外，UNEP《全球化学品展望Ⅱ》（UNEP，2019）明确了 11 种新出现的证据表明对人类健康和环境具有风险的其他问题，包括：①砷；②双酚 A；③镉；④草甘膦；⑤铅；⑥微塑料；⑦新烟碱；⑧有机锡；⑨邻苯二甲酸酯；⑩多环芳烃；⑪三氯生。

2. UNESCO

UNESCO（2015）认为新污染物可能包括药品、个人护理产品、杀虫剂、工业和家用化学品、金属、表面活性剂、工业添加剂和溶剂。

3. OECD

OECD（2018）举例的新污染物包括药品、工业和家用化学品、个人护理产品、农药、人造纳米材料、微塑料及其转化产品。

（三）相关国家和地区

1. 欧盟

截至 2022 年 6 月 10 日，欧盟《关于化学品注册、评估、许可与限制的法规》（REACH 法规）下的高关注物质清单已达 224 种（类）（ECHA，2022），包括具有致癌、致突变、致生殖毒性的物质（CMR 物质），具有持久性、生物蓄积性和毒性的物质（PBT 物质）、具有极高持久性和极高生物蓄积性的物质（vPvB 物质），以及与 CMR 物质或 PBT/vPvB 物质具有相同关注程度的物质等。

欧盟 NORMAN Network 建立了新兴物质和新污染物清单，现包括 21 种（类）的 107 135 种物质（NORMAN Database System，https://www.norman-network.com/nds/susdat），21 种（类）物质包括：①杀菌剂；②饮用水化学品；③滥用的药物；④阻燃剂；⑤食品添加剂；⑥食品接触类化学品；⑦人类代谢物；⑧人类神经毒素；⑨室内环境物质；⑩工业化学品；⑪金属及其化合物；⑫天然毒素；⑬ PFAS；⑭持久性、流动性和有毒物质；⑮个人护理产品；⑯药物；⑰植保产品；⑱塑料添加剂；⑲受 REACH 法规监管的高关注物质等化学品；⑳烟雾化合物；㉑表面活性剂。

2. 美国

美国国家环境保护局新污染物工作组《水生生物新污染物标准白皮书：第一部分挑战和建议》（USEPA，2008）指出新污染物包括：①有毒化学品，包括 POPs；②药物、止痛药和抗生素；③激素；④表面活性剂；⑤个人护理产品；⑥兽药；

⑦干扰内分泌的化学品；⑧纳米材料。

美国国会研究服务处指出新污染物包括许多不同类型的制造化学品和物质（例如，药品、工业化学品、草坪护理和农用产品、微塑料）以及天然存在的物质（例如，藻类毒素）（Congressional Research Service，2019）。

3. 加拿大

加拿大环境部长理事会（Canadian Council of Ministers of the Environment，2010）指出新污染物可能包含一系列药品、个人护理产品、工业污染物（如增塑剂、表面活性剂和溴系阻燃剂）。

（四）启示

一是关于新污染物应包含哪些类别还没有统一标准。具体根据其物化属性来说，可将其分为三大类：①有机物，可分为 PBT 物质（如 POPs）和更多的极性物质（如杀虫剂、药品、工业化学品）；②无机化合物（如微量金属）；③颗粒污染物（如纳米颗粒和微塑料）（Geissen et al.，2015）。二是许多 POPs 是新污染物，许多新污染物亦为 POPs，因为持久性和有机性是新污染物的主要特征之一（Ministry of Infrastructure and Water Management of the Netherlands，2016）。从出版物数量亦可见一斑，研究关注较多的有机卤化物类新污染物包括 PFAS、多氯联苯、多溴二苯醚、DDT 等（RamÃ-rez-Malule et al.，2020），多为 POPs。三是从 POPs 分类和用途来看，POPs 与新污染物各类别亦多有交叉。有意生产的 POPs 可分为杀虫剂类 POPs 和工业化学品类 POPs，后者作为添加剂用途广泛，可用作表面活性剂、阻燃剂、增塑剂、塑料添加剂等，全氟辛基磺酸、全氟辛酸、全氟己基磺酸、长链全氟羧酸类 POPs 亦是 PFAS。

三、主要国家和地区新污染物治理经验

（一）欧盟

REACH 法规是欧盟内部统一控制现有化学品和新化学物质生产、上市销售及使用的法规，对欧盟境内生产和进口的化学品实施全面注册、评估、授权和限制，特别对 CMR 物质、PBT 物质及 vPvB 物质制定了严格的授权许可要求。截至 2022 年 6 月 10 日，列入 REACH 法规的 224 种（类）高关注物质中，PBT 物质为 29 种（类），vPvB 物质为 33 种（类），其中兼为 PBT 物质和 vPvB 物质的物质共 21 种（类），这些物质可能为潜在 POPs。

依据《水框架指令》（Directive 2000/60/EC），欧盟设立了包含 45 种物质的水政策优控物质清单（Directive 2013/39/EU），其中包括溴化二苯醚、短链氯化石蜡、毒死蜱、硫丹、六氯苯、六氯丁二烯、六氯环已烷、五氯苯、全氟辛基磺酸、二噁英、六溴环十二烷、七氯等多种 POPs。此外，欧盟还设立《污染物排放与转移登记制度》[Regulation（EC）No. 166/2006]，要求 3 万多处工业设施提供 91 种污染物的排放信息，污染物包括多种重金属、农药、温室气体和二噁英等（Angels et al., 2021）。

2020 年 10 月，作为欧盟绿色协定的一部分，欧盟委员会发布《迈向无毒环境的化学品可持续战略》，将通过分类评估（group-wise assessment）而非逐个化学品评估的方式（chemical-by-chemical assessment approach），对 CMR 物质、内分泌干扰物、PBT 物质、vPvB 物质、免疫毒素物质、神经毒素物质、对特定器官有毒的物质和呼吸敏感物质优先（按类）限制其所有用途（European Commission, 2020）。为此，2022 年 4 月，欧盟委员会发布了不具法律约束力的工作文件《化学品可持续战略限制路线图》，设立限制物质滚动清单（European Commission, 2021）。

（二）美国

美国联邦政府颁布的《有毒物质控制法》（TSCA）是监管工业化学品的主要工具。TSCA 适用于新化学物质和现有化学物质。对不在 TSCA 名录的新化学物质需进行预生产申报（PMN），获美国国家环境保护局审核通过后，方可开始生产或进口，并需在首次生产或进口 30 天内提交开始生产或进口的通知（NOC）。对已列入 TSCA 名录的现有化学物质需要进行化学品数据报告（CDR），对现有化学物质的新用途需要进行重要新用途申报（SNUR）。

依据《安全饮用水法》，美国国家环境保护局建立了超过 90 种污染物的饮用水质量标准（Angels et al., 2021），并先后发布了 5 版饮用水候选污染物清单（CCL），艾氏剂、狄氏剂、DDT 的代谢产物 DDE、α- 六氯环已烷、六氯丁二烯、毒死蜱、全氟辛基磺酸、全氟辛酸等 PFAS 类 POPs（曾）进入 CCL 名录。美国国家环境保护局还发布了联邦污染场地新污染物技术事实清单，介绍包含多溴二苯醚、全氟辛基磺酸、全氟辛酸等 POPs 在内的新污染物的物化属性、环境和健康影响、现有联邦和州指南、检测和处理方法等，供污染场地修复相关人员使用，并每年更新一次。

（三）加拿大

加拿大主要依据《环境保护法》开展风险评估，识别具有持久性和（或）生物蓄积性、毒性的物质以及具有最大暴露潜能的物质，将其纳入《有毒物质清单》进行管控（Environment Canada，2004）。截至 2021 年 5 月 12 日，加拿大《有毒物质清单》包含 163 种（类）物质（Environment Canada，2021）。对未列入《国内物质清单》的新物质，需在生产或进口前完成申报，并提交风险评估相关信息，根据评估结果，对有毒物质采取有条件地允许其生产或进口、禁止生产或进口等措施（International Joint Commission，2019）。

（四）启示

一是欧盟、美国、加拿大等国家和地区主要通过构建有毒物质、优控污染物框架和（或）名录，将新污染物纳入现有化学品的环境管理政策中进行管控。二是 POPs 以及 PBT/vPvB 物质等潜在 POPs 因其持久性、生物蓄积性和毒性，多为优控新污染物。

四、工作建议

一是采用国际通用英文术语宣传我国新污染物治理行动。采用国际通行的“emerging pollutants”“contaminants of emerging concern”等术语表达，加大对我国新污染物治理行动的国际宣传，避免在国际话语体系中采用“例外”用词而削弱对外宣传功效。

二是借鉴国际经验和研究成果。对已经过审查纳入《斯德哥尔摩公约》等国际公约但暂未对我国生效的物质，在综合评估国内生产、使用、替代情况及管控对我国社会经济影响基础上，视情纳入重点管控新污染物清单，提前采取管控行动，以加大对 POPs 等新污染物的治理力度。同时积极跟踪 SAICM 等相关多边环境协定及主要国家和地区管控情况，适时采取国内管控。

三是稳步高效推进《新污染物治理行动方案》实施。将《斯德哥尔摩公约》等国际公约的在审查物质纳入化学物质环境风险优先评估计划和优先控制化学品名录，结合国内“筛”“评”结果，动态纳入重点管控新污染物清单，为国内各级政府开展新污染物治理提供指导。同时建议考虑欧盟倡议的化学品分类评估方式，对 PFAS 等性质相近物质按大类进行评估，加大“筛”“评”效率，动态更新化学物质环境风险优先评估计划、优先控制化学品名录和重点管控新污染物清单，滚动接续，压茬前行，高效推进新污染物治理工作。

参考文献

新华网，2021. China to take targeted，scientific measures for new pollutants disposal［N/OL］. http：//english.news.cn/20220526/acaf1e740e1b4d3d978fbc354becab1d/c.html.

中国日报，2021. New guidelines on emerging pollutant ban，control and monitoring announced［N/OL］. https：//www.chinadaily.com.cn/a/202205/25/WS628dd7aea310fd2b29e5eec2.html.

中国政府网，2021. China outlines plan to control new pollutants［EB/OL］. http：//english.www.gov.cn/policies/latestreleases/202205/24/content_WS628cd024c6d02e533532b3e1.html.

Canadian Council of Ministers of the Environment，2010. Emerging Substances of Concern in Biosolids：Concentrations and Effects of Treatment Processes［EB/OL］. https：//publications.gc.ca/collections/collection_2013/ccme/En108-4-58-2010-eng.pdf.

Congressional Research Service，2019. Contaminants of Emerging Concern Under the Clean Water Act［EB/OL］. https：//crsreports.congress.gov/product/pdf/R/R45998/2.

ECHA，2022. One hazardous chemical added to the Candidate List［EB/OL］. https：//echa.europa.eu/-/one-hazardous-chemical-added-to-the-candidate-list.

Environment Canada，2004. A Guide to Understanding the Canadian Environmental Protection Act，1999［EB/OL］. https：//www.canada.ca/content/dam/eccc/migration/main/lcpe-cepa/e00b5bd8-13bc-4fbf-9b74-1013ad5ffc05/guide04_e.pdf.

Environment Canada，2021. Toxic substances list：schedule 1［EB/OL］. https：//www.canada.ca/en/environment-climate-change/services/canadian-environmental-protection-act-registry/substances-list/toxic/schedule-1.html.

European Commission，2020. Chemicals Strategy for Sustainability towards a Toxic-Free Environment［EB/OL］. https：//ec.europa.eu/environment/pdf/chemicals/2020/10/Strategy.pdf.

European Commission，2021. Restrictions Roadmap under the Chemicals Strategy for Sustainability［EB/OL］. https：//ec.europa.eu/docsroom/documents/49734.

European Environment Agency，2013. Directive 2013/39/EU of the European Parliament and of the Council of 12 August 2013 amending Directives 2000/60/EC and 2008/105/EC as regards priority substances in the field of water policy Text with EEA relevance. http：//data.europa.eu/eli/dir/2013/39/oj.

European Environment Agency，2022. Directive（EU）2020/2184 of the European Parliament and of the Council of 16 December 2020 on the quality of water intended for human consumption（recast）（Text with EEA relevance）（2022-01-19）. http：//data.europa.eu/eli/dir/2020/2184/oj.

European Union，2021. Directive 2000/60/EC of the European Parliament and of the Council of 23 October 2000 establishing a framework for Community action in the field of water policy（2021-09-09）. http：//data.europa.eu/eli/dir/2000/60/oj.

European Union，2006. Regulation（EC）No 166/2006 of the European Parliament and of the Council of 18 January 2006 concerning the establishment of a European Pollutant Release and Transfer

Register, http://data.europa.eu/eli/reg/2006/166/2009-08-07.

EU Monitor, 2018. Commission Implementing Decision (EU) 2018/840 of 5 June 2018 establishing a watch list of substances for Union-wide monitoring in the field of water policy pursuant to Directive 2008/105/EC of the European Parliament and of the Council and repealing Commission Implementing Decision (EU) 2015/495 [notified under document C (2018) 3362] (2018-05-06). http://data.europa.eu/eli/dec_impl/2018/840/oj.

Florida Department of Environmental Protection, 2008. Emerging Substances of Concern [EB/OL]. https://floridadep.gov/sites/default/files/esoc_fdep_report_12_8_08.pdf.

Geissen, Violette; Mol, Hans; Klumpp, Erwin; et al., 2015. Emerging pollutants in the environment: A challenge for water resource management. International Soil and Water Conservation Research, 3 (1): 57-65.

Halden, Rolf U., 2015. Epistemology of contaminants of emerging concern and literature meta-analysis [J]. Journal of Hazardous Materials, 282: 2-9.

International Joint Commission, 2019. The Challenge of Substances of Emerging Concern in the Great Lakes Basin: A review of chemicals policies and programs in Canada and the United States [EB/OL]. https://cela.ca/wp-content/uploads/2019/07/667IJC.pdf.

Kurek J, MacKeigan P W, Veinot S, et al., 2019. Ecological legacy of DDT archived in lake sediments from Eastern Canada [J]. Environmental Science & Technology, 53 (13): 7316-7325.

Ministry of Infrastructure and Environment of the Netherlands (2016), Inventory of awareness, approaches, and policy: Insight in emerging contaminants in Europe [EB/OL]. https://www.emergingcontaminants.eu/application/files/4014/5648/7939/RW2034-1-16-003.303-rapd03-final_report_Invenory_EC_and_PFAS_in_EU.pdf.

OECD, 2012. New and Emerging Water Pollutants arising from Agriculture [EB/OL]. https://www.oecd.org/greengrowth/sustainable-agriculture/49848768.pdf.

OECD, 2018. OECD workshop on Managing Contaminants of Emerging Concern in Surface Waters: Scientific developments and cost-effective policy responses. Summary Note [EB/OL]. https://www.oecd.org/water/Summary%20Note%20-%20OECD%20Workshop%20on%20CECs.pdf.

Publications Office of the European Union, 2015. Commission Implementing Decision (EU) 2015/495 of 20 March 2015 establishing a watch list of substances for Union-wide monitoring in the field of water policy pursuant to Directive 2008/105/EC of the European Parliament and of the Council [notified under document C (2015) 1756] Text with EEA relevance (2015-03-20). http://data.europa.eu/eli/dec_impl/2015/495/oj.

RamÃ-rez-Malule, Howard; Quinones-Murillo, Diego H.; Manotas-Duque, Diego, 2020. Emerging contaminants as global environmental hazards. A bibliometric analysis [J]. Emerging Contaminants, 6: 179-193.

Sauvé, Sébastien; Desrosiers, Mélanie, 2014. A review of what is an emerging contaminant [J]. Chemistry Central Journal, 8 (1): 15.

Terpenning, Meghan & Oberg, Gunilla., 2016. UNESCO-IHP International Initiative on Water Quality (IIWQ) UNESCO project: Emerging Pollutants in Wastewater Reuse in Developing Countries Case Studies on Emerging Pollutants in Water and Wastewater Grappling with contaminants of emerging concern (CECs) in sewage sludge [EB/OL]. https://www.researchgate.net/publication/319653859_UNESCO-IHP_International_Initiative_on_Water_Quality_IIWQ_UNESCO_project_Emerging_Pollutants_in_Wastewater_Reuse_in_Developing_Countries_Case_Studies_on_Emerging_Pollutants_in_Water_and_Wastewater_Gra.

UNEP, 2019. Global Chemicals Outlook Ⅱ: From Legacies to Innovative Solutions [EB/OL]. https://www.unep.org/resources/report/global-chemicals-outlook-ii-legacies-innovative-solutions.

UNEP, 2020. Emerging Pollutants in Wastewater: An Increasing Threat [EB/OL]. https://www.unep.org/events/un-environment-event/emerging-pollutants-wastewater-increasing-threat.

UNESCO, 2015. UNESCO Launches Project on Emerging Pollutants in Wastewater [EB/OL]. https://www.unesco.org/en/articles/unesco-launches-project-emerging-pollutants-wastewater.

USEPA, 2008. White Paper Aquatic Life Criteria for Contaminants of Emerging Concern. Part Ⅰ General Challenges and Recommendations [EB/OL]. https://www.epa.gov/sites/default/files/2015-08/documents/white_paper_aquatic_life_criteria_for_contaminants_of_emerging_concern_part_i_general_challenges_and_recommendations_1.pdf.

Xabadia A, Esteban E, Martinez Y, et al., 2021. Contaminants of emerging concern: A review of biological and economic principles to guide water management policies [J]. International Review of Environmental and Resource Economics, 15 (4): 387-430.

FAO 和 UNEP 联合发布《全球土壤污染评估报告》对我国开展土壤污染防治工作的启示与建议

李奕杰　张晓岚　费伟良　王　琴

一、背景介绍

土壤污染是国际公认的对土壤健康的主要威胁，其影响土壤提供生态系统服务的能力（包括生产安全和充足的粮食），危及全球粮食安全。土壤污染会损害我们的食物、饮用的水和呼吸的空气的质量，并危及人类和环境健康。土壤污染中的大多数污染物来自人类活动，如不适当的生产、消费和处置方法，不可持续的农作方法，工业过程和采矿，不规范的废物管理。

污染是一个不分国界的全球性问题，污染物遍布陆地和水生生态系统，许多污染物都是通过大气迁移分布在全球，并通过粮食和生产链在全球经济中重新分配，从而造成严重的经济损失和社会不平等，所有这些都妨碍了联合国《2030 年可持续发展议程》中许多可持续发展目标（SDG）的实现。①包括与无贫穷（SDG 1）、零饥饿（SDG 2）、良好健康和福祉（SDG 3）有关的目标。例如，土壤污染会降低作物产量和质量、土壤结构和有机碳含量，导致农村人口收入减少，降低了陆地景观抵御洪水和干旱的能力；世界卫生组织（WHO）估计，约 16% 的全球总死亡率归因于环境污染相关疾病（包括水、空气和土壤污染）。②土壤污染对最弱势群体的影响最大，尤其是对儿童和妇女（SDG 5）。世界银行 2020 年公布的数据（World Bank，2020）显示，世界上约有 45% 的妇女从事弱势工作，许多人在偏远的农业地区工作，或者是拾荒者，她们接受教育的机会往往较少，几乎没有资源和办法降低在土壤污染中的暴露。③污染物渗入地下水和径流对安全饮用水的供应构成威胁（SDG 6）。一方面，水污染会导致土壤污染，如用受污染的水灌溉或随意排放废水等做法。另一方面，土壤污染也会通过污染物淋溶、地表径流和土壤侵蚀等途径污染水资源。④不可持续管理的土壤排放的 CO_2 和 N_2O 加速了气候变化（SDG 13）。2018 年，全球使用了大约 109 Mt 合成氮肥，过量的氮会改变土壤的生物循环，并以 N_2O 的形式释放到大气中，从而导致 0.7 $MtCO_2$ 当量的排放。⑤土壤污染导致土地退化和陆地（SDG 15）以及水生（SDG 14）生物多样性丧失，并导致城市的安全性和抗灾能力（SDG 11）下降。据估计，约 80% 的海洋污染来自陆地活动，污染土壤的侵蚀会增加塑料、营养物和有机化学品等海洋生态系统污染物的数量。土壤污染会在陆地生态系统中引起连锁反应，首先是生长在污染土壤中的植物受到污染，其通过食物链继续影响人类，导致整个生态系统受到污染。严重污染的土壤还会导致土壤退化，增加了对侵蚀和森林覆盖减少的敏感性。城市绿地为个人和社会发展以及人类健康和福祉提供了巨大的机会，但如果受到污染，城市绿地也将成为污染物进入人体的途径。

关于污染土壤的影响，2017 年 12 月举行的第三届联合国环境大会上展开了讨论，并通过第 3/6 号决议呼吁全球采取行动，管理土壤污染以实现可持续发展。大会还要求联合国环境规划署（UNEP）与包括联合国粮食及农业组织（FAO）、世界卫生组织（WHO）、联合国防治荒漠化公约组织（NCCD）在内的相关组织和实体合作，编写一份关于土壤污染程度和未来趋势的报告。2021 年 6 月发布的《全球土壤污染评估报告》是对上述要求的回应。该报告是由 FAO 全球土壤伙伴关系协调，并得到 UNEP 支持，讨论了全球土壤污染的程度和趋势，同时考虑了点源和扩散性土壤污染，描述了土壤污染对健康、环境和粮食安全的风险和影响，有助于提高人们对土壤污染构成的威胁以及与其他全球环境压力相互联系的认识（FAO et al.，2021）。

基于《全球土壤污染评估报告》，本文分农业、工业活动、城市废物管理和运输网络、矿业、军事、自然灾害等六大污染源，系统整理了包括亚太地区、东欧、高加索和中亚、欧洲、拉丁美洲和加勒比、近东和北非、北美、撒哈拉以南非洲等区域[①]在内的全球的土壤污染现状。鉴于当前环境污染存在诸多影响因素，因此分污染源评估现有受污染土壤的范围和严重程度对于理解污染问题的严重性和确定问题解决的优先次序具有重要意义。

二、土壤污染对生态系统及社会经济的影响

（一）土壤污染对生态系统的影响

1. 土壤污染对陆地生态系统和食物链的影响

陆地生态系统对土壤污染的生态毒理学反应差异很大，这些反应取决于污染源、主要污染物、暴露时间、受影响的营养水平和气候。总体来说，营养群体与污染源之间的距离越近，生存能力越低；一级消费者在多样性和丰度方面对污染的适应能

---

① 区域定义见后文。

力更强（Kozlov et al., 2011）。大量污染物被吸收到植物根部，并被转移至可食用的组织中。土壤中的生物也会积累土壤污染物。植物和土壤生物在陆地食物网中处于较低水平，因此当食草动物、鸟类、两栖动物或哺乳动物摄入它们时，污染物会进入陆地食物链，并在食物链顶端的动物体内大量积累（Baudrot et al., 2018；Huerta-Lwanga et al., 2017）。例如，污染物从土壤转移到牧场和作物，被野生动物、牲畜和人类摄入，或从土壤转移到无脊椎动物，被鸟类和家禽摄入并最终转移到人类身上。

在接触污染物方面，食草动物与杂食动物有所不同，前者积累的微量元素或放射性核素的浓度更高；后者通常具有更高浓度的亲脂性污染物，如多氯联苯或全氟烷基和多氟烷基物质（Kowalczyk et al., 2018）。爬行动物和两栖动物对亲水污染物和离子污染物特别敏感，因为这些污染物可以通过这些动物可渗透的卵泡壁，并在其生命周期的不同阶段与其接触（Sparling et al., 2010）。

2. 土壤污染对水生生态系统的影响

降水、洪水、融雪和灌溉增加了土壤孔隙中的含水量，一旦土壤饱和，就会导致平坦地区积水和山坡上出现径流。溶解的有机物、细颗粒和吸附的污染物通过径流水，可到达附近的湿地、河流和湖泊，最终流到海洋中（Shi et al., 2018）。气候变化加剧了这些过程，增强了土壤污染对水生环境的影响。

（二）土壤污染对社会经济的影响

土壤污染的社会影响中，对胎儿、儿童和孕妇等最脆弱的群体的健康影响最大。土壤污染还会对最贫穷和边缘化群体的健康和福祉产生重大影响（Landrigan et al., 2018）。最贫穷的国家和地区获得清洁技术和污染整治技术的机会最少，其环境和食品安全法规也往往较不健全（Mackie et al., 2019）。获得清洁绿色空间、健康食品、公共卫生或健康保险、环境和城市发展政策以及清洁技术的途径是影响最贫穷的国家和地区环境相关疾病的主要社会经济因素（Pasetto et al., 2019）。因此，低收入和中等收入国家的环境污染导致的死亡率和疾病负担最高。

在经济影响方面，土壤污染的整治和管理涉及较高的成本，如直接成本每年从几千美元到几亿美元不等。整治成本因场所而异，即取决于场所的特征，如受影响区域的大小、污染物的含量、待整治的环境分区（表层土、包气带、地下水、地表水）、整治工作期间为保护人群而采取的保护措施、整治后将达到的可接受水平（因土地用途而异）以及所选择的技术。此外，还有其他一些经常被忽视的间接成本，这导致人们低估了土壤污染的影响。许多生态系统服务都会受到土壤污染的阻碍，长期而言会导致土壤丧失生产力和复原力。例如，土壤污染会因污染物含量高、生物多样性丧失和虫害发生率增加、水质下降和海洋环境富营养化而导致作物产量下降和食物浪费。土壤污染相关疾病（许多是慢性疾病并具有长期影响）的经济成本和人类生产力的损失也应该被关注（Attina et al., 2013）。

三、全球土壤污染的区域现状

虽然大多数土壤污染物无处不在，但其分布和主要来源会因地区而异。《全球土壤污染评估报告》重点从农业、工业活动、城市废物管理和运输网络、矿业、军事、自然灾害等六大污染源分析土壤污染情况，并采用了两种方法来评估当前土壤污染在全球的区域范围。第一种方法是通过全球土壤伙伴关系（GSP）联络点和伙伴网络以及联合国环境规划署网络，向各国发送一份主要由联合国机构编制的调查问卷，用于收集国家和区域立法、政府机构认定的主要污染活动、清单和土壤监测系统中现有的土壤污染数据以及与人类健康有关的监测系统的信息。第二种方法是从各种来源收集可公开获得的信息，包括来自国际组织、区域和国家机构、环境组织和科学文献的报告。

（一）农业

在亚太地区、东欧、高加索和中亚、拉丁美洲和加勒比，农业污染源在《全球土壤污染评估报告》所提到的几个主要污染源中具有的相对重要性最高，表现为微量元素含量超标以及较高含量的持久性有机污染物。

亚太地区包括东亚、南亚、东南亚和太平洋这 4 个分区域的 41 个国家。中国、孟加拉国、韩国、新西兰等几个国家对农业地区的土壤污染进行了国家或区域一级的研究，并观察到微量元素含量超过安全指南标准。这些微量元素主要来源于使用砷污染的地下水灌溉稻田、从工业园区和运输区排放的废水，以及长期使用镉和氟污染的磷肥。持久性有机污染物农药的大规模应用使得东亚部分地区已被多氯二苯并对二噁英（PCDD）和多氯二苯并呋喃（PCDF）污染。日本的稻田已被超过 450 kg 的 PCDD/PCDF 污染，澳大利亚东海岸 2 000 多 km^2 的农业土壤和沉积物同样因过去在农业中使用五氯苯酚（PCP）而受到 PCDD/PCDF 的影响。印度次大陆长期使用包括双对氯苯基三氯乙烷（DDT）和六氯环己烷（HCH）在内的残留性农药，使得印度前 HCH 生产商和巴基斯坦前 DDT 生产商所在地的土壤受到污染。在《斯德哥尔摩公约》禁止使用有机氯农药之前，这些化学品曾被广泛使用，因此在孟加拉国，有机氯农药（OCP）现已存在于土壤和水中。在新西兰，农用化学品的使用和牲畜处理导致土壤受到遗留化合物 DDT 以及狄氏剂、微量元素及其化合物（如砷、砷酸铅）的污染。

欧亚大陆[①]有一系列土壤污染问题，这些问题主要可以追溯至苏联的活动。在1991年苏联解体之前，所有欧亚国家都是苏联的一部分。由于苏联密集且快速的工业发展、一些地区的过度军事化以及农用化学品的不平衡使用，欧亚大陆成为土壤严重污染地区（FAO，2018b），但该地区没有关于受污染场所的区域清单或综合国家清单。国际HCH&农药协会2016年的一份报告对东欧、高加索和中亚国家的过期农药（OP）和其他持久性有机污染物（POP）废物进行了评估：中亚国家农药废物最多（76 100 t），其次是东欧（34 000 t）和高加索（17 750 t）国家；中亚国家的其他持久性有机污染物废物最多（242 600 t），其次是东欧（44 950 t）和高加索（2 800 t）国家。哈萨克斯坦在其他持久性有机污染物废物总量中所占比例很高，该国共有240 400 t其他持久性有机污染物废物。1990年年底，吉尔吉斯斯坦南部共有183个前农药处理场所，总共掩埋了1 876 t农药，包括在两个主要垃圾场掩埋的1 033 t持久性有机污染物。在农药处理、农药贮存仓库和棉田作业等需使用大量农药的区域，土壤污染仍然存在。

拉丁美洲和加勒比共有43个国家和地区，该地区的国家可分为3个分区：加勒比、中美洲和南美洲。拉丁美洲和加勒比地区拥有世界上最大的可耕地储备。在过去50年，该地区的农业用地面积从561 Mhm^2增加到741 Mhm^2。同时，该地区的人均农药用量也居世界首位。矿物肥料和农药管理不善，以及使用未压实的粪肥和泥浆作为肥料是造成该地区土壤污染的主要因素。例如，在20世纪80—90年代，尼加拉瓜曾大量使用托沙菲诺、DDT、狄氏剂、异狄氏剂、六氯化苯和六氮硫环，现在土壤中仍有这些农药残留。近几十年来，墨西哥、阿根廷和智利因过量施用氮肥而成为水中氮污染率高的国家；在南美国家，由于磷肥使用量的增加，除磷酸盐通过径流被输送至邻近水体造成高富营养化的风险外，磷肥也造成微量元素的污染。目前迫切需要处理该地区过期农药的危险库存。在哥伦比亚，约有500 t过期农药置于该国不同地区的仓库或被非法填埋，但这些地点仍未得到准确识别；在萨尔瓦多，除受污染溶剂和设备外，该国环境和自然资源部还发现了超过62 t农药废物。

（二）工业活动

在欧洲和北美洲，工业活动是造成土壤污染的最重要来源。

① 根据政治和文化差异、地理位置和社会经济背景，欧亚地区的12个国家可分为3个分区，即东欧国家（白俄罗斯、摩尔多瓦、俄罗斯和乌克兰）、高加索地区（亚美尼亚、阿塞拜疆和格鲁吉亚）和中亚国家（吉尔吉斯斯坦、哈萨克斯坦、乌兹别克斯坦、塔吉克斯坦和土库曼斯坦）。

欧洲[①]国家有着悠久的工业历史，再加上商业活动和废物处置及处理，造成了较多的点源土壤污染。与这些工业活动相关的主要污染物包括矿物油，砷、镉、铅、镍或锌等微量元素以及卤化和非卤化溶剂、多氯联苯和多环芳烃等有机污染物。全氟烷基和多氟烷基物质在欧洲也是一个重大问题，其已在土壤、地下水、生物群和欧洲人群中被检测到。全氟烷基和多氟烷基物质在消费品和工业中有着广泛的应用，估计约有 10 万个排放全氟烷基和多氟烷基物质的场所。在欧盟成员国中，约有 280 万个场所疑似有潜在污染，但只有 1/4 的场所被纳入国家登记册。在瑞士，60% 的污染场所位于工业区，而其余场所位于垃圾填埋场和发生工业事故的地区。斯洛文尼亚土壤中较高的镉含量主要来自过去的工业活动，如锌冶炼厂等。根据以色列环境保护部 2014 年的报告，该国 3/4 的土壤污染场所是工业活动所致，主要原因是工业废水、废物和危险材料的处理或处置不够完善。

北美地区包括美国和加拿大。美国和加拿大都是拥有广大领土面积的国家，经济高度发达、多样化，拥有大量资源开采、农业和制造业部门，相似的经济和发展水平造成了相似的土壤污染源和污染程度。两国都有数以千计的污染场所，规模和重要性不同，范围从市中心的废弃建筑到受过去工业或采矿活动有毒物质污染的大片地区。两国的环保机构每年都收到工业部门关于水、空气和土地中有毒物质释放量的报告。数据集以清单的形式公开提供，即加拿大国家污染物排放清单（NPRI）和美国有毒物质排放清单（TRI）。

2018 年 NPRI 的登记册包含 7 699 个设施的排放信息，这些设施直接向环境（空气、水和土地）释放约 2.8 Mt 污染物，同时有 1.37 Mt 污染物在场所上或场所外填埋、施于土壤或注入底土。在加拿大，2017 年，向陆地释放最多污染物的设施是支持航空运输活动的设施，其次是硬件制造、定期航空运输、废水和污水分配系统。就土地和土壤而言，用作汽车和飞机防冻剂及除冰剂的乙二醇是有记录以来含量最高的污染物。

2017 年，美国国家环境保护局的 TRI 报告称，工业活动向所有环境介质（如土壤、空气和水）释放约 1.72 Mt 污染物，主要污染物是铅（35%），其次是锌（23%）、砷、锰、钡、铜等。土壤是这些污染物的最大接受者（占释放到环境中的污染物总量的 70%），这些污染物主要来自金属采矿（72%），其次来自化学工业、

① 欧洲包括欧洲联盟（欧盟）27 个成员国以及阿尔巴尼亚、波黑、冰岛、以色列、黑山、北马其顿、挪威、塞尔维亚、瑞士、土耳其和英国。该地区总人口约为 5.5 亿人，在发展和收入方面相对比较平均。在这 38 个国家中，有 37 个国家的土壤和环境状况信息主要源于欧洲环境署与欧洲环境信息和观测网络（EIONET）的定期报告和指标。在欧洲，约有 650 000 个场所被确定为可能受到污染，并已纳入国家和（或）区域清单。

能源公司、初级金属采矿和加工、危险废物等。与全球其他发达国家一样，美国目前日益关注的问题是大量饮用水和土壤受到全氟烷基和多氟烷基物质（PFAS）的污染，其中包括数千种化学品，如全氟辛酸（PFOA）和全氟辛基磺酸（PFOS）等。这些化学品因其防水、防油和不粘特性而被用于许多消费品，以及使用灭火泡沫的PFAS制造和加工设施、机场和军事设施。PFAS会持续存在于环境中，并倾向于在活组织中积累，导致严重的健康问题。迄今为止，已在全美1 400个社区的自来水中检测到了全氟烷基和多氟烷基物质污染，其中包括300个军事场所。最常用和最常研究的两种物质PFOA和PFOS已不在美国制造。但1970—2000年，PFOA和PFOS主要用于地毯、纺织品、家具和食品接触纸（如快餐包装纸和比萨饼盒子），且主要处置方式为填埋。据估计，美国城市垃圾填埋场每年释放的PFAS为0.5 t。

（三）城市废物管理和运输网络

近东和北非地区[①]有很大一部分土地是沙漠或退化土地（80%以上的面积），其生产性土壤占比很低，因此城市废物管理和运输网络成为土壤污染的最主要来源。同时，灰尘传播所造成的污染物扩散也是该地区特别关注的一个问题。在近东和北非地区，固体废物管理主要包括垃圾填埋或非受控的露天堆放。垃圾填埋场和垃圾场经常接收家庭废物、医院废物和工业废物，这些废物经常会被焚烧。埃及每年会产生约81 Mt城市固体废物，其中只有不到20%得到妥善处理，不到5%得到回收。在伊朗，有超过2 000 t包括传染性、毒性、自燃材料以及潜在致癌、腐蚀性和反应性物质在内的危险医疗废物在没有任何控制的情况下与生活垃圾在同一填埋场接受处置。在摩洛哥，共有85%的城市垃圾得到收集，但只有不到40%的垃圾会以填埋方式得到处置。对于阿尔及利亚、巴林、伊朗、伊拉克、科威特、黎巴嫩、利比亚、阿曼、卡塔尔、沙特阿拉伯和阿联酋，垃圾运输是主要污染源。运输不仅造成气体排放，也是微量元素（如镉、铬、铅和镍）输入土壤的主要来源。从伊朗阿巴丹车辆密集区人行道上收集的灰尘中的微量元素含量较高。

（四）矿业

土壤主要污染源中涉及矿业的地区有撒哈拉以南非洲、北美、拉丁美洲和加勒比、欧洲、东欧、高加索和中亚。其中，在撒哈拉以南非洲，矿业相比其他污染源

① 近东和北非（NENA）地区由20个国家组成。这些国家分别是阿尔及利亚、巴林、埃及、伊朗、伊拉克、约旦、科威特、黎巴嫩、利比亚、毛里塔尼亚、摩洛哥、阿曼、巴勒斯坦、卡塔尔、沙特阿拉伯、苏丹、叙利亚、突尼斯、阿联酋和也门。

对土壤污染的贡献更大。

撒哈拉以南非洲地区[①]拥有丰富的矿产资源和石油储量，开采和加工这些资源可以刺激经济活动，为人民提供生计。然而，无论是大规模还是手工和小规模矿藏采掘和加工，都导致该地区广泛的环境破坏和土壤污染。

①采矿和采石是撒哈拉以南非洲地区微量元素污染的主要来源。矿山和矿石冶炼厂产生的粉尘沉降物会造成附近地区（包括居民区和农业区）的土壤污染。有记录的案例表明，检测到的微量元素含量对整个地区的环境和人类健康构成威胁。矿场的微量元素往往掺杂着其他有机污染物，因此需要采用更复杂的修复技术组合措施。粉尘抑制是大型采矿部门采取的一种做法，目的是减少矿石运输过程中运输道路粉尘排放的负面影响。尾矿储存设施的酸性矿山排水是矿区土壤酸化的主要原因，土壤和尾矿的 pH 降低会增加微量元素和放射性核素的流动性。②手工和小规模采矿主要依靠人力和原始采掘技术从矿石中采掘矿物。该地区主要依靠手工和小规模采矿提供农村生计的国家包括布基纳法索、马里、坦桑尼亚、塞拉利昂和刚果（金）。与手工和小规模黄金开采相关的两种主要污染物是汞和氰化物。汞元素用于通过形成汞金合金从淤泥中提取金，汞金合金再次熔化以去除金。洗涤过程将汞留在尾矿中，并将其排到土壤或附近水体中。目前，莫桑比克、坦桑尼亚、布基纳法索和津巴布韦的小规模手工采矿者使用氰化物回收黄金。有人指出，手工和小规模采矿是全球最大的汞排放源，其中布基纳法索每年排放 35～1 400 t 汞。基于 Pure Earth 登记的受污染垃圾场，国际环境与发展研究所的报告称，撒哈拉以南非洲地区有 75 个垃圾场登记为受汞污染，这些垃圾场预计影响着 240 万人。③除采矿外，矿物燃料的开采和加工也造成了该地区的土壤污染。据报告，尼日利亚和安哥拉因石油工业造成土壤微量元素和碳氢化合物污染的发生率最高。1960—2010 年，尼日利亚已经遭受 4 000 多次石油泄漏，泄漏量估计超过 200 万桶（320 000 m^3），主要原因是人为破坏。在安哥拉，2009 年以来，卡宾达省和扎伊尔省的石油泄漏和溢出导致沿海和河流沉积物受到至少 15 种多环芳烃的污染。

在北美范围，加拿大的许多土壤污染源与其大型资源（金属、放射性核素、石油、天然气、沥青、煤炭）采掘行业以及发达的工业和制造业部门有关。加拿大是

---

① 撒哈拉以南非洲地区包括 48 个非洲国家，这些国家位于撒哈拉沙漠以南。该地区经历了急剧的人口增长，人口从 1960 年的估计 2.27 亿人增加到 2018 年的 10.8 亿人。从 1950 年到 2015 年，非洲的城市人口增长了 2 000%。与发达国家和几个发展中国家形成对比，撒哈拉以南非洲地区的快速城市化导致非传统的土地使用分区，人们直接定居在紧邻工业区、矿山或农业加工设施的地区，以获取更多的就业机会，这对人类健康构成严重威胁。撒哈拉以南非洲地区还有一个特殊风险因素，是有意摄入土壤。

全球钾肥生产的领头羊，并跻身镉、钴、钻石、宝石、黄金、石墨、铟、镍、铌、铂族金属、盐、钛和铀的全球前五大生产国之列。加拿大在全球进口铝土矿和氧化铝原铝产量中还占有很大比例。虽然大多数矿山都受到《金属采矿废水条例》的监管，以避免废水和矿山废物造成污染，但金属采矿部门报告称，砷、铜、氰化物、镍、锌、镭-226和pH偶尔超标。加拿大石油开采的一个重要组成部分来自阿尔伯塔省的油砂，其石油储备量占世界前三，对加拿大的经济贡献很大。石油和天然气部门不仅是包括温室气体（GHG）和化学品在内的许多有害污染物的来源，还造成了生态环境破坏以及水资源消耗。阿尔伯塔省石油和天然气部门多环芳烃（PAH）的排放和沉积一直是关于其对人类健康和环境影响研究的主要焦点，但仅在靠近油砂开采作业的场所报告了土壤中多环芳烃和微量元素的污染。在美国，铅和锌是采矿活动释放的主要污染物。除了活跃的矿山，废弃矿山也是美国土壤污染的一个主要问题。仅在科罗拉多州，估计就有23 000个废弃矿山需要修复。金属采矿产生的大部分废物堆积在不受监管的垃圾填埋场和地表沉积物中，2007—2017年增加了35%。仅采矿部门就向土壤中倾倒了96%的铅和87%的锌，而释放的二噁英中42%来自矿石采掘。

ECLAC的2018年报告指出，拉丁美洲和加勒比地区主要金属矿物储量在全球占有很大份额，其中锂占61%，铜占39%，银和镍占32%，钼和锡占25%，锌占23%，铝土矿和铝占18%，铁和铅占15%，金占11%（ECLAC，2018）。采矿活动中会用到汞和砷化合物，页岩油开采中会用到大量的水，这使得采矿成为拉丁美洲和加勒比地区微量元素污染土壤的来源之一。牙买加、墨西哥、哥伦比亚、厄瓜多尔、智利、巴西、苏里南和阿根廷均报告了与采矿有关的微量元素所造成的严重污染。在中美洲，金、银、铅和锌是最常见的开采元素，这些元素与铁、铅、汞、镉、砷和氰化物污染物有关。

采矿活动在欧洲不仅很普遍，而且分布很广，但法规的差异导致其对环境造成的影响有所差异。采矿和矿物加工在西巴尔干地区和土耳其的历史和经济中发挥了至关重要的作用，尤其是锑、钴、铜、镓、铅、稀土元素、锌和石棉的开采和加工。废弃和无责任场所分散在整个地区，并无适当的遏制措施。过去几年，黑山采矿所产生的危险废物有所增加，有3.9 Mt来自铅矿和锌矿的有毒浮选尾矿沉积在Ćehotina河的河岸上。塞尔维亚的矿产和煤矿开采活动也留下了一些长期存在的工业垃圾填埋场，这对邻近人口构成了风险。在西班牙瓜迪亚马尔矿址，由于1998年溃坝，有数百米^{3}尾矿排入附近水系，影响了4 600 hm^{2}的农业用地和牧场。2010年，在匈牙利，由于氧化铝工厂的某一罐壁出现故障，约有1 Mm^{3}的红色污泥悬浮液被释放至外部环境，匈牙利政府花费约1.27亿欧元做出紧急响应并实施补救措施。

采矿和矿石加工是整个欧亚地区微量元素污染的主要来源。在亚美尼亚，苏联时期大力发展的化学和采矿工业所产生的废物是主要的土壤污染源。其中，纳里德合成橡胶厂（纳里德）、铜矿开采（阿拉维第）和钼矿开采（卡贾兰和梅格里）废物影响的地区尤其令人关切。在塔吉克斯坦，图尔孙扎德铝厂等正在造成跨界污染，塔吉克斯坦与乌兹别克斯坦交界的土壤正不断被该厂的氟污染。在吉尔吉斯斯坦，铀矿开采是造成土壤污染的主要原因。在阿塞拜疆、土库曼斯坦、哈萨克斯坦和俄罗斯，石油工业是主要的土壤污染源之一。在阿塞拜疆，过去曾发生大规模的石油污染，当时来自里海的石油大量供应到整个苏联。在阿布舍伦半岛，有超过 33 000 hm^2 的区域被认为受到了石油开采和加工活动的污染，这一区域有近一半面积（15 000 hm^2）受到严重污染，这是一个重大环境问题。在土库曼斯坦，位于该国西部里海海岸的石油和化学工业是造成土壤污染的主要原因。在俄罗斯，约有 0.1 Mhm^2 的农田和牧场因石油泄漏而受到污染。在面积超过 0.5 Mhm^2 的哈萨克斯坦西部石油区和托尔盖平原，有大片土壤因石油和放射性物质、高盐度工业废水以及土壤景观的技术改造而受到污染，从而导致铅、钴、镍和钒等有毒微量元素的积聚。

（五）军事

土壤污染源中涉及军事的区域有东欧、高加索和中亚、欧洲以及亚太地区。

欧亚地区中，乌克兰等地的土壤受到过去和现在军事活动的严重影响。在苏联时期，苏联军队在乌克兰积极开发试验场、建立火箭仓库以及坦克和飞机停放区。据报道，1991 年后，乌克兰大约有 4 500 个军事场地，约占据 0.6 Mhm^2 的农业用地，其中只有非常有限的几个场地开展监测。人们发现这些场地已经受到微量元素、石油产品、其他化学物质和军事副产品的严重污染。在乌克兰东部顿巴斯地区的军事冲突中被遗弃和摧毁的矿区对环境而言也是一项挑战。矿井废弃后，地下水填满了矿洞，导致水土污染和下沉。约有 35 个矿井被淹，预计未来几年将有 70 个矿井被淹。据估计，每年从被淹矿井流出的污染水径流量约为 760 Mm^3，其中有近 2.5 Mt/a 的盐类和微量元素（汞、铅和砷）沉积在水体和土壤中。

许多欧洲国家仍饱受武器制造业、化学武器储备以及第一次世界大战和第二次世界大战所遗留弹药的污染之苦。仅在德国就有约 3 200 个污染场所有待整治。科索沃冲突也使巴尔干国家保留了大量武器储备。在黑山，尽管剩余武器已解除军备并接受管理，但贫铀弹污染的土壤仍对居民构成了威胁。战后，塞尔维亚是欧洲恶性肿瘤发病率最高的国家，在轰炸后的前 10 年里，有 3 万多人经诊断罹患癌症，这些人的死亡率为 1/3。目前塞尔维亚的 4 个场所正在进行例行测量，以监测贫铀污染。波黑是世界上地雷污染最严重的国家之一。迄今为止，该国有 1 366 个定居点受到地雷的影响，由于微量元素和多环芳烃、多氯联苯等有机污染物的释放，其农业和畜牧业活动均已受到限制。

防御行动、军事武器试验和核弹试验的遗留问题仍是亚太地区的一个关键问题。然而，关于这些活动对土壤污染的影响和程度的信息通常十分有限。美国在太平洋岛屿进行核试验的遗留问题也包括土壤污染问题。例如，约有 85 000 m^3 的放射性废物被埋在鲁尼特岛，估计其衰变时间长达 24 000 年。

（六）自然灾害

美国和加拿大都拥有广大的领土，因此自然灾害对土壤环境的影响也较其他国家显著。自然灾害会导致污染物的迁移。迄今为止，美国和加拿大都发生过许多在飓风和洪水之后出现污染的案例。2005 年，“卡特里娜”飓风袭击新奥尔良市，导致污水系统崩溃，污染物遍布整个城市。与周围地区相比，在新奥尔良市中心的土壤中检测出了高浓度的铅。2011 年科罗拉多州洪水期间，詹姆斯敦矿山的尾矿与沉积物和水混合在一起。此外，洪水还冲走了分配石油和其他产品的石油储存设备。2015 年，矿山尾矿的修复失误导致镉、砷、铅和铝被排放到科罗拉多河中，使其约 161 km 内变成橙色。

四、解决土壤污染的行动建议

防止土壤污染的首要行动是预防。所有利益相关方必须在预防土壤污染方面采取决定性措施，从人们消费决策中的小行动开始，延伸到制定相关的严格政策和激励措施，以鼓励工业创新和采用对环境无害的技术。根据对全球区域土壤污染状况的分析，本文提出如下行动建议，旨在为我国深入开展土壤污染防治相关工作提供借鉴和参考。

（一）共建共享全球土壤污染防治信息，缩小区域间的知识差距

从评估方法到监测系统，加强区域间评估方法的协调以及监测系统的共建共享。例如：协调土壤污染物分析实验室方法的标准操作程序，并制定土壤污染的标准阈值水平；促进将土壤污染数据和信息纳入国家和全球土壤信息系统；增加对新兴污染物研究的投资，如检测、在环境中的分布、风险评估和修复；在国家、区域和全球层面制定和加强对点源和扩散性土壤污染的清查和监测；建立和加强国家生物监测和流行病学监测系统，以确定、评估和监测可归因于土壤污染的损害和疾病，并

支持预防行动；促进建立全球土壤污染信息和监测系统。

（二）完善政策措施，改进技术行动

强制遵守关于化学品、持久性有机污染物、废物和可持续土壤管理的国际协定（包括《可持续土壤管理自愿准则》和《肥料和农药可持续使用和管理国际行为守则》）；建立一个努力阻止土壤污染的激励和认可系统，包括生态标签或遵守《可持续土壤管理自愿准则》等方案，并为实施上述工具或方案的农产品提供标签；倡导在零污染、朝着零污染地球目标迈进的框架内，以《欧洲绿色协议》等区域努力和目标为基础，对预防、制止和修复土壤污染做出全球承诺；改进关于工业和采矿业排放的国家和国际条例，促进环境友好型工业流程；制定和促进“修复权”政策，并取消对制成材料报废计划的激励，以减少包括电子废物在内的废物；减少一次性物品的使用，特别是在材料和食品包装领域；实施适当的废物收集和绿色管理政策，以促进循环利用，并确保在各个国家内部和各个国家之间适当处理不同类型的废物；促进和鼓励使用可持续运输；实施旨在可持续管理农业土壤的政策，特别注重减少对农用化学品的依赖和控制灌溉水质、有机残留物；制定与实现可持续发展目标相关的土壤污染目标和指标，并将其纳入国家报告机制中；扩大基于自然和对环境无害的可持续管理和修复技术（如生物修复）。

（三）加强国际交流合作，推动知识技术转移

通过国际活动促进科学知识的转移，并以开放公开的方式促进信息的共享。例如：建立一个全球培训计划，培养对土壤污染全周期的认识能力；建立和加强跨界的监测网络，以防止、管理和修复扩散性污染；在拥有丰富土壤污染方面专业知识和经验的地区和国家以及相关专业知识较少或缺乏的国家之间，倡导从预防到检测、监测、管理及修复整个土壤污染周期的技术转让和交叉能力建设；建立类似全球土壤伙伴关系（GSP）的机制，发展强有力的互动伙伴关系，加强所有利益相关方之间的合作和协同工作，实施旨在可持续土壤管理和土壤恢复与保护的土地行动。

（四）提高认识，加强公众参与，提升全民土壤污染防治意识

在全球范围内发起提升土壤污染认识的运动，以便使公众理解为什么土壤污染会关系到所有人，以及如何成为推动解决方案实施的一员。例如：倡导将土壤健康和土壤污染相关的主题纳入学校课程中；增强公众的责任和绿色消费意识，并鼓励公众从源头将废物进行分离，倡导使用“4R”方法（减少、重复利用、回收和恢

复）；促进公民的科学活动和公民观察站，以改善预警系统和基于社区的土壤污染监测工作。

参考文献

Attina T M，Trasande L，2013. Economic costs of childhood lead exposure in low- and middle-income countries［J］. Environmental Health Perspectives，121（9）：1097-1102.

Baudrot V，Fritsch C，Perasso A，et al.，2018. Effects of contaminants and trophic cascade regulation on food chain stability：Application to cadmium soil pollution on small mammals-Raptor systems［J］. Ecological Modelling，382：33-42.

ECLAC，2018. Estado de situación de la minería en América Latina y el Caribe：desafíos y oportunidades para un desarrollo más sostenible［R］. Lima：ECLAC.

FAO，UNEP，2021. Global assessment of soil pollution-Summary for policy makers［R］. Rome：FAO.

Huerta-Lwanga E，Vega J M，Quej V K，et al.，2017. Field evidence for transfer of plastic debris along a terrestrial food chain［J］. Scientific Reports，7（1）：14071.

Kowalczyk J，Numata J，Zimmermann B，et al.，2018. Suitability of wild boar（*Sus scrofa*）as a bioindicator for environmental pollution with perfluorooctanoic acid（PFOA）and perfluorooctanesulfonic acid（PFOS）［J］. Archives of Environmental Contamination and Toxicology，75（4）：594-606.

Kozlov M V，Zvereva E L，2011. A second life for old data：Global patterns in pollution ecology revealed from published observational studies［J］. Environmental Pollution，159（5）：1067-1075.

Landrigan P J，Fuller R，Acosta N J R，et al.，2018. The Lancet Commission on pollution and health［J］. The Lancet，391（10119）：462-512.

Mackie A，Haščič I，2019. The distributional aspects of environmental quality and environmental policies：Opportunities for individuals and households［R］.

Pasetto R，Mattioli B，Marsili D，2019. Environmental justice in industrially contaminated sites. A review of scientific evidence in the WHO European Region［J］. International Journal of Environmental Research and Public Health，16（6）：998.

Shi P，Schulin R，2018. Erosion-induced losses of carbon，nitrogen，phosphorus and heavy metals from agricultural soils of contrasting organic matter management［J］. Science of the Total Environment，618：210-218.

Sparling D W，Linder G，Bishop C A，et al.，2010. Ecotoxicology of Amphibians and Reptiles［M］. CRC Press.

World Bank，2020. Vulnerable employment，female（% of female employment）（modeled ILO estimate）// The World Bank Data［EB/OL］. https：//data.worldbank.org/indicator/SL.EMP.VULN.FE.ZS?view=map.

应对 UNEA5.2 关注重点：我国海洋塑料垃圾现状分析及建议

董梦琦[①] 王昊杨 吴广龙 孟庆君[①] 周艳艳[①] 彭 政

一、我国海洋塑料垃圾概况

世界塑料工业的飞速发展始于20世纪60年代前后，塑料垃圾也随之产生。1970年世界塑料年产量已高达3 000万t，80年代中后期突破1亿t，90年代中期超过2亿t。80年代以前产生的塑料垃圾几乎全部被遗弃，90年代中期遗弃的塑料垃圾更是超过1亿t。这些被遗弃的塑料垃圾仅有部分被填埋，相当一部分则排入了海洋。自20世纪70年代初起，科学家陆续在海中发现塑料垃圾，但直到1997年北太平洋垃圾环流带的发现，海洋塑料问题才受到全球关注。

与世界塑料产量相比（见图1），我国塑料工业起步相对较晚、产量较低［见图2(a)］。20世纪60年代末，我国塑料年产量仅为10万t左右，与世界发达国家的产量相比微不足道。此后，我国几家大型石油化工企业陆续投产，到80年代初，我国合成树脂年产量达100万t水平，仍落后于西方发达国家同时期年产量7 200万t的水平。直至2000年，我国塑料产量才达到1 000万t水平，是此时美国产量的1/4、全球产量的1/20。由于我国塑料产量较低，20世纪末塑料较多用于生产化学合成纤维和工业产品，所产生的塑料垃圾基本被回收利用，但仍不能满足回收产业消化的需求。可以说在21世纪以前，我国向海洋排放的塑料垃圾极少。随后，如图2（b）所示，为满足行业发展需求，我国开始逐步进口塑料垃圾以进行循环再利用，2006—2016年平均年进口量约为700万t，最高时可接近900万t，约占世界废塑料进口量的60%以上（李道季，2020）。可以说我国为发达国家塑料垃圾处理问题做出了巨大贡献，也付出了相应的环境代价。从2018年1月1日起，我国全面禁止进口“洋垃圾”，为进口塑料垃圾以进行回收利用画上句号。

① 中国塑料加工工业协会。

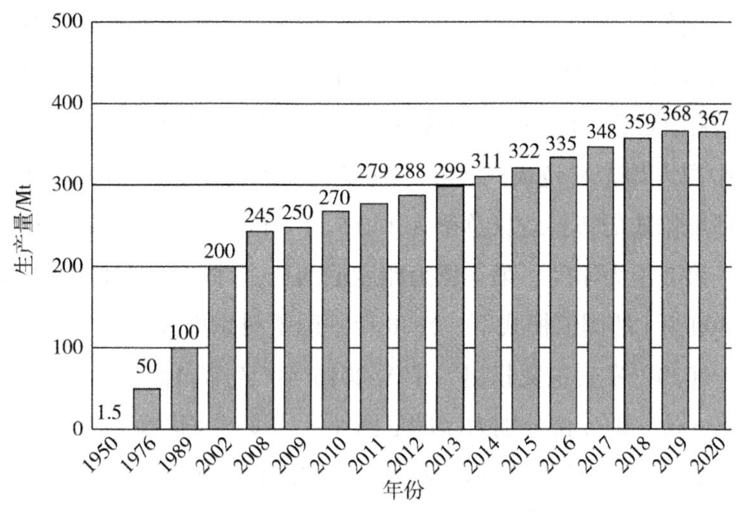

图 1 全球塑料产量变化趋势[①]

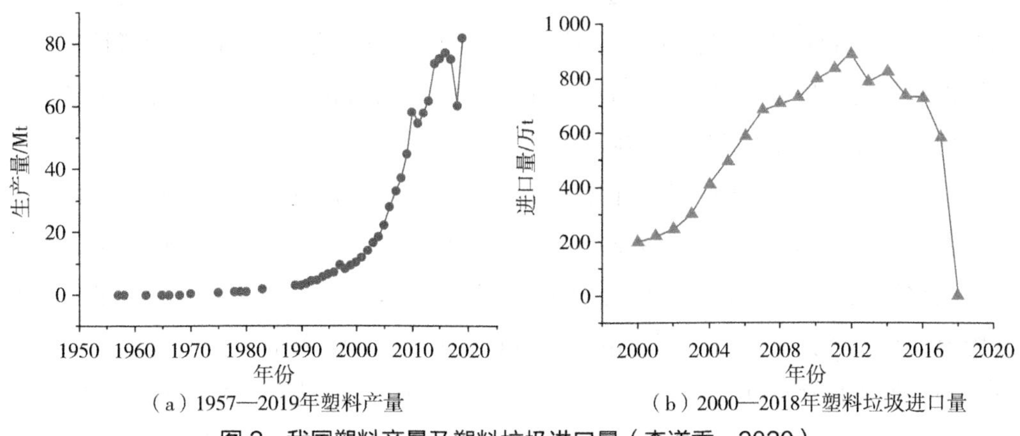

图 2 我国塑料产量及塑料垃圾进口量（李道季，2020）

随着塑料污染关注度逐渐升高，世界各国学者通过建立模型来估算各国海洋塑料垃圾排放量。但因各个模型的假设与条件不尽相同，故估算出的各国塑料垃圾排海量出入较大（李道季，2020）。2015 年，美国学者 Jambeck 等（2015）通过基于海岸线 50 km 范围内的人口数量模拟计算了各国排放的海洋塑料垃圾总量。研究显示，中国 2010 年产生了 882 万 t 的未合理管制的塑料垃圾，进而产生了 132 万～353 万 t 海洋塑料垃圾，位列世界第 1 位（印度尼西亚居第 2 位，美国居第 20 位）。因该文章发表于《科学》（*Science*）杂志，在全球范围内影响广泛，导致中国是“世界上最大的海洋塑料垃圾排放国”的印象被逐步深化。但事实并非如此。2020 年，由美国 12 家权威塑料垃圾研究机构及来自多个国家的 20 位科学家在《科学》杂志上发

① 数据引用自 Statista, https://www.statista.com/statistics/282732/global-production-of-plastics-since-1950/。

表联合刊文，他们基于各国人口、人均塑料使用量、废物处理和管理水平等数据，重新计算了全球 173 个国家向水环境中排放的塑料垃圾总量，并进一步使用模型预估了 2030 年各国向环境中排放的塑料垃圾总量。该研究指出，尽管中国人口量居世界前列，但中国人均塑料垃圾产生量不到发达国家的 1/6。2016 年中国向海洋、湖泊和河流水环境排放的塑料垃圾总量为 140.5 万～174.2 万 t，排在世界第 4 位（第 1 位为俄罗斯、第 2 位为印度、第 3 位为印度尼西亚）。同时，在将全球排放塑料垃圾目标限制在 800 万 t 的阈值模式下，2030 年中国塑料垃圾排放将居世界第 24 位。另外，Law 等（2020）发表论文指出，中国 2016 年产生了 107 万 t 未合理管控塑料垃圾，居世界第 5 位，前 4 位分别为印度尼西亚、印度、美国及泰国。

即使如此，我国海洋塑料垃圾排放量仍被高估。根据我国住房城乡建设部发布的《2017 年全国城乡建设统计年鉴》，我国城市和县级市（县）垃圾未处置率分别为 1.00% 和 3.89%，基本上接近欧美国家水平，建制镇和乡垃圾未处置率分别为 12.81% 和 27.01%，但覆盖人口相对较少。另外，考虑到我国的自由捡拾者较多，故建制镇和乡的垃圾未处置率也会低于统计年鉴。随着我国垃圾收集、处置水平的不断提高，排海塑料垃圾已经大大削减，处于较低水平（李道季，2020）。

总而言之，由于我国未合理管控的塑料垃圾组成与国外有很大不同，而且自由捡拾者收集了大部分塑料瓶等易回收塑料，因此我国未合理管控塑料垃圾中此类塑料垃圾数量较小。同时，我国沿海地区是我国经济发达的地区，城市化水平高。据我国统计年鉴数据和沿海地区城市人口与农村人口比例，估算我国沿海地区未合理管控塑料垃圾比例在 4.3% 左右。根据 Law 等（2020）的模型，按我国沿海 2.709 4 亿人口、未合理管控塑料垃圾比例为 4.3% 计算，则我国沿海未合理管控塑料垃圾约为 18.3 万 t。如果按照我国未合理处置垃圾率 7% 为依据估算，我国沿海未合理管控塑料垃圾量约为 29.8 万 t。

二、我国塑料垃圾来源分析

（一）海洋塑料垃圾来源分析

如图 3 所示，我国海洋塑料垃圾主要有以下几种途径入海。

①直接倾倒进入。对于一些没有回收价值的塑料垃圾，为了降低成本，其或被直接焚烧或被倾入河流，最终汇入海洋。这一现象常见于我国农村地区。此外还有一些日常垃圾，由于回收体系不完整和环保意识缺失而被丢弃在河流、沙滩及海面上。一次性塑料包装的广泛使用更是加剧了这一情况，但与之相关的垃圾收集系统

可能是不完善的。

②排污口。主要通过污水处理厂排污管道排入河流。工业废水及生活排水中可能含有塑料微粒，还有一些监管不严格的地方可能会利用排污口直接将大片的塑料垃圾随废水一起排出。

③不当的垃圾处理造成的二次污染。一是填埋不当可能导致垃圾渗滤液污染，渗滤液中的塑料颗粒会进入土壤，进一步渗透地下水、最终流入海洋。二是塑料回收作坊的不规范处理。在这些小作坊处理塑料垃圾时往往需要使用大量的清水清洗，而这些清洗过塑料的废水未得到无害化处理，会携带大量的塑料微粒甚至整片的塑料进入河流。

④海上活动。包括海上养殖和捕捞、勘探开发及船舶行驶过程中排入的各种垃圾和船舶涂料。一些大型的海上事故（譬如船舶倾覆、原料泄漏等）也会导致塑料垃圾进入海洋。

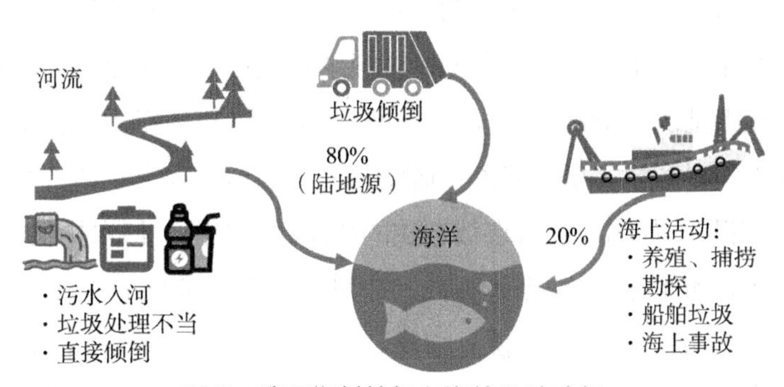

图 3　我国塑料垃圾入海的几种途径

学术界普遍认为，通过河流入海是海洋塑料垃圾的主要来源。作为中国流域面积最大的河流，长江自发源至汇入东海共经过 19 个省（自治区、直辖市），沿途人口众多，且这些地区大多工农业较为发达，由于塑料制品的需求量和废弃量较大，使得长江成为塑料垃圾的一大集散地。李道季（2020）通过测量分析，认为我国 10 条河流（辽河、海河、黄河、灌河、钱塘江、珠江、椒江、瓯江、闽江、九龙江）2019 年塑料垃圾入海量为 0.575 万～0.76 万 t。

Bai 等（2018）基于生命周期评估的物质流分析方法以及精确来源的统计数据和监测数据建立了模型，以跟踪塑料产品从初级塑料到塑料废物的全过程。该模型认为在我国所生产的塑料制品中仅有极少部分会最终成为未合理管制的塑料垃圾、进入水环境中，可用于估算 2011—2020 年我国每年向海洋投入的塑料垃圾总量。2011 年，我国共有 54.73 万～75.15 万 t 塑料垃圾进入海洋，直至 2017 年平均以每年 4.55% 的速度增长。以 2017 年为例，模型以我国初级塑料产量与初级塑料进口量之和乘以初级塑料制成塑料制品的比例得出我国年生产 8 267 万 t 塑料制品，膜制品占 17.45%，膜制品中共有 68.39% 成为塑料废弃物；泡沫制品占 2.86%，泡沫制品中共有 98.11% 成为塑料废弃物……2017 年全年共产生 3 836 万 t 塑料废弃物，其中 1 723 万 t 被妥善回收利用，剩余 2 113 万 t 成为塑料垃圾；有 87.41% 的塑料垃圾可经过填埋、焚烧、堆肥的方式得到无害化处置，其余 12.59% 成为未合理管制的塑料垃圾、进入环境；在未合理管制的塑料垃圾中，26.80%～36.80% 进入海洋；最终，2017 年我国向海洋排放的塑料垃圾总量为 71.28 万～97.88 万 t（即塑料制品总量的 0.86%～1.18%）。随着 2018 年禁塑令的推行及政府管理的影响，2020 年我国海洋塑料垃圾排放量将减少至 25.71 万～35.31 万 t。

（二）海洋微塑料垃圾来源分析

海洋塑料垃圾可按照直径分为塑料垃圾和微塑料垃圾，一般认为直径小于 5 mm 的塑料颗粒为微塑料。微塑料的来源有两类：一类是原生微塑料垃圾，指进入环境中的塑料颗粒工业产品，如化妆品等含有的微塑料颗粒或作为工业原料的塑料颗粒和树脂颗粒等；另一类则是次生微塑料垃圾，指塑料垃圾经过物理作用、化学作用以及生物作用形成的细小塑料颗粒。总体来说，微塑料垃圾可通过人类生活、交通运输及工业 3 种来源进入水环境，如因风化或事故造成的船舶涂料泄漏、污水排放、轮胎磨损等。

大多数学术研究涵盖了各类微塑料。按照文献中最常见的类型，微塑料可按照形状分为丸状、碎片、纤维、薄膜、细丝、微珠、海绵和泡沫、橡胶等。图 4 展示了环境中常见的 6 种微塑料形状。按照原料种类可分为尼龙、聚乙烯（PE）、聚丙烯（PP）、聚苯乙烯（PS）、聚酯（PET）、聚氯乙烯（PVC）等。确认海洋微塑料的原料类型，对追溯其污染源头十分必要。

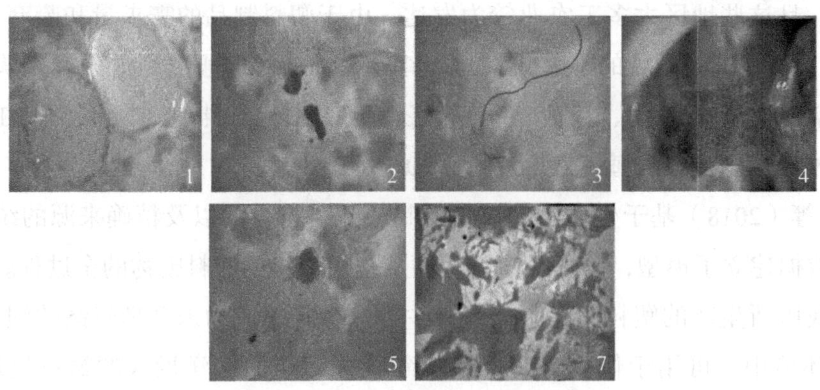

1—丸状；2—碎片；3—纤维；4—薄膜；5—绳索和细丝；7—海绵和泡沫

图 4　微塑料形状划分（Filgueiras et al., 2019）

研究显示，我国沿海环境中最常见的塑料聚合物是聚乙烯（PE）、聚丙烯（PP）、聚苯乙烯（PS）、聚酯（PET），以及一些不常见的纤维素、丙烯酸、聚氯乙烯（PVC）、丙烯腈丁二烯苯乙烯（ABS）、玻璃纸、人造丝和尼龙等。Wang 等（2022）通过在渤海、黄海、东海、南海设置 176 个采样点（包括 48 个水域采样点、82 个沉积物采样点和 46 个生物群采样点），分析了我国海洋微塑料（该文章认为粒径在 0.001～0.5 mm 的塑料颗粒为微塑料）的形状、颜色及其聚合物类型。结果显示，PE、PP、PS 制品是我国海洋微塑料的主要来源，其中以纤维状、碎片状、膜状、丸状、泡沫状及颗粒状的微塑料最为常见。

有研究（Wang et al.，2019）指出，2015 年我国大陆地区原生微塑料的排放量约为 73.73 万 t，占比最高的为轮胎灰尘类（53.91%）。其中，约有 12.03 万 t 的原生微塑料进入水环境，纤维类占 37.15%、轮胎灰尘类占 33.67%。从省域尺度来看，原生微塑料的排放密度主要取决于人口密度，其次是经济发展水平。东部地区的排放密度高于西部地区，上海、北京和天津是我国排放密度最高的省（自治区、直辖市）。也有研究报道了我国水环境中微塑料的丰度（张子琪等，2020），如在南海海域中，小粒径的微塑料（0.02～0.3 mm）约占检测总量的 92%，平均丰度为（2 569 ± 1 770）个 /m^3，并且随着粒径的减小，表层水中微塑料的平均丰度呈指数增长。此外，还有报道显示香港海域、天津近岸海域、广东东部沿海中的微塑料丰度分别为 0.051～27.909 个 /m^3、210～1 170 个 /m^3 及 8 895 个 /m^3。

对于微塑料的来源，有研究显示渤海表层水中微塑料的主要类型有 PE、PP、PS，并且在小于 1 mm 的微塑料中，PP 丰度最高。进一步对渤海、黄海海域以及附近沙滩中的微塑料进行研究，发现海洋中微塑料最有可能的来源是钓鱼线、PE 绳网与 PS 泡沫容器（Mai et al.，2018）。同时，渤海（0.065 个 /m^3）的微塑料丰度高于黄海（0.009 个 /m^3），提示来自内陆或沿海活动的人为塑料废弃物可能是海洋中微塑料的主要来源（张子琪等，2020）。此外，也有研究指出，我国沿海地区排放的塑料垃圾量大于河流排放量（Bai et al.，2018）。我国沿海地区水产养殖业发达，是我国农业的重要组成部分和农村经济的重要增长点之一。其产业布局已从沿海地区和长江流域、珠江流域等传统养殖区扩展到全国各地，工厂化养殖、深水网箱养殖和生态养殖已成为养殖主要模式。而养殖过程中所产生的生活垃圾及使用的网箱、废弃渔具等更容易进入海洋、产生污染。综上，建议加强我国沿海渔业活动中塑料垃圾的治理和控制，以减少海洋塑料垃圾的产生。

三、关于我国海洋塑料垃圾的现存问题

①我国仍被冠以“塑料垃圾排放量大国”的名号，可能会对我国造成多方不利影响；②我国塑料垃圾的实际排放量、实际排海量仍无准确监测数据；③内陆地区的排污口、沿海地区的渔业可能是我国海洋塑料垃圾及微塑料垃圾的主要来源，亟待管控治理。

四、对我国海洋塑料垃圾治理的几点建议

综合多篇文章分析结果及我国试点城市的塑料垃圾污染治理现状，我国的海洋塑料治理可从以下几方面入手：①正确地认识我国海洋塑料垃圾现状，合理制定防污染政策、合理投入治理资源。②加强我国海洋塑料及微塑料垃圾监测，掌握真实数据，避免学界模型预估偏差对我国造成不利影响。③关注微塑料随污水排放的问题及水产养殖业中的塑料污染问题，可在污水处理环节增加细筛网拦截微塑料以减少进入水生系统的微塑料。④从源头上控制海洋塑料污染。可参考“无废城市”建设试点三亚“源头禁止、终端管控、末段治理”的管理方式，逐步在全国范围内进行推广。可通过限制塑料制品（包括日化塑料微珠、农用地膜、一次性塑料制品等难回收塑料制品）的生产、推广替代产品（天然高分子材料和可降解聚合物）、提高塑料的回收利用率、加强垃圾无害化处理等方式进行。⑤通过教育提高公众意识，如鼓励在日常生活中减少使用一次性塑料制品、建立海洋垃圾污染宣传教育制度，唤起公众对海洋污染的关注，激发公众的环保意识，养成垃圾收集分类的习惯，以减少海洋污染。⑥加强海洋塑料垃圾处理国际合作和公约协同增效。现有公约已有相对成熟的机制可协同解决塑料废物问题，《巴塞尔公约》规范包括塑料在内的废物的贸易；国际海事组织（IMO）负责处理船舶上的海洋塑料垃圾；《斯德哥尔摩公约》保护人类免受塑料制品的伤害。我国将利用现有成熟履约技术和政策经验，应对未来新公约履约能力建设，加强国际合作，基于国情参与和推动全球塑料污染治理。

参考文献

李道季，2020. 对我国海洋塑料垃圾问题的新认识［N/OL］.（2020-11-17）中国环境报 . http：//epaper.cenews.com.cn/html/1/2020-11/17/05B/2020111705B_pdf.pdf.

张子琪，高淑红，康园园，等，2020. 中国水环境微塑料污染现状及其潜在生态风险［J］. 环境科学学报，40（10）：3574-3581.

Bai M Y，Zhu L X，An L H，et al.，2018. Estimation and prediction of plastic waste annual input into the sea from China［J］. Acta Oceanologica Sinica，37（11）：26-39.

Filgueiras A，Gago J，Pedrotti M L，et al.，2019. Standardised protocol for monitoring microplastics in seawater［R］.

Jambeck J R，Roland G，Chris W，et al.，2015. Plastic waste inputs from land into the ocean［J］. Science，347（6223）：768-771.

Law K L，Starr N，Siegler T R，et al.，2020. The United States' contribution of plastic waste to land and ocean［J］. Science Advances，6（44）：eabd0288.

Mai L，Bao L J，Shi L，et al.，2018. Polycyclic aromatic hydrocarbons affiliated with microplastics in surface waters of Bohai and Huanghai Seas，China［J］. Environmental Pollution，241：834-840.

Wang Q，Guan C，Han J，et al.，2022. Microplastics in China Sea：Analysis，status，source，and fate［J］. Science of the Total Environment，803：149887.

Wang T，Li B，Zou X，et al.，2019. Emission of primary microplastics in mainland China：Invisible but not negligible［J］. Water Research，162：214-224.

工业园区废水综合毒性监管国际经验与启示

费伟良 张晓岚 高 嵩 俞 岚

工业园区作为推动我国工业发展转型的重要模式和引擎，在为经济发展做出积极贡献的同时也产生了一定量的工业废水，且这些废水经处理后大多被排入邻近江河湖海等重要水体，给受纳水体和人类健康带来一定的安全风险和隐患。随着深入打好污染防治攻坚战、推动环境质量持续改善任务的提出，开展生态环境领域科技创新，全面推进生态环境监测能力建设，将成为生态环境质量改善的重要手段和工具。本文主要针对我国工业园区废水综合毒性监管存在的问题，梳理借鉴发达国家废水综合毒性监管的经验，旨在为我国工业园区废水监管工作提供参考建议，以期全面提升我国工业园区废水管控水平，为我国江河湖海水环境质量改善提供保障支持。

一、我国工业园区废水综合毒性监管现状与问题

（一）国家相关政策规划的管理需求

近年来，党中央、国务院高度重视水污染防治工作。国家以改善生态环境质量为核心，坚决打好污染防治攻坚战，在相关政策规划、科技支撑作用和法规标准方面对生物毒性测试工作提出了需求。从《水污染防治行动计划》（简称“水十条”）提出提升饮用水水源水质全指标监测、水生生物监测支撑能力开始，国家陆续发布了近十条相关政策，要求在重点流域水源地开展生物毒性监测，选择典型区域、工业园区、流域开展废水综合毒性评估试点，从监测方法、评价标准、监测能力等方面提出明确要求，加快推动水生态环境高质量改善。我国废水综合毒性管控相关政策文件见表 1。

表 1　我国废水综合毒性管控相关政策文件

政策文件	出台时间	发布部门	废水综合毒性管控相关内容
《国务院关于印发水污染防治行动计划的通知》（国发〔2015〕17号）	2015年4月2日	国务院	在完善水环境监测网络方面明确要求："要完善水环境监测网络，提升饮用水水源水质全指标监测、水生生物监测、地下水环境监测、化学物质监测及环境风险防控技术支撑能力。"在全力保障水生态环境安全方面明确要求："保障饮用水水源安全，从水源到水龙头全过程监管饮用水安全。"
《国务院办公厅关于印发生态环境监测网络建设方案的通知》（国办发〔2015〕56号）	2015年7月26日	国务院办公厅	加强重要水体、水源地、源头区、水源涵养区等的水质监测与预报预警，在重点流域开展生物毒性监测
《国务院关于印发"十三五"生态环境保护规划的通知》（国发〔2016〕65号）	2016年11月24日	国务院	在实行全程管控、有效防范和降低环境风险专章中明确指出"开展饮用水水源地水质生物毒性监测""选择典型区域、工业园区、流域开展试点，进行废水综合毒性评估、区域突发环境事件风险评估，以此作为行业准入、产业布局与结构调整的基本依据，发布典型区域环境风险评估报告范例"
《国家环境保护"十三五"科技发展规划纲要》（环科技〔2016〕160号）	2016年11月14日	环境保护部、科技部	更加关注生态环境风险和人群健康问题。注重过程高效、结果准确、物种本土化的全生命周期毒性测试与预测技术的开发。研发优先控制污染物筛查、生物毒性综合测试。研究行业特征污染物综合毒性评价关键技术。开展人群健康效应、生态风险和生态毒性等环境健康与基准的基础数据调查和整编。在流域水质目标管理技术方面提到加强水生态环境补偿评估技术、重点行业毒性减排技术、总氮控制管理技术的研究，形成规范化、标准化和系列化的流域水质目标管理成套技术，提出排污许可管理以及重点行业环境技术管理体系，实现我国水环境管理技术模式转型
《关于印发〈国家环境保护标准"十三五"发展规划〉的通知》（环科技〔2017〕49号）	2017年4月10日	环境保护部	"制订一批反映水生生物急性毒性、慢性毒性以及致突变性的监测分析方法标准，配套水环境综合毒性评价体系的建立，健全生物类监测分析方法标准制修订技术方法体系。""研发优先控制污染物筛查、生物毒性综合测试。""研究建立废水综合毒性评价技术体系，制订废水综合毒性评价技术规范。""根据科学化和精细化环境管理的要求，开展工业园区环境管理、含盐废水控制、抗生素环境风险控制、废水综合毒性测试等理论体系研究，为环保标准的制修订提供技术支持与指导。"

续表

政策文件	出台时间	发布部门	废水综合毒性管控相关内容
《关于印发〈长江经济带生态环境保护规划〉的通知》（环规财〔2017〕88 号）	2017 年 7 月 17 日	环境保护部、国家发展改革委、水利部	规划提到“组织开展长江经济带河湖生态调查、健康评估。”在环境风险监控预警能力建设方面专门提到“针对沿江取水的城市开展水源水质生物毒性监控预警建设。”
生态环境部对政协十三届全国委员会第一次会议第 0109 号（资源环境类 009 号）致公党中央提出的“关于加强水体毒害有机污染风险防控的提案”进行答复	2018 年 7 月 31 日		（1）从产业布局降低水体毒害有机污染风险；（2）健全化学品全生命周期安全管理体系；（3）建立毒害有机污染大数据平台；（4）开展复合有机污染监测与评估试点。

（二）我国废水综合毒性管控标准的现状

目前，我国污水排放的监管主要采用物理化学监测方法，根据理化指标进行评价、计算污染负荷并进行总量控制。我国已制定并不断更新了一系列工业废水污染物排放标准，如针对纺织染整、制浆造纸、制药、电镀等行业的排放标准，这些标准在经济发展过程中对水生态环境保护起到了重要作用。然而，这些标准主要集中在化学需氧量、氨氮及少量污染物（如常见重金属）指标的控制上，所反映的只是废水中某一种或几种污染物的浓度水平及贡献量，并不能反映处理后排放到环境中的废水对生物的综合毒性大小。由于保护人体健康、防范环境风险逐渐成为共识，废水综合毒性指标的应用得到人们越来越多的关注。

1. 废水综合毒性管控标准

我国高度重视水质综合毒性管控，早在 2008 年的六类制药工业系列排放标准（GB 21903～GB 21908）中就引入了综合毒性指标，即“发光细菌急性毒性（$HgCl_2$ 毒性当量计）”。制药工业系列排放标准中“急性毒性（$HgCl_2$ 毒性当量计）”的标准限值主要根据发光细菌法检测废水综合毒性分级标准确定，即 $HgCl_2$ 毒性当量指标值＜0.07 mg/L 属于低毒，由此确定标准限值为毒性当量 0.07 mg/L，将废水毒性控制在低毒范围内。不足之处在于，参比物质 $HgCl_2$ 为剧毒物质，不仅在实验操作过程中对实验人员的健康不利，而且在进入环境体系后会危害人类健康及生态环境。

目前我国水污染物排放标准中对于综合毒性指标的应用尚处在起步阶段，除上述“急性毒性（$HgCl_2$ 毒性当量计）”的应用外，溞类和淡水鱼类的废水急性毒性指标目前在水污染物排放标准中应用较少，但随着国家对水生态环境重视度的提高，综合毒性指标已逐步被纳入水污染物排放标准中，如 2015—2019 年陆续发布的《城镇污水处理厂污染物排放标准（征求意见稿）》《生物类农药工业水污染物排放标准（征求意见稿）》《纺织工业水污染物排放标准（征求意见稿）》均增加了综合毒性指标来反映废水的综合毒性，2020 年正式发布的《电子工业水污染物排放标准》（GB 39731—2020）增加了综合毒性控制项目。国内现行排放标准或征求意见稿中涉及的综合毒性内容见附录。

2. 生物毒性测试标准

我国关于毒性指标的概念及含义、表征方式以及监测方法等尚未形成成熟体系。因此，《国家环境保护标准“十三五”发展规划》中提到“着力构建支撑质量标准、排放标准实施的环境监测类标准体系。制订一批反映水生生物急性毒性、慢性毒性以及致突变性的监测分析方法标准，配套水环境综合毒性评价体系的建立，健全生物类监测分析方法标准制修订技术方法体系。”

近年来，国家环境保护标准管理计划中针对生物毒性测试技术标准发布了系列征求意见稿或正式发布稿。在《2014 年度国家环境保护标准计划项目指南》的“环境管理规范”中提到“废水综合毒性评价技术规范”。在《2015 年度国家环境保护标准计划项目指南》中提到“水质　急性毒性的测定　斑马鱼卵法”（配套《城镇污水处理厂污染物排放标准》），已经正式发布的有《水质　急性毒性的测定　斑马鱼卵法》（HJ 1069—2019）、《水质　致突变性的鉴别　蚕豆根尖微核试验法》（HJ 1016—2019）。

生物毒性测试法可以综合反映废水中各种污染物的相互作用，判定污染水平与生物效应的直接关系。目前常用的工业废水生物毒性分析方法有发光细菌急性毒性测试法、藻类毒性测试法、蚤类毒性测试法和鱼类毒性测试法等，详见表 2。

表 2　不同受试生物标准毒性测试方法

受试生物	标准名称	标准编号	测试终点
菌类	水质　急性毒性的测定　发光细菌法	GB/T 15441—1995	氯化汞当量、抑光率、半最大效应浓度（EC_{50}）
	水质　水样对弧菌类光发射抑制影响的测定（发光细菌试验）第 2 部分：使用液体干细菌法	ISO 11348-2-2007	抑光率、EC_{50}
藻类	藻类生长抑制试验	ISO 8692：2004 ISO/DIS 14442：1998 OECD 201	最低有影响浓度（LOEC）、最大无影响浓度（NOEC）、生长抑制率
溞类	水质　物质对溞类（大型溞）急性毒性测定方法	GB/T 13266—91 ISO 6341：2012 DIN 38412—30：1989	EC_{50}、呼吸道吸入半数致死（LC_{50}）、运动改变

续表

受试生物	标准名称	标准编号	测试终点
鱼类	水质　物质对淡水鱼（斑马鱼）急性毒性测定方法	GB/T 13267—91 OECD 203	LC_{50}
	淡水鱼和海鱼急性毒性测定方法	EPA712-C-16-007 ISO 7346-1	外观或行为改变、LC_{50}
	水质　急性毒性的测定　斑马鱼卵法	HJ 1069—2019 EN ISO 15088：2008 OECD 204	外观变化与无心跳、EC_{50}、LID
	化学品　鱼类胚胎和卵黄囊仔鱼阶段的短期毒性试验	HJ 1069—2019 OECD 212	EC_{50}、LID

（三）我国工业园区废水综合毒性管控现状

工业园区企业废水污染物成分复杂，有毒有害物质种类多、含量高，对水生生态系统及人类安全造成严重威胁。目前，工业园区对企业废水的监管主要基于对理化指标的监测和控制。然而，传统的理化指标并不能反映废水对环境的综合效应，难以满足水环境安全管理的需求。相比而言，废水综合生物毒性指标能够较好地反映废水污染物对生态系统的影响，比测定单一理化指标更具实际意义。但由于废水的综合毒性尚未普遍被纳入我国水污染物排放监管体系中，目前为止，鲜有开展废水综合毒性管控的工业园区。

本次研究重点调研了排海、排江的工业园区尤其是化工工业园区，分别是江苏如东县洋口化学工业园区、四川泸州西部化工城纳溪化工园区、江苏泰兴经济开发区、江苏常州滨江化学工业园区和灵台工业园区等工业园区。调研结果显示，目前，几个园区均未对工业废水实施生物监测，废水综合毒性测试方法尚未在工业园区应用，仅有江苏常州滨江化学工业园区和灵台工业园区等部分园区开展了废水综合毒性相关研究，为废水综合毒性指标体系的建立奠定了一定的基础。

（四）我国工业园区废水综合毒性监管存在的问题

当前，我国水环境管理正从单纯的水质管理向生态管理转变，迫切需要将生物指标引入水体生态和健康风险管理当中，但综合毒性指标的应用尚处于起步阶段。工业园区废水综合毒性监管面临以下问题。

1. 尚未建立比较全面的废水综合毒性试验方法体系

我国缺少植物毒性、慢性毒性、生物累积性、遗传毒性和内分泌干扰性测试方法，各项废水排放标准修订过程中未形成全面的毒性标准试验方法体系。标准试验方法中受试生物、测试时间和测试终点是关键的技术内容。其中，测试终点直接反映以何种生物效应作为排放控制点，因此是综合毒性指标方法中最为关键的技术内容，直接影响综合毒性排放限值的确定。由于我国废水综合毒性试验方法建立的目的性不够明确，因而在具体的技术内容上尚未有针对性的规定，需进行系统的研究。

2. 废水综合毒性监测的研究方法尚未形成稳定、系统的技术规范

由于废水的综合毒性尚未普遍被纳入我国水污染物排放监管体系中，对废水综合毒性监测的研究工作开展不多。如将综合毒性指标纳入我国水污染物排放标准体系中，需要在前期开展广泛的实际废水水样监测分析研究，掌握工业废水和生活污水的综合毒性基本特征，从而为排放标准中综合毒性指标限值的确定提供数据基础。目前废水综合毒性监测的研究方法尚未形成稳定、系统的技术规范，缺少不同生物毒性方法间的相关性评价，而现有综合毒性研究结果间的可比性不强。选择何种生物进行废水综合毒性的研究，这些生物是否能保护本国或本地区的水生生态系统，是我国工业园区废水综合毒性监管需要重视的问题。

3. 现有排放标准中废水综合毒性表征较为单一

现有排放标准中大部分发光细菌急性毒性指标采用 $HgCl_2$ 参比毒性进行表征。发光细菌法因测试时间短、重现性好以及具备成熟的毒性监测设备（如可测定发光强度的毒性测试仪）等优势而较其他生物方法应用更广泛。但其使用的参比物质 $HgCl_2$ 为剧毒物质，不仅在实验操作过程中对实验人员的健康不利，而且在进入环境体系后会进一步危害人类健康及生态环境。因此，亟待开发和建立其他快速、稳定的废水标准生物毒性方法来进一步完善工业园区废水的综合毒性监管。

二、发达国家工业废水综合毒性监管经验

为了识别排水中所有有毒物质对水生生态系统的潜在综合影响，一些国家和区域组织采用生物毒性指标评价排水和受纳水体的综合毒性。

（一）美国的排水生物毒性测试

1. 美国的排水生物毒性测试技术

美国是最早开展排水毒性测试研究工作的国家。美国国家环境保护局（USEPA）将排水综合毒性（Whole Effluent Toxicity，WET）定义为由水生生物毒性测试直接测量的排水综合毒性效应，将排水综合毒性测试（Whole Effluent Toxicity Test，WETT）定义为用一组淡水、海水与河口的标准化植物、无脊椎动物和脊椎动物评估排水和受纳水体的急性和慢性综合毒性的测试，并且将 WET 技术与水质基准项目、水生态

评价项目并称水质毒性控制战略的三大控制措施。

目前，USEPA 发展了排水和接纳水体的 7 种急性毒性测试方法、10 种短期慢性毒性测试方法，分别见表 3 和表 4。通常，急性毒性测试的周期为 24～96 h，淡水生物的慢性毒性测试周期为 4～7 d，海洋生物和河口生物慢性毒性测试周期为 1 h～9 d。受试生物采用植物、无脊椎动物和脊椎动物。

表 3　USEPA 排水和受纳水体急性毒性测试方法

物种类型	受试生物	毒性终点	试验周期
淡水生物	模糊网纹溞（<24 h）	死亡	24 h、48 h 或 96 h
	蚤状溞、大型溞（<24 h）	死亡	24 h、48 h 或 96 h
	黑头软口鲦（1～14 d）	死亡	24 h、48 h 或 96 h
	虹鳟（15～30 d）、湖鳟（30～60 d）	死亡	24 h、48 h 或 96 h
海洋生物	糠虾（1～5 d）	死亡	24 h、48 h 或 96 h
	杂色鳉（1～14 d）	死亡	24 h、48 h 或 96 h
	银汉鱼（9～14 d）	死亡	24 h、48 h 或 96 h

表 4　USEPA 排水和受纳水体短期慢性毒性测试方法

物种类型	受试生物	毒性终点	试验周期
淡水生物	黑头软口鲦（仔鱼）	存活、生长抑制	7 d
	黑头软口鲦（胚胎）	存活、畸形	7 d
	模糊网纹溞（<24 h）	存活、繁殖抑制	7 d
	羊角月芽藻	生长抑制	4 d
海洋生物、河口生物	杂色鳉（仔鱼）	存活、生长抑制	7 d
	杂色鳉（胚胎、仔鱼）	存活、畸形	9 d
	银汉鱼（7～11 d）	存活、生长抑制	7 d
	糠虾	存活、生长和繁殖抑制	7 d
	海胆	受精抑制	1.2 h
	环节藻	繁殖抑制	7～9 d

2000 年，USEPA 发布了 WET 测试方法导则和建议 “Method guidance and recommendations for Whole Effluent Toxicity（WET）testing”，涉及名义误差率调整、置信区间、剂量 - 效应关系、稀释梯度、稀释水等内容，该导则有助于 WET 测试的应用和对试验结果的理解。同年，发布了 “Understanding and accounting for method variability in whole effluent toxicity applications under the National Pollutant Discharge

Elimination System”，阐述了导致 WET 测试不稳定的几个因素，推荐使用最小显著性差异百分率（PMSD）来表示试验方法的敏感性和试验批次间的变异性，以及参比毒物试验数据验证排水毒性结果等。2010 年，USEPA 发展了新的评价 WET 测试结果的统计方法——显著毒性检测（Test of Significant Toxicity，TST），该方法能够更好地确认毒性样品。

在排水毒性测试的基础上，USEPA 发展了排水的毒性鉴别评估（Toxicity Identification Evaluation，TIE）技术和毒性削减评估（Toxicity Reduction Evaluation，TRE）技术，主要目的是减少废水毒性，从而降低对受纳水体中水生生物的危害。

2. 美国有毒水污染物排放控制管理

美国联邦法规规定，如果排放废水会导致，或者具有合理的可能性会导致，或者促使河流水质超过州现行水质标准的叙述性基准，则排污许可证必须包含排水综合毒性排放限值。

美国《清洁水法》明确水污染防治目标是恢复和维持国家水域的化学、物理和生物的完整性。为了达到该目标，提出的一项重要举措是有毒污染物的控制，在 101（a）（3）部分规定“禁止有毒污染物以有害的量排放”。同时，在 402 部分提出任何点源排污者欲向水体直接排放污染物，都必须取得国家污染物排放许可证，即 NPDES（National Pollutant Discharge Elimination System）许可证。NPDES 许可证中污染物排放限值是有毒污染物排放控制的核心。其中，排放限值有 2 种：①基于技术的排放限值，即根据现有技术结合经济可行性评价而确定的排放限值；②基于水环境质量的排放限值，即为达到既定水环境质量而确定的排放限值。《清洁水法》的 302 部分及 NPDES 法规（40CFR122.44）规定，当发现基于技术的排放限值已不足以满足当地水环境质量要求时，须采用更为严格的、基于水环境质量的排放限值。

在基于技术的有毒污染物控制方面，美国与我国的方式类似，主要通过对已发现的具有毒性的特定化学物质制定国家统一排放限值的形式来进行管控；此外，COD、BOD_5 这类综合性指标也起到了一定的作用。针对基于水环境质量的有毒污染物控制，排放限值制定方法较为复杂，USEPA 发布了相应的技术指南，详细介绍了控制的目标、方法及实施方案。控制的目标有保护水生生物和保护人体健康。控制的方法有特定化学物质控制法、WET 控制法和生物学评估法 3 种，3 种方法各有利弊，任何一种方法都没有特别显著的优势。因此，为实现更为全面的水生态保护，USEPA 建议相对独立地采用以上 3 种方法进行有毒污染物的控制，即独立运用以上 3 种方法提出控制措施，最后采用最严格的控制措施。

3. WET 在美国有毒水污染物排放控制中的应用方法

USEPA 主要通过核发 NPDES 许可证进行有毒物质的排放控制，以排污许可制定程序为主线介绍 WET 应用方法，具体流程见图 1。主要包括确定受纳水体适用基准与标准、排水特征描述、WET 排放限值计算和毒性削减评估等步骤。

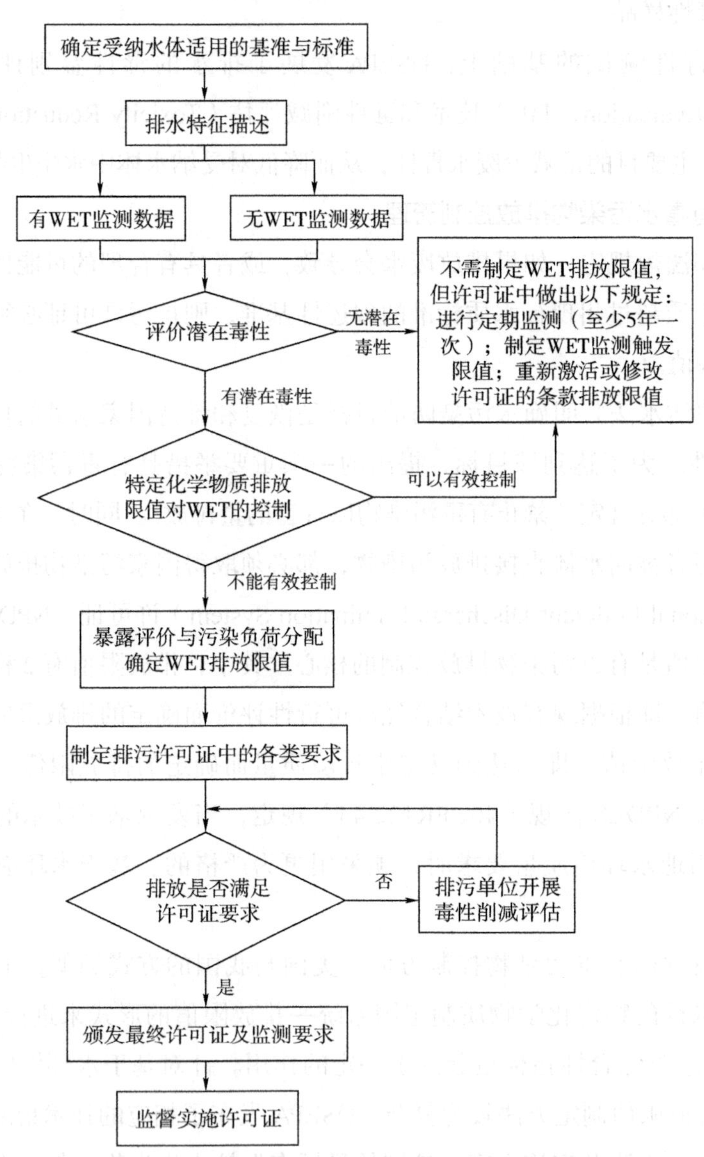

图 1 WET 在美国有毒水污染物排放控制中的应用方法

（1）WET 排放限值计算

WET 排放限值包括 WET 日最大限值（MDL）和 WET 月平均限值（AML）2 种。为得到这 2 个限值，需要经过 3 个计算步骤，流程见图 2。

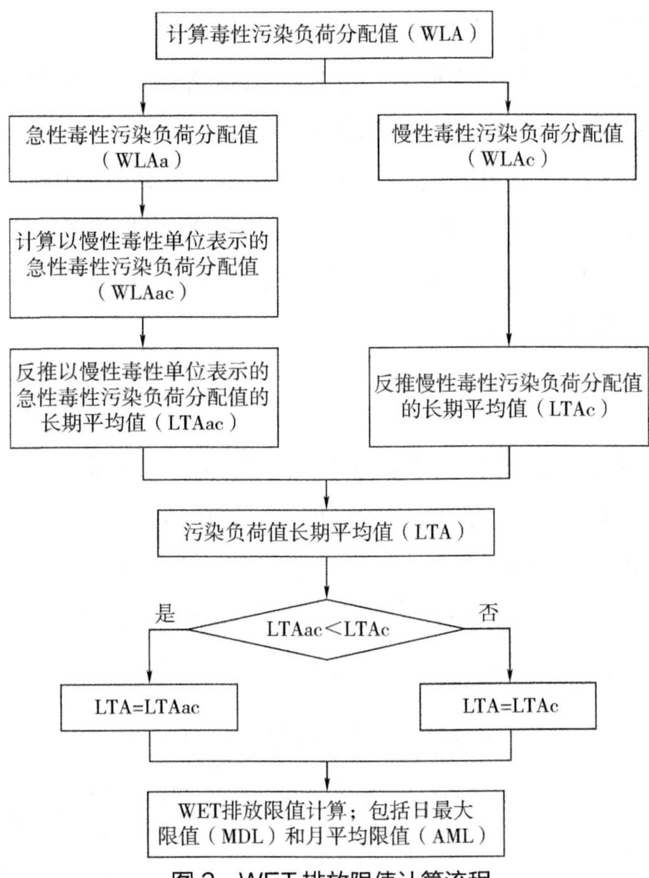

图 2　WET 排放限值计算流程

（2）毒性削减评估

当排水的 WET 数值不能满足 NPDES 许可证确定的要求时，有必要找出排水中的哪些关键组分导致其产生毒性，从而使排污单位可以有目的地选取有效的处理技术来削减其毒性。为了解决这一现实要求，排污单位需组织进行毒性鉴别评估和毒性削减评估，以鉴别出致毒原因，筛选适当的处理工艺以保证水质标准的实现。

（二）英国的排水生物毒性测试

在英国，排水综合毒性测试被称为直接毒性评价（Direct Toxicity Assessment，DTA），被视为除化学特征污染物法和生物评价外的第三种水质管理方法。早在 19 世纪初期，英国环保部门就已经开始制定相关策略，着手发展 DTA 技术，于 1996 年引入全污（废）水的生态毒性检测法以监控组分复杂的污（废）水的排放；后经直接毒性评价示范方案（Direct Toxicity Assessment Demonstration Programme，DTADP）研究确认，DTA 方法特别适用于重污染及有毒废水排放的监控与管理，后作为宏观水质指标的补充手段成为英国对废水排放管理的方法措施之一。

根据 1998 年英国环境部对排水综合毒性标准方法测试的报告，对英国本土受试生物代替进口受试生物进行详细研究，将 DTA 方法落实，保证国家生物安全及毒性检测的灵敏性和准确性。其对海洋生物和淡水生物、藻类、无脊椎动物和鱼类等不同受试生物分别进行试验，拟定标准，用于英国本土物种的使用判断。海藻类采用肋骨条藻或三角褐指藻；海洋无脊椎动物采用本土的海水甲壳类（*Acartia tonsa* 或 *Tisbe battagliai*）、牡蛎、贻贝；淡水受试生物采用虹鳟（*Oncorhynchus mykiss*）；英国没有选择微生物作为受试生物。

（三）德国的排水生物毒性测试

德国对工业废水生物毒性的管控强调无毒性效应，其采用最低无效应稀释度（lowest ineffective dilution，LID），即废水排放到水环境中对水环境生物无不良影响的最低稀释倍数进行综合毒性评估。德国废水排放标准使用 5 种综合毒性测试方法：鱼卵毒性（Tegg）、溞类毒性（TD）、藻类毒性（TA）、发光细菌毒性（TL）和致突变性（基因毒性测试，umu 测试），相关控制标准限值见表 5。

表 5　德国废水排放毒性控制标准限值

项目	对鱼卵非急性毒性（Non-acute-poisonous effect to fish eggs）	对大型溞急性毒性	对藻类急性毒性	对发光细菌急性毒性	致突变性潜能（umu test）
纸浆生产	2	—	—	—	—
化学工业	2	8	16	32	1.5
废物生物处理	2（2）	（4）	—	—	—
皮革和人造皮革生产	2	—	—	—	—
皮毛加工	4	—	—	—	—
纺织品生产和整理	2	—	—	—	—
煤焦化	2	—	—	—	—
废物物理化学处理和废油处理	2	4	—	4	—
钢铁生产					
烧结、生铁脱硫、粗钢生产	—	—	—	—	—
二级冶炼、连续浇铸、热成型、管道热成型	2	—	—	—	—
鼓风炉制生铁和炉渣造粒、带钢冷成型，管道、截面、光亮型钢材和钢丝冷成型，半成品钢和钢制品的连续表面处理	6	—	—	—	—

续表

项目	对鱼卵非急性毒性（Non-acute-poisonous effect to fish eggs）	对大型溞急性毒性	对藻类急性毒性	对发光细菌急性毒性	致突变性潜能（umu test）
金属加工					
阳极处理	2	—	—	—	—
酸洗、上漆、电镀玻璃	4	—	—	—	—
电镀（非玻璃）、着色、热浸锌涂料、热浸锡、硬化、印刷电路板、电池生产、机械车间、研磨	6	—	—	—	—
水处理、冷却系统、蒸汽发生	—	—	—	12	—
有色金属生产	4	—	—	—	—
印刷和出版	4	—	—	—	—
洗毛	2	2	—	—	—
废物地面储存	2（2）	（4）	—	（4）	—
橡胶加工和橡胶制品生产	2	—	—	（12）	—
废物焚烧的废气洗涤，燃烧系统的废气洗涤，无机颜料生产，半导体元件生产，基于纤维胶处理和醋酸纤维的化学纤维、薄膜和纱布生产，铁、钢和可锻铸铁铸造，纤维板和涂料生产，氯碱电解，有害物质的使用	2	—	—	—	—

在德国，化学工业废水对鱼卵、大型溞、藻和发光细菌的最低无效应稀释度需分别小于 2、8、16 和 32。经 SOS/umu 遗传毒性试验确定的化学工业废水致突变潜能（以诱导率表示）需小于 1.5，该范围在 SOS/umu 试验中处于遗传毒性未检出的水平。

（四）加拿大的排水生物毒性测试

在加拿大，渔业法的污染预防条款对有害物质的沉积进行管控（例如，除非得到授权，否则禁止向鱼经常出没的水域中排放污水）。因此，加拿大环境与气候变化部力求通过利用行业部门法规（如纸浆和造纸、采矿和市政污水处理行业）来确保废水排放不会对人类健康和生态系统以及渔业资源构成不可接受的风险。1996 年起，对造纸行业废水的特定化学成分做出限制，不允许对淡水环境中的无脊椎动物或鱼类［虹鳟（Oncorhynchus mykiss）］产生急性致死性，并通过对受纳水体底栖动物和鱼类生存水域进行水质调查来监测排放。2002 年起，对金属采矿业废水排放进行了类似的监管，2012 年增加了对城市废水排放的监管，但没有增加受纳水体调查的部分。

三、我国工业园区废水综合毒性监管对策及建议

（一）完善工业园区废水水质安全评价及管理方法体系

在受试生物方面，建议广泛开展工业废水生物毒性评价研究，针对我国各地区水生生态系统的代表性和敏感性筛选水生生物，以达到科学、精准地评价废水安全性的目的。如水蚤生物毒性测试具有灵敏度高、耗时短、可用于急性毒性和慢性毒性评价等优点，在我国工业废水毒性监管中应优先考虑使用。

在监测技术方面，建议加强 WET 监测研究工作，借鉴 WET 监测标准和技术，建立将 WET 用于有毒物质排放控制的方法体系。

在分析方法方面，建议加强生物监测结果与理化监测结果的联合分析，从不同角度对废水进行综合、系统、全面的环境质量状况评价，并建立适用于人类健康风险评价的方法标准和质量评价标准，提高监测结果的有效性和可比性。

在管理制度方面，建议以排污许可制度为基础，整合完善我国水污染物综合毒性管控制度，通过对现有相关政策法规进行修改、补充和完善，助力深入打好污染防治攻坚战。

（二）加强工业园区废水综合毒性监测和预警能力建设

在监测手段方面，建议构建工业园区废水毒性精细化管控信息系统平台，在园区重点排污企业安装布设自控元器件，通过采集现场监控点位的流量、水质、水位、流向、视频、阀门等信号，收集数据，构建监测模型，再由监管部门和排污企业事先合同约定，通过该系统平台完成对企业的排放监督与远程控制。

在预警应急方面，通过设定单个点位超标预警阈值和建立模型，筛查超标或嫌疑点位，及时预警，提高监控和监管效率。通过构建以数据为核心的涉及生态环境管理部门、工业园区、污水处理厂、企业和第三方监测设备运维单位的精细化管控信息系统平台，将预警、超标、警告和处罚等信息进行流转，并将第三方运维单位的日常管理信息进行数据关联、全程留痕，形成一套用于监管企业和运维工作的新型管理模式。逐步完善精细化管控系统，尝试与消防、公安等部门建立联合指挥中心，形成多位一体、多任务、多功能的联合监控平台。

附录

国内现行排放标准或征求意见稿中涉及的综合毒性内容

1. 国家标准——制药工业类水污染物排放标准（2008 年）综合毒性排放限值

<table>
<tr><th>序号</th><th>排放标准</th><th>毒性指标</th><th>限值</th></tr>
<tr><td>1</td><td>《发酵类制药工业水污染物排放标准》（GB 21903—2008）</td><td rowspan="6">《水质　急性毒性的测定　发光细菌法》（GB/T 15441—1995）急性毒性（$HgCl_2$ 毒性当量）</td><td rowspan="6">≤0.07 mg/L</td></tr>
<tr><td>2</td><td>《化学合成类制药工业水污染物排放标准》（GB 21904—2008）</td></tr>
<tr><td>3</td><td>《提取类制药工业水污染物排放标准》（GB 21905—2008）</td></tr>
<tr><td>4</td><td>《中药类制药工业水污染物排放标准》（GB 21906—2008）</td></tr>
<tr><td>5</td><td>《生物工程类制药工业水污染物排放标准》（GB 21907—2008）</td></tr>
<tr><td>6</td><td>《混装制剂类制药工业水污染物排放标准》（GB 21908—2008）</td></tr>
</table>

2. 国家标准——《城镇污水处理厂污染物排放标准》（征求意见稿，2015 年）综合毒性排放标准

序号	毒性指标	稀释倍数
1	鱼卵毒性	2
2	溞类毒性	8
3	藻类毒性	16
4	发光细菌毒性	32

3. 国家标准——《农药工业水污染物排放标准》（征求意见稿，2017 年）综合毒性排放限值

序号	毒性指标	稀释倍数
1	斑马鱼毒性	2
2	大型溞毒性	8
3	藻类毒性	16
4	发光细菌毒性	32

4. 国家标准——《电子工业水污染物排放标准》（GB 39731—2020）综合毒性排放限值

序号	控制项目名称	排放水平参考值
1	斑马鱼卵急性毒性	≤6

注：以最低无效应稀释倍数来表征，指在 26℃ ±1℃的条件下培养 48 h，不少于 90% 的斑马鱼卵存活时水样的最低稀释倍数。

5. 国家标准——《海水冷却水排放要求》（GB/T 39361—2020）

序号	水质指标	限值
1	急性毒性（$HgCl_2$ 毒性当量）	≤0.07 mg/L

6. 北京地方标准——《水污染物综合排放标准》（DB11/ 307—2013）

序号	项目名称	直接排放		间接排放
		A 排放限值	B 排放限值	三级标准
1	急性毒性（$HgCl_2$ 毒性当量）	0.07 mg/L	0.07 mg/L	—

7. 天津地方标准——《污水综合排放标准》（DB12/356—2018）

序号	污染物	直接排放		间接排放
		一级标准	二级标准	三级标准
1	急性毒性（$HgCl_2$ 毒性当量）	0.07 mg/L	0.07 mg/L	—

8. 上海地方标准——《污水综合排放标准》（DB31/199—2018）

序号	污染物控制项目	排放限值			污染物排放监控位置
		一级标准	二级标准	三级标准	
1	鱼类急性毒性（96 h LC_{50}）	96 h 未达半致死浓度	—	—	单位污水总排放口

注：向敏感水域直接排放水污染物的排污单位执行一级标准。

9. 江苏地方标准——《生物制药行业水和大气污染物排放限值》（DB32/3560—2019）

序号	类别范围	污染物	直接排放限值	特别排放限值	间接排放限值
1	发酵类制药企业（含生产设施）	急性毒性（$HgCl_2$ 毒性当量）	0.07 mg/L	0.07 mg/L	—
2	提取类制药企业（含生产设施）				
3	制剂类制药企业（含生产设施）				
4	生物工程类制药企业（含生产设施）				
5	生物医药研发机构				

参考文献

陈玲，翁景霞，刘苏，等，2018. 工业废水毒性评估与致毒物质鉴别技术进展［J］. 环境监控与预警，10（3）：1-8.

陈学勇，韦朝海，2010. 点源有机毒物污（废）水排放的生态风险管理技术分析［J］. 化工进展，2（29）：342-349.

郭杨，2021. 关于污水处理厂增设生物毒性排放标准的探讨［J］. 现代农业科技，（3）：164-165，172.

胡洪营，吴乾元，杨扬，等，2011. 面向毒性控制的工业废水水质安全评价与管理方法［J］. 环境工程技术学报，1（1）：46-51.

江苏省环境科学研究院，2019. 如东产业园发展规划（2019—2030）环境影响报告书［R］.

江苏省环境科学研究院，2020. 泰兴循环经济产业园开发建设规划（2020—2030）环境影响报告书［R］.

李萍，2012. 发光菌急性毒性测试方法的完善及其在工业废水水质监督与管理中的应用研究［D］. 上海：上海师范大学.

梁慧，袁鹏，宋永会，等，2013. 工业废水毒性评估方法与应用研究进展［J］. 中国环境监测，6（29）：85-91.

刘聪，2014. 焦化废水生物及深度处理工艺的排水生物毒性研究［D］. 北京：清华大学.

楼霄，张哲海，1992. 水生生物毒性试验在工业废水监测和管理上的应用［J］. 生态科学，（2）：23-30.

米天戈，2015. 我国污染物排放标准制度研究［D］. 苏州：苏州大学.

任春，卢延娜，张虞，等，2014. 综合毒性指标在水污染物排放标准中的应用探讨［J］. 工业水处理，34（12）：4-7.

生态环境部，2019. 水质急性毒性的测定　斑马鱼卵法. HJ 1069—2019［S］.

四川省环科源科技有限公司，2019. 四川西部化工城修编规划——纳溪化工园区（泸州纳溪经济开发区）环境影响跟踪评价报告［R］.

孙爱军，2011. 工业园区事故风险评价研究［D］. 天津：南开大学.

唐伟，隋文义，于波，等，2006. 抚顺市不同行业废水生物毒性监测研究［J］. 环境科学与管理，（6）：168-170.

王宏洋，赵鑫，曲超，等，2016. 美国排水综合毒性在有毒污染物排放控制中的应用方法与启示［J］. 环境工程技术学报，6（6）：636-644.

薛柯，许霞，薛银刚，等，2019. 基于斑马鱼全生命周期毒性测试的研究进展［J］. 生态毒理学报，14（5）：83-96.

薛柯，薛银刚，许霞，等，2020. 厌氧 - 缺氧 - 好氧处理工艺的污水处理厂进出水的毒性评价［J］. 中国环境监测，36（5）：121-129.

薛银刚，曹志俊，陈桥，等，2017. 利用生物毒性在线监测系统监控和评价排水综合毒性［J］. 环境科技，30（3）：23-27.

杨铭，王琴，林臻，等，2020. 欧洲工业园区水环境管理的经验与启示［J］. 环境保护，48（9）：68-71.

余若祯，穆玉峰，王海燕，等，2014. 排水综合评价中的生物毒性测试技术［J］. 环境科学研究，4

（27）：390-397.

赵风云，孙根行，2010. 工业废水生物毒性的研究进展［J］. 工业水处理，（4）：22-25.

朱冰清，姜晟，蔡琨，等，2021. 生物监测技术在工业废水监测领域的应用研究［J］. 中国环境监测，1（37）：1-10.

邹叶娜，蔡焕兴，薛银刚，等，2012. 常州市典型工业废水综合急性毒性评估［J］. 环境科学与管理，（7）：167-169.

邹叶娜，蔡焕兴，薛银刚，等，2012. 成组生物毒性测试法综合评价典型工业废水毒性［J］. 生态毒理学报，7（4）：381-388.

Australian and New Zealand Environment and Conservation Council，Agriculture and Resource Management Council of Australia and New Zealand，2000. National water quality management strategy，Australian and New Zealand guidelines for fresh and marine water quality［S］. Canberra：ANZECC and ARMCANZ：68-99.

COHIBA Project，2011. Innovative approaches to chemicals control of hazardous substances，WP3 final report［R］. Helsinki：COHIBA Project.

Giri S，2020. Water quality prospective in twenty first century：Status of water quality in major river basins，contemporary strategies and impediments：A review［J］. Environmental Pollution，271（1）：116332.

International Organization for Standardization，2007. Water quality：determination of the inhibitory effect of water samples on the light emission of *Vibrio fischeri*（Luminescent bacteria test）：ISO 11348［S］. Switzerland：International Organization for Standardization.

International Organization for Standardization，2007. Water quality：determination of the acute toxicity of waste water to zebrafish eggs（*Danio rerio*）：ISO 15088［S］. Switzerland：International Organization for Standardization.

OSPAR Commission，2007. Practical guidance document on whole effluent assessment［R］. London：OSPAR Commission.

第三章

气候变化趋势与应对

G20 气候变化政策及发展清洁能源的研究

张剑智

二十国集团（G20）成员为 19 个国家和欧盟，其经济总量约占全球经济总量的 85%，温室气体排放量占全球排放量的 80% 以上。因此，G20 成员在应对气候变化、推动清洁能源发展方面发挥着举足轻重的作用。2022 年 1 月 26 日，为实现《巴黎协定》目标，联合国气候变化执行秘书长帕特里夏·埃斯皮诺萨呼吁各国制定更具雄心的国家自主贡献（NDC）目标和长期战略，特别是 G20 成员要做出表率。

2021 年 9 月，《联合国气候变化框架公约》秘书处发布了《国家自主贡献综合报告》，该报告综合分析了 164 个缔约方提交的新的或更新的国家自主贡献。该报告显示，全球温室气体减排力度不足，到 2030 年温室气体排放量还将显著增加，各国的国家自主贡献目标与《巴黎协定》目标相比，仍然存在很大的排放差距。《联合国气候变化框架公约》第 26 次缔约方大会（COP26）通过的《格拉斯哥气候协议》要求各缔约方采取行动，提升各国国家自主贡献目标，共同努力实现《巴黎协定》的目标，即将全球平均气温上升控制在 2℃以内，并努力控制在 1.5℃以内。

2021 年 7 月 23 日，G20 能源与气候联合部长会议在意大利召开，通过了《二十国集团能源与气候部长级会议联合公报》。该公报指出，清洁能源转型是加速包容性社会经济增长、创造就业、创新技术、减少全球温室气体排放的重要途径。2021 年 10 月 30—31 日，G20 领导人峰会以线上线下相结合的方式在意大利罗马召开，会后声明就应对气候变化议题，做出明确的减排承诺。

尽管受疫情影响，全球经济下滑，但清洁能源发展仍保持强劲增长。国际能源署（IEA）发布的《世界能源展望 2021》指出，2020 年风能和太阳能等可再生能源的新增装机容量实现了 20 年来的最大增长幅度，清洁技术已成为电力和各种终端应用的首选技术，也将成为国际投资者竞争的新领域。国际可再生能源署（IRENA）的研究表明[①]：到 2020 年年底，全球可再生能源发电容量达到 2 799 GW。与 2019 年相比，2020 年可再生能源装机容量增加了 260 GW（增长 10.3%），太阳能增加了 127 GW（增长 22%），风能增加了 111 GW（增长 18%）。

---

① https：//www.irena.org/。

在推进全球“碳中和”进程中，清洁能源发展将会发生深刻变革，我国能源发展和安全保障也会面临新的挑战。2011 年，亨利·基辛格在《论中国》的序中就指出“中国已经成为一个经济超级大国和塑造全球政治秩序的重要力量”。中国作为世界第二大经济体，是世界上最大的能源消费国和温室气体排放国，面临发展经济、改善民生、治理污染、保护生态等一系列艰巨任务，实现“双碳”目标是一场广泛而深刻的经济社会系统性变革。因此，研究 G20 成员的气候变化政策，特别是清洁能源政策具有现实指导意义。

一、G20 积极推进气候变化政策及推进清洁能源发展

《巴黎协定》第四条要求各缔约方每五年通报一次国家自主贡献，NDC 是《巴黎协定》最核心的制度。各国将以“自主决定”的方式确定其气候目标及其行动，体现了全球气候治理模式从“自上而下”到“自下而上”的巨大变化。各缔约方也可以随时基于政策的变化更新已提交的 NDC。截至 2022 年 2 月 28 日，G20 成员都提交或更新了第 1 次 NDC，阿根廷还更新了第 2 次 NDC，明确或提出了“碳中和”目标，综述了国家气候变化政策最新进展以及清洁能源发展政策等，多数 G20 成员提高了 2030 年温室气体减排目标。特别是欧盟、英国、德国、法国、加拿大、日本、韩国等通过应对气候变化的专项法律，明确了“碳中和”目标。

（一）欧盟及欧洲主要国家通过修订法律明确“碳中和”目标，推进清洁能源发展

2020 年 12 月，德国和欧洲委员会代表欧盟及成员国[①]提交了第 1 次 NDC，综述了欧盟气候变化政策主要进展。2019 年 12 月，欧盟委员会发布《欧洲绿色新政》，提出“碳中和”目标。预计在 2030 年年底前，欧盟能源效率至少提高 32.5%，欧盟可再生能源消费占总能源消费的比例不低于 32%，欧盟将持续降低化石能源的生产和消费量。《能源联盟和气候行动治理条例》确定了欧盟气候治理和能源政策，特别是确定了 2021—2030 年欧盟成员国报告和监测框架。各成员国都已编制《国家能源和气候综合计划（2021—2030 年）》，确定了各国实现能源转型、温室气体减排及《巴黎协定》目标的主要措施。2021 年 6 月，欧盟理事会和欧洲议会批准《欧洲气候法》，要求成员国采取必要措施将“2030 年减排 55% 以上、2050 年实现碳中和”的

① 欧盟及成员国：比利时、保加利亚、捷克、丹麦、德国、爱沙尼亚、爱尔兰、希腊、西班牙、法国、克罗地亚、意大利、塞浦路斯、拉脱维亚、立陶宛、卢森堡、匈牙利、马耳他、荷兰、奥地利、波兰、葡萄牙、罗马尼亚、斯洛文尼亚、斯洛伐克、芬兰和瑞典。

气候目标纳入各国气候变化法律体系。

1. 德国修订《气候保护法》，明确 2045 年“碳中和”目标，推动“弃核退煤增氢”，推进清洁能源发展

2019 年，德国正式颁布《气候保护法》，提出 2050 年“碳中和”目标。2021 年 5 月，德国政府修订《气候保护法》，明确提出到 2030 年温室气体排放量比 1990 年的水平减少 65%，将德国“碳中和”时间提前到 2045 年，同时要求加快能源转型。2021 年 12 月德国新一届政府成立以来，将大力发展可再生能源作为提升国家自主贡献目标的重要举措。为实现《气候保护法》明确的 2045 年“碳中和”目标，德国政府提出新的发展可再生能源的量化目标：到 2030 年可再生能源在电力部门的占比将达到 80%（原为 65%），争取实现 2030 年退煤（原为 2038 年），大力发展海上风电、太阳能光伏发电项目等，岸上风电计划面积将扩大 1 倍，海上风电 2030 年达到 30 GW，2035 年达到 40 GW，2045 年达到 70 GW（郭欣，2021）。

2. 法国通过完善法律明确“碳中和”目标，推进清洁能源发展

2019 年 11 月，法国颁布了《能源与气候法》。该法明确国家气候政策的目标、框架和举措，要求 2050 年实现“碳中和”。该法主要包括：①逐步淘汰化石燃料，支持可再生能源发展；②通过规范引导对高耗能住房建筑进行改造，减少温室气体排放；③通过引入《国家低碳战略》（SNBC）和“绿色预算”制度，监督和评估气候政策的具体落实等。

2020 年 4 月，法国通过了修订的《国家低碳战略》，旨在实现 2050 年“碳中和”目标并减少法国的碳足迹，确定了 2019—2023 年、2024—2028 年、2029—2033 年 3 个阶段的主要行业碳预算及温室气体减排举措。

2021 年 5 月，法国通过了《应对气候变化及增强应对气候变化后果能力法案》（*Law No* 2021-1104 *on the fight against climate change and the reinforcement of resilience in the face of its effects*）[①]。根据该法案，2023 年 1 月 1 日起，新的商业和工业建筑，以及超过 500 m^2 的仓库、飞机库以及超过 1 000 m^2 的办公楼都必须实现 30% 表面的太阳能供能。2024 年 1 月 1 日起，超过 500 m^2 的新建停车场必须实现 50% 表面的太阳能供能，如该区域有车库，则为 100%。

3. 英国修订《气候变化法》，明确 2050 年“碳中和”目标，积极推进清洁能源发展

2020 年 1 月 31 日，英国正式脱欧，结束了其欧盟成员国身份。2020 年 12 月

---

① https：//climate-laws.org/。

12 日，英国提交的 NDC 提出 2030 年温室气体排放量比 1990 年的水平减少至少 68%，碳减排领域包括能源（交通），工业过程和产品使用（IPPU），农业，土地利用、土地利用变化和森林（LULUCF）与废物管理。

2019 年 6 月，英国通过修订的《气候变化法案》，明确 2050 年“碳中和”目标。2020 年 11 月，英国政府公布“绿色工业革命计划”，重点推进清洁能源、建筑、交通、自然和创新技术等。依照这个计划，政府将投资 120 亿英镑，支持 25 万个绿色岗位，2030 年将会带动 3 倍的私营部门投资。2020 年，英国煤炭消费量为 710 万 t，2022 年英国煤炭消费量为 620 万 t，是 1757 年以来最低水平。

（二）中国明确“双碳”目标，积极推进清洁能源发展

中国政府高度重视履行《联合国气候变化框架公约》及《巴黎协定》，提出了“双碳”目标，积极推行能源转型和清洁能源发展。2022 年 1 月 17 日，国家主席习近平在 2022 年世界经济论坛视频会议上指出，实现碳达峰碳中和是中国高质量发展的内在要求。中国已发布《2030 年前碳达峰行动方案》，还将陆续发布能源、工业、建筑等领域的具体实施方案，中国可再生能源装机容量超 10 亿 kW，1 亿 kW 大型风电光伏基地已有序开工建设。2022 年 1 月 24 日，中共中央总书记习近平在中共中央政治局第三十六次集体学习时再次强调，要把促进新能源和清洁能源发展放在更加突出的位置，要加快发展有规模有效益的风能、太阳能、生物质能、地热能、海洋能、氢能等新能源，以更加积极姿态参与全球气候谈判议程和国际规则制定，推动构建公平合理、合作共赢的全球气候治理体系。

短期内，中国“富煤贫油少气”的能源资源状况导致中国能源结构仍以煤炭为主。从能源安全角度看，中国能源不能完全依靠进口。近年来，中国以风电、光伏发电为代表的清洁能源发展成效显著，装机规模稳居全球首位，成本快速下降，已基本进入平价无补贴发展的新阶段。但是清洁能源开发利用中仍存在电力系统对大规模高比例清洁能源接网和消纳的适应性问题。2022 年 1 月起，中国政府先后颁布了《关于促进新时代新能源高质量发展的实施方案》及《“十四五”现代能源体系规划》等政策文件，将会进一步推动清洁能源的发展。

（三）美国、加拿大提出了“碳中和”目标，并积极推进清洁能源发展

1. 美国提出“碳中和”目标，将会推进能源行业减碳化

2021 年 4 月 22 日，美国总统拜登宣布到 2050 年实现“碳中和”。2021 年 4 月 22 日，美国提交的 NDC 明确：2030 年温室气体排放量比 2005 年的水平至少减少一

半。美国将推进能源行业减碳化，制定了电力、交通、建筑、工业、农业和土地等的节能减排路线图，要求 2035 年电力行业实现零碳排放。

2. 加拿大通过立法确定“碳中和”目标，明确可再生能源发展阶段性目标

2021 年 7 月 12 日，加拿大提交的 NDC 明确：2030 年温室气体排放量比 2005 年的水平减少 40%～45%（原为 36%）。2016 年，加拿大通过《全加拿大清洁增长和气候变化框架》（PCF）。2019 年，加拿大发布了《加拿大改变环境报告》，该报告评估了加拿大气候变化情况并预判了未来的变化趋势。2020 年 12 月 11 日，加拿大发布了一个增强版的气候计划——《健康的环境和健康的经济》，该计划包括联邦政策、规划和投资安排，致力于加速温室气体减排及推进绿色经济。2020 年 10 月起，加拿大政府为推进绿色复苏已经提供了 536 亿加元。

2021 年 6 月 29 日，《加拿大净零排放责任法案》（*Canadian Net-Zero Emissions Accountability Act*）获得批准。该法案要求加拿大政府设定 2030 年、2035 年、2040 年和 2045 年的减排目标。加拿大 82% 的电力来自可再生能源，包括水力发电、风力发电、太阳能发电和核能发电。2035 年起，加拿大销售的轻型汽车和家用卡车都是零碳排放的汽车。

（四）日本、韩国修订法律，确定“碳中和”目标，推进清洁能源发展

1. 日本修订《全球变暖对策推进法》，明确“碳中和”目标，促进可再生能源发展，并定期评估温室气体减排量

2021 年，日本修订了《全球变暖对策推进法》，明确 2050 年“碳中和”目标，并将加强政策的连续性和可预测性，以保证实现温室气体减排的中期目标以及 2050 年的“碳中和”目标。日本努力在所有领域减排温室气体，主要包括采取提高能效措施、最大限度地采用可再生能源、推动公共部门和地方地区脱碳等。日本将建立和实施联合信贷机制（JCM），用于定量评估低碳技术、产品、系统、服务、基础设施等的温室气体减排量，同时也评估与其他发展中国家合作的温室气体减排量。

2021 年 10 月，日本提交的 NDC 明确：2030 年温室气体排放量比 2013 年的水平减少 46%～50%。2013 年温室气体排放量是 14.08 亿 t 二氧化碳当量（基于 2021 年 4 月日本提交的《国家温室气体清单报告》），2030 年将减少到 7.6 亿 t 二氧化碳当量。日本温室气体减排涉及的领域包括能源，工业加工和产品使用，农业，土地利用，土地利用变化、森林与废物处理。能源领域包括能源工业、制造业、建筑业、交通运输业、房地产业等，还包括二氧化碳的运输和储存等。

2. 韩国通过立法推进“碳中和”目标落地

2021 年 12 月，韩国提交的 NDC 明确：2030 年温室气体排放量比 2018 年的水平减少 40%（原为 35%）。2020 年 12 月，韩国提出 2050 年“碳中和”目标。2021 年 5 月，韩国成立 2050 年“碳中和”委员会，该委员会负责审核“碳中和”相关政策。2021 年 9 月，韩国发布《应对气候危机的碳中和与绿色增长框架法》（以下简称《碳中和法》），该法包括气候影响评估、气候责任预算、排放交易计划（K-ETS）、应对气候变化的适应措施等。该法是韩国经济、社会转型的立法基础，将会推动韩国实现减排目标。

韩国将在电力、工业、建筑业、交通运输业、农业、废物处理等领域减少温室气体排放。韩国将大幅降低燃煤发电，老旧煤电厂将被关闭。将大力发展可再生能源，太阳能和风力发电将会大幅增加。韩国政府将推进提高可再生能源设施效率的研发工作，加大电网的投资。韩国还会重点推动排放密集型行业（即炼钢行业、石化行业和水泥行业）的低碳转型等。

（五）其他国家提出“碳中和”目标，促进清洁能源发展

澳大利亚、巴西、印度尼西亚、南非等国的 NDC 明确提出“碳中和”目标。俄罗斯、印度、阿根廷、墨西哥、沙特、土耳其等国的 NDC 未明确提出“碳中和”目标，但是通过官方渠道表态，提出“碳中和”目标。

① 2022 年 6 月，澳大利亚提交的 NDC 提出：2030 年温室气体排放量比 2005 年的水平减少 26%～28%。澳大利亚表示将努力实现 2030 年温室气体排放量比 2005 年的水平减少 30%～35%。澳大利亚将通过研究、开发、示范及与私营部门合作，降低清洁能源关键技术的成本，扩大清洁能源技术的可获得性，促进能源转型。

② 2022 年 4 月，巴西提交的 NDC 将 2060 年“碳中和”目标调整为 2050 年实现“碳中和”目标。2030 年温室气体排放量比 2005 年的水平减少 43%。2019 年可再生能源发电量占巴西总发电量的 83%、汽车燃料消耗的 46%、一次能源消费的 41%。水力发电基础设施占全国装机容量的 64%，这可以弥补风力发电间歇性和季节性的困境。太阳能和生物质资源占发电装机容量的 19%，将会继续快速增长。

③俄罗斯是世界上最大的几个石油和天然气生产国之一，是世界上第四大温室气体排放国。2021 年 10 月 13 日，俄罗斯总统普京表示，俄罗斯希望在 2060 年实现“碳中和”。2020 年 11 月，俄罗斯提交的 NDC 提出：2030 年温室气体排放量比 1990 年的水平减少 70%。

④印度是世界上第三大温室气体排放国。2021 年 11 月 1 日，印度总理莫迪在英

国格拉斯哥表示“到 2070 年，印度将实现碳排放净零目标”。莫迪还表示，到 2030 年，印度 50% 的电力来自可再生能源，2030 年将碳强度（即单位 GDP 的二氧化碳排放量）降低 45%（原为 35%）[①]。

⑤ 2021 年 9 月，南非提交的 NDC 表示：2020 年 9 月，南非发布的《低排放发展战略》（LEDS）中提出到 2050 年成为净零经济体的目标。2018 年起，南非修订了《国家气候变化法》（*The Climate Change Bill*），通过了《碳税法案》（*Carbon Tax Act*），为实现温室气体减排目标提供了保障。

二、“碳中和”目标下清洁能源发展的机遇及挑战

截至 2022 年 2 月，全球已有 136 个国家、116 个地区、234 个城市、683 家企业明确或计划提出“碳中和”目标[②]，“碳中和”目标已成为全球共识。G20 成员都明确或提出了“碳中和”目标，为能源转型、清洁能源发展扩大了发展空间。

（一）“碳中和”目标将会扩大清洁能源发展的空间

国际能源署提出，能源转型具有多重目标驱动，包括实现经济现代化和多样化，减少进口依赖和扩大能源空间，提高空气质量和应对气候变化。在“碳中和”目标下，G20 成员中的能源消费大国寻求进口能源类型与渠道的多元化，一些国家凭借资源禀赋致力于成为有吸引力的能源出口国，清洁能源格局正处于大幅调整、加速建构的状态。到 2030 年，欧盟温室气体排放量将在 1990 年的基础上减少 55%，欧盟到 2050 年实现“碳中和”。英国、美国、加拿大、日本、韩国、澳大利亚、巴西、墨西哥、阿根廷、南非、土耳其等国家承诺到 2050 年实现“碳中和”，中国、俄罗斯、沙特、印度尼西亚承诺将在 2060 年实现“碳中和”，印度承诺在 2070 年实现“碳中和”。沙特是世界上最大的石油出口国，其设定的“碳中和”目标对 G20 和世界其他能源生产国以及全球能源转型、清洁能源发展具有积极推动作用。

根据国际能源署预测，全球天然气需求至少在 2040 年前都将保持增长。在 2013—2020 年，欧盟投入 50 亿欧元资助了 41 个天然气项目的规划与建设，其中多数为跨国天然气管道和液化天然气接收终端。氢能是清洁的二次能源，欧盟、日本、韩国、澳大利亚、巴西、俄罗斯等纷纷表示将发展氢能经济。

---

① 印度意外宣布 2070 年实现碳中和，历史上履约纪录如何 .http：//baijiahao.baidu.com/s? id=1715396178988877877&wfr=spider&for=pc.

② https：//zerotracker.net/。

（二）清洁能源发展面临的主要挑战

世界短期内还无法摆脱对传统能源的高度依赖，同时面临日益严峻的资源制约、气候变化等可持续挑战。世界很多国家仍处于能源供应不稳定、基础设施不完善、环境质量持续恶化以及能源服务无法满足可持续发展的困境。

能源资源在全球分布、生产及消费的巨大移位与不均衡状态使全球能源市场主体划分为消费国和生产国。全球疫情蔓延尚未得到有效控制，近日乌克兰冲突加剧，可能会导致全球能源价格上涨或能源供应短缺的问题，对全球经济复苏将会产生严重影响。全球经济增长的不确定性与增长模式的分化将重塑增长前景，全球能源格局进一步分化重组，能源消费国群体之间和生产国群体之间及其相互之间的博弈将会出现新态势。

《全球能源转型：2050 年路线图》报告指出，能源转型将创造新的能源领导者，一些对可再生能源技术进行大量投资的国家的影响力将得以增强，而化石燃料出口国的全球影响力可能会下降。在机遇与挑战并存的情况下，G20 成员都希望把握“碳中和”契机，通过能源转型，发展清洁能源，推动构建新的全球气候治理体系。

三、“碳中和”目标下推进清洁能源的政策建议

（一）加强气候变化领域国际合作，共同推进清洁能源发展

中国作为世界第二大经济体和最大的几个能源进口国之一，在全球能源市场供需格局中的影响力将进一步扩大，与全球各能源治理主体及重大议题的联系日益增强，国际期待与压力均不断上升。中国应加强与欧盟、美国、日本等 G20 成员以及国际能源署、国际可再生能源署等国际组织的合作，加大对清洁能源、节能、储能和碳移除技术的投资，加大对清洁能源的研究开发和使用，提高清洁能源的装机容量，扩大可再生能源发电规模，促进向智能电气化转型，共同推动全球能源结构转型。

（二）借鉴国际上“碳中和”立法经验，推进我国应对气候变化立法工作

一个国家要实现“碳达峰”和“碳中和”目标必然要经历复杂的立法、制度、技术、市场、经济及能源转型过程。欧盟、英国、德国、法国、加拿大、日本、韩国等通过应对气候变化的专项法律，明确了“碳中和”目标，并努力推进全球清洁能源发展。为实现“双碳”目标，中国应在国家层面修订《中华人民共和国可再生

能源法》及制订《中华人民共和国应对气候变化法》时，将中国作为《巴黎协定》缔约方所应承担的国际履约义务、“双碳”目标纳入立法程序，通过法律的强制力保障“双碳”目标的落实。

（三）积极与“一带一路”沿线国家开展清洁能源领域的合作与交流

“一带一路”沿线国家多为生态脆弱和气候适应能力较低的发展中国家，都面临着向低碳经济转型的共同压力，但是一些国家拥有丰富的可再生能源资源，如水能、太阳能、风能、地热能及生物质能等。目前，很多沿线国家提出“碳中和”目标和清洁能源发展目标，为绿色“一带一路”建设和清洁能源领域交流与合作提供了重要契机。但“一带一路”沿线国家普遍存在资金、技术不足等问题，中国有关部门应推进并创新与各国政府、企业、金融机构、研究机构等利益攸关方的合作模式，积极发挥“一带一路”绿色发展国际联盟、生态环保大数据服务平台作用，加大中国清洁能源领域成就的宣传力度，帮助“一带一路”沿线国家获得清洁能源技术、设备的信息，扩大中国的影响力。

参考文献

郭欣，2021. 德国能源转型中高比例可再生能源的市场设计［R/OL］.（2021-12-07）http：//news.sohu.com/a/506257076_823256.

张剑智，陈明，孙丹妮，等，2021. 欧洲碳中和愿景实施举措及对我国的启示［M］// 谢伏战，庄国泰 . 应对气候变化报告（2021）. 北京：社会科学文献出版社：375-387.

张剑智，张泽怡，温源远，2021. 德国推进气候治理的战略、目标及影响［J］. 环境保护，49（10）：65-68.

朱法华，徐静鑫，潘超，等，2022. 煤电在碳中和目标实现中的机遇与挑战［J］. 全球电力科技与环保，38（2）：79-86.

“双碳”目标下工业园区固废处置与资源化领域减污降碳路径研究及建议

费伟良　唐艳冬　张晓岚　崔　皓[①]　陈　扬[①]

2022年6月，生态环境部、国家发展和改革委员会等7部委联合印发《减污降碳协同增效实施方案》，对开展工业园区减污降碳协同创新及推进固体废物（以下简称“固废”）污染防治协同控制等工作提出明确要求。

作为工业和产业集聚的重要载体，工业园区存在固废产量大、综合碳排放高等问题，因此工业园区固废处置与资源化对减污降碳协同增效具有重要意义。本文将围绕我国工业园区固废的产废特征与现状，对工业园区固废处置与资源化减污降碳路径进行分析，并提出相关对策建议，助力推进工业园区减污降碳协同增效。

一、我国工业园区固废处置与资源化现有政策分析

近年来围绕工业固废处置与资源化利用，我国出台了40余项政策（详见附录），概要如下。

一是新修订的《中华人民共和国固体废物污染环境防治法》完善了工业固废污染防治制度，强化了产生者责任，为工业园区固废管理提供了法律保障。2022年6月，工业固废纳入排污许可管理，有效衔接现行工业固废环境管理制度，支撑构建以排污许可制度为核心的固定污染源监管制度体系，促进落实企业环境管理主体责任，强化固废依证监管执法，提高工业园区固废环境管理效能。

二是国家高度重视以煤矸石、粉煤灰、尾矿、冶炼渣等为重点的工业园区大宗固废处理处置，强调资源化利用是主要手段，推动大宗工业固废综合利用率提升、历史存量有序下降。

三是国家高度重视危险废物（以下简称“危废”）污染管控，要求全面提升危险废物环境监管能力、利用处置能力和环境风险防范能力，技术导向由焚烧、填埋等综合高碳排放技术向循环利用、资源再生等综合低碳排放技术转变。

---

① 中国科学院大学。

四是鼓励利用大数据、互联网等现代化信息技术，推动建立“互联网＋大宗固废”综合利用信息管理系统，推动对工业园区固废产生、收集、贮存、转移、利用处置的全链条监管。

五是工业园区固废领域相关碳排放底数摸排、减污降碳技术改造及协同度评价等工作缺乏技术政策指导文件。

二、我国工业园区固废处置与资源化现状分析

（一）工业园区固废类型

本文将重点分析工业园区主导产业产生的固废以及节能环保配套基础设施产生的衍生固废，对生活垃圾、建筑垃圾等其他废物不做重点阐述。

1. 工业园区主导产业固废

目前，我国产量较大、污染性强、管理及处置困难的工业园区主导产业固废主要类别如下：①重工业大宗固废：主要包括有色冶金工业产生的尾矿、冶炼渣、赤泥、锰渣等；涉煤工业（火电厂、洗煤厂、煤化工等）产生的粉煤灰、煤矸石、气化渣及液化渣等；钢铁工业产生的钢渣、矿渣等。②化工危险废物：主要包括废盐、油泥及矿物油、废弃含重金属的危险废物及其他危险废物。③小微源危险废物：主要包括机械加工制造业产生的废机油、废削切液等，精细化工产生的废催化剂、危废包装、废弃化学品等，以及各种工业园区实验室危险废物。④其他固废：主要包括食品加工业产生的残渣等易腐烂固废，建材石材工业产生的废石粉、碎屑、混凝土块等，以及其他工业产生的各种固废。

2. 工业园区节能环保配套设施衍生固废

节能环保配套设施产生的固废主要指工业园区污水处理厂和固（危）废处理设施等产生的衍生固废，主要包括：①污水处理污泥：主要包括含重金属污泥、含油污泥、含氟污泥、印染污泥、有毒污泥以及可以认定为一般工业固废的污泥。②副产石膏：主要包括园区废气处理产生的脱硫石膏、钛白粉生产的副产物钛石膏、磷肥工业产生的磷石膏等。③园区配套危废焚烧设施产生的飞灰及底渣。④园区各类工业及焚烧设施产生的废活性炭及其他固废。

（二）工业园区固废产废特征及现状分析

1. 工业园区固废产量大、产废增速下降

如图 1 所示，2011—2019 年，我国大宗工业固废年产量均超过 30 亿 t，其中尾

矿与冶炼渣约占 50%，煤矸石与粉煤灰约占 35%（见表 1）。

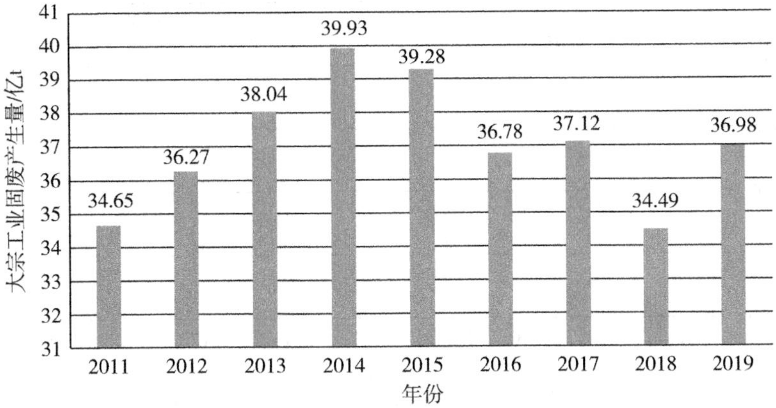

图 1　2011—2019 年我国大宗工业固废产生量统计

资料来源：《2019—2020 年中国大宗工业固体废物综合利用产业发展报告》。

表 1　2019 年我国各类大宗工业固废产生利用情况统计

种类	产生量 / 亿 t	占比 /%	利用量 / 亿 t	利用率 /%
尾矿	12.72	34.39	4.13	32.47
赤泥	1.05	2.84	0.08	7.62
冶炼渣	6.64	17.85	5.14	77.41
石材行业固废	0.50	1.35	0.35	70.00
煤矸石	6.76	18.28	4.70	69.53
粉煤灰	6.37	17.31	4.91	77.08
工业副产石膏	2.26	6.11	1.15	50.88
电解锰渣	0.12	0.32	0.01	8.33
煤气化渣	0.25	0.68	0.02	8.00
电石渣	0.32	0.87	0.29	90.63
总计	36.98	100.00	20.78	56.19

数据来源：《2019—2020 年中国大宗工业固体废物综合利用产业发展报告》。

如图 2 所示，我国大宗工业固废整体利用率呈上升趋势，产量总体呈下降趋势。每年都有新增固废因无法被利用而长期堆存，当前我国堆存的工业固废总量已超过 600 亿 t。工业固废长期堆存，一方面占用大量土地资源，造成周边环境污染隐患；另一方面，固废堆场的建设和维护、固废运输等过程均产生了巨大的资源浪费与综合碳排放。

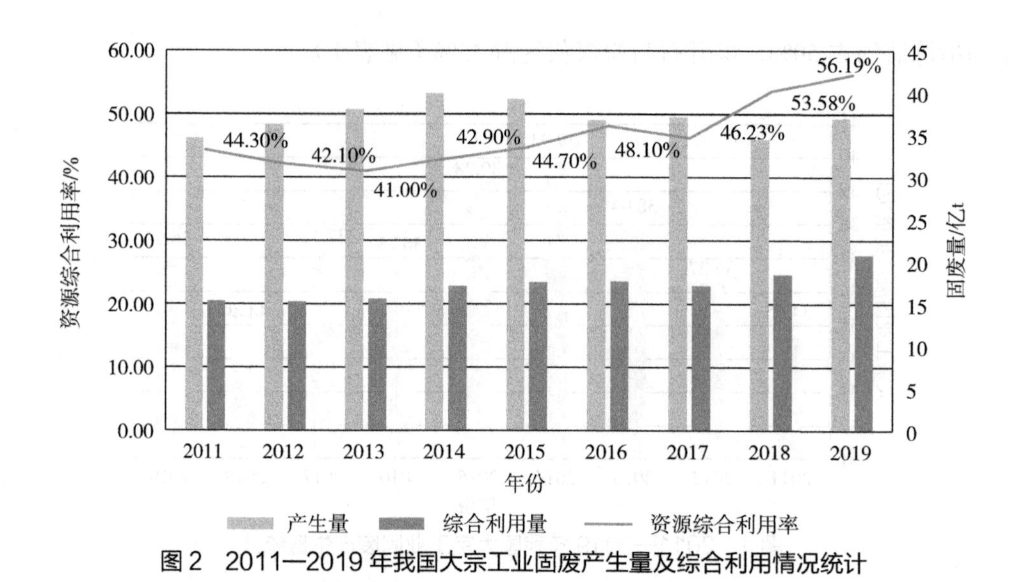

图2 2011—2019 年我国大宗工业固废产生量及综合利用情况统计

资料来源：《2019—2020 年中国大宗工业固体废物综合利用产业发展报告》。

2. 宏观层面园区固废种类众多，单个园区固废种类趋同

宏观上，工业园区涉及的固废种类繁多，但产业聚集效应导致单个园区众多企业产生的固废种类及特征趋同。一方面有利于固废集中处置与综合利用，在配套建设集中处置设施的同时，方便园区进行统一监管；另一方面，若部分工业园区规模过大、产业过于单一，可能导致新增固废无法得到有效处置或消纳。

3. 工业园区固废资源属性行业及区域差异大

如表 1 所示，赤泥、煤气化渣、电解锰渣为代表的难利用大宗工业固废因其资源属性差、处理成本高，综合利用率尚不足 10%，成为相关产业绿色低碳发展的“卡脖子”问题。即便是资源属性较高的粉煤灰、煤矸石等工业固废，因受到工业园区周边城市综合利用产品消费能力的限制，也会造成发达地区供不应求、边远地区固废围城的“区域资源错配”等现象。

4. 部分工业园区危险废物环境风险较高

受园区自身管理水平、主导行业盈利能力、危险废物处置及资源化技术发展水平等因素的制约，存在部分园区危险废物管理底数不清和监管能力薄弱、企业难以承担危险废物（电解铝灰、黄金冶炼氰化渣等）处置费用、部分特种危废（废盐、废酸、飞灰等）处理处置及资源化技术不成熟、部分危险废物长距离跨省运输等问题，导致工业园区危险废物非法处置事件频发。此外，工业园区普遍存在的废机油、废催化剂、实验室危废、废电池等小微源危废因其分布广、种类多、产量小、收集困难等特点，逐渐成为企业发展痛点和园区监管难点。除部分资源属性较高的危险废物被综合利用以外，危险废物处理处置以填埋及焚烧为主，一方面存在大气及地下水二次污染隐患，另一方面焚烧设施及填埋场建设维护都会产生大量综合能耗与温室气体。

5. 园区节能环保基础设施产生的衍生固废处置困难

工业园区节能环保基础设施普遍面临二次衍生固废处置的压力。一方面，部分园区在污水处理及危险废物焚烧等环保基础设施前期规划投资阶段对衍生固废处置成本估计不足，难以保障后续衍生固废处理处置费用；另一方面，特种污泥（含重金属污泥、含油污泥、含氟污泥等）、工业副产石膏（脱硫石膏、磷石膏、钛石膏等）、废气处理废活性炭等的处置及资源化技术不成熟也会导致衍生固废大量堆存的现象。

三、工业园区固废处置与资源化减污降碳路径分析

我国工业园区一般按照“统一规划、统一征地、统一管理、统一建设基础设施、统一环境质量和污染排放标准”进行规划、建设、运营及管理，在优化产业空间布局、调整产业链结构、实现污染物及碳排放有效监管等方面具有优势。

结合上述研究与分析，本文将针对工业园区目前存在的工业固废产量大、资源化利用率低、危险废物环境风险较高、衍生固废处置困难、监管体系有待完善等问题，以固废处置及资源化的减污降碳协同增效为目标，提出路径措施，并结合典型案例进行减污降碳效益分析。

（一）源头减量与清洁生产

推进源头减量与清洁生产是实现工业园区固废领域减污降碳的根本途径。具体途径包括：一是针对园区主要产废企业，通过规划及环评、“以渣定产”要求、排污许可证管理制度等管理手段，使企业重视固废减污降碳工作；二是通过使用新能源代替园区部分自备火电能源，降低粉煤灰等固废的产量，减少大气污染物及碳排放；三是利用“无废工艺”，构建绿色设计、绿色化工、绿色交通、绿色产品新模式，采用先进技术及优质原料，实现单位产品固废产量及综合能耗的根本性降低；四是推进园区重点固废产生企业清洁生产改造，降低贯穿生产全过程和产品全生命周期的固废量与综合碳排放。

以固废产量巨大的钢铁行业为例，近年来国家大力推动钢铁企业退城入园，由此带来了通过技术改造以及优化上下游产业链实现钢铁行业减污降碳的历史机遇。与长流程炼钢相比，短流程炼钢无须矿石研磨、磁力分选、成球烧结等环节，极大

降低了综合能耗，并大量减少了钢渣等固废的产生。《废钢铁产业“十三五”发展规划》数据显示，短流程炼钢比长流程炼钢每吨产品减少 1.6 t 二氧化碳排放、3 t 固废产量。按照相关规划，我国短流程炼钢比例将由当前的 10% 提高到 2025 年的 15%，预计可以减少二氧化碳排放量 7 000 万 t，降低固废产量 1.5 亿 t。

（二）工业固废资源利用或替代原材料

工业固废资源利用或替代原材料是实现资源属性较高的工业园区大宗固废增量减少、存量有序降低的有效手段。具体途径包括：一是利用政策引导，通过保护生态环境、禁止砂石开采，激发工业园区周边地区对大宗固废综合利用产品的市场需求；二是利用绿色建材、混凝土掺合料、高附加值利用等技术，推进粉煤灰、煤矸石、尾矿、冶炼渣、脱硫石膏等工业园区大宗固废的综合利用；三是通过就近建厂、优化产业布局，实现赤泥、磷石膏、锰渣等难利用工业园区固废的原位矿山修复与尾矿填充利用；四是利用智能收集溯源技术以及绿色低碳熔炼技术进行金属再生利用，减少铅、铜、铝等原生金属产生的固废及能耗。

以徐州丰县大宗固废综合利用示范基地为例，抓住徐州市作为资源枯竭型城市建设“无废城市”契机，针对当地工业园区大宗固废，建设了绿色建材产业园。该园区通过建材化原料替代生产混凝土掺合料、绿色水泥、节能保温材料、绿色建材等产品，每年约可消纳工业固废 191 万 t（煤矸石 60 万 t、粉煤灰 45 万 t、尾矿 14 万 t、冶炼渣 15 万 t、脱硫石膏 15 万 t、工业污泥 42 万 t）；通过固废原料替代、煤矸石能源利用、节能降碳改造等手段，年固废降碳量可达 830 万 t。

（三）园区内固废循环经济产业链构建

根据中国循环经济协会发布的《循环经济助力碳达峰研究报告》，“十三五”时期，发展循环经济及固废综合利用对我国碳减排的综合贡献率达 25%。“十四五”时期，相关贡献将进一步凸显。构建园区内固废循环经济产业链的具体途径包括：一是通过清洁生产改造，实现单个企业内原材料高效利用以及工业副产物深加工利用；二是通过产业链上下游延伸，构建园区内企业间原料替代及固废循环利用；三是以园区内企业群为对象，考虑要素配置、物质代谢和能源梯级利用情况，构建园区内固废循环经济产业链；四是挖掘园区内工业窑炉潜力，实现园区内固（危）废协同处置，并利用余热回用技术增加处置收益与降碳效益；五是建设绿色交通、绿色物流、智能仓储等园区配套设施，增强固废综合利用产品市场竞争力。

以宁波石化经济技术开发区为例，因其固废产量大、种类多、管理难度高，所以园区进行了“无废园区”循环化改造。园区内多家龙头企业内部配套建设了废催化剂再生、废碱液及废渣减量化项目；园区相继引进了废催化剂再生、高浓度有机废水综合利用、废矿物油综合利用、一般工业污泥制陶粒等项目，打通了企业间的能源系统优化和梯级利用、水资源高效循环利用、废物综合利用。园区一般工业固废处置利用能力基本满足园区内的需求；危险废物无害化处置率达100%，90%以上的固废实现了内部无害化处置利用。

（四）危险废物精细化管理

如前所述，危险废物目前仍存在管理尚需完善、处置方法简单、综合利用率不高、特种危废难以处置、综合碳排放较高等问题。因此，危险废物精细化管理就显得尤为重要。危险废物精细化管理技术路线如图3所示，具体途径如下：一是健全危险废物管理制度，全面提升“三个能力”；二是完善危险废物产生、贮存、收集、处置或利用全过程的智能化监管平台；三是通过危险废物鉴别及第三方评估，构建工业园区内及园区间危险废物定向“点对点”综合利用途径；四是利用“互联网+智慧溯源”技术建立收运体系，实现小微源危险废物产生、暂存、收运、处置实时预警、全程监控及应收尽收。

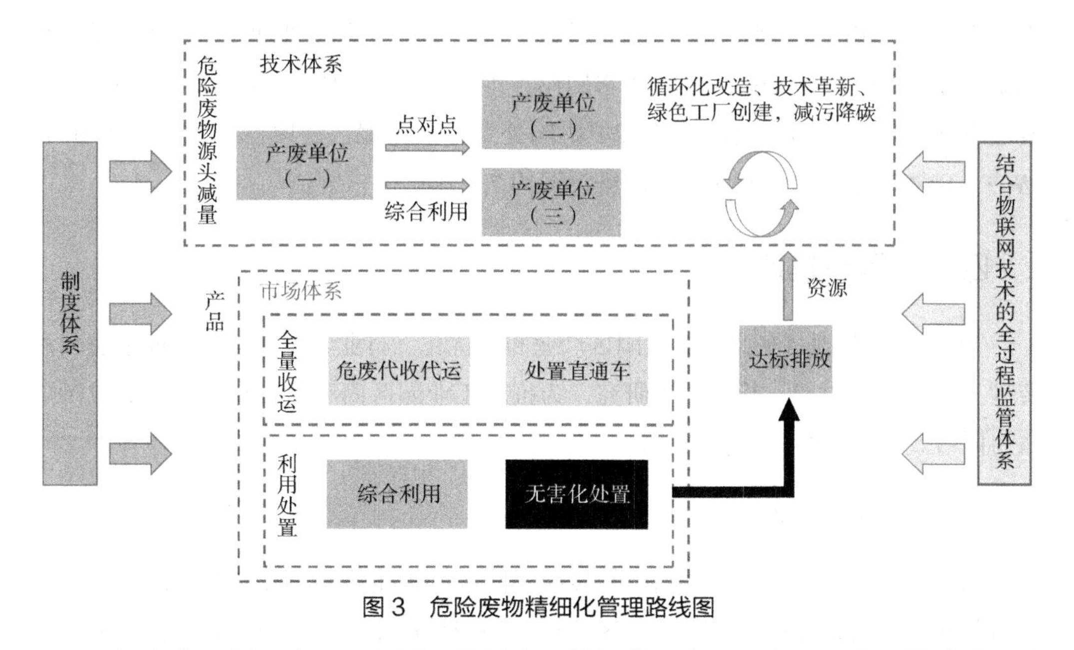

图3　危险废物精细化管理路线图

以绍兴市为例，当地工业园区数量多，精细化工产生的废酸、废盐等难处置的危废以及大量小微企业产生的废机油、废削切液、废活性炭、实验室危废等带来巨大环保压力。绍兴市通过建立危险废物“代收代运+直营车”模式，实现20多个工业园区小微企业危险废物的收运全覆盖，并通过危险废物鉴别、危险废物管理计划审批及强化危险废物联单等制度，实现了园区内及园区间危废综合利用，2020 年共计有 27.67 万 t（1.8 万 t 废盐溶液、5 万 t 酯化反应残渣、20.87 万 t 废酸）危废实现定向“点对点”利用。

（五）工业园区衍生固废减量及资源化

工业园区衍生固废的无害化、减量化、资源化是提升园区节能环保基础设施绿色低碳发展水平的重要内容。具体途径如下：一是通过提高工业园区污水接管标准，推行节水及固废利用技术，实现衍生固废源头减量；二是通过清洁生产技改，降低污水处理厂甲烷等温室气体和污泥的产量，减少焚烧设施飞灰及底渣产量，降低工业副产石膏产量；三是利用园区内各种工业窑炉协同处置污泥、废活性炭、飞灰及底渣等衍生固废；四是对于脱硫石膏等具有一定资源属性的衍生固废，利用建材化技术进行综合利用，对于难利用的磷石膏及钛石膏等，采用尾矿填充等技术进行处置。

以广东省汕头市潮南区纺织印染环保工业园区为例，配套污水处理厂产生的印染污泥是园区主要固废，含有大量的化学残留物，内部含水量高、难以脱水，处理处置难度大。园区以污水处理厂建设为核心，利用高效生化水处理技术，实现了废水稳定达标和 50% 比例的高标准再生水回用，年减少废水排放约 2 400 万 t；同时，配套建设热电联产项目，利用工业窑炉协同处置印染污泥，该项目日发电量为 60 万 kW · h（含其他燃料），每年消纳印染污泥约 7.5 万 t。

四、对策与建议

“十四五”时期将是我国工业园区产业布局优化、行业转型升级、全面推进减污降碳工作的关键时期。基于上述研究，为推动工业园区固废处置与资源化的减污降碳协同增效，提出如下对策与建议。

（一）推动工业园区固废源头减量

源头减量是实现工业园区固废领域减污降碳的根本途径。建议在管理层面，强化对新建园区规划环评以及已有园区后环评的调控作用，对入园企业项目加强单位产品固废产量的要求；在技术层面，开展重点企业绿色改造，鼓励绿色设计、绿色制造来推动固废产生过程自消纳，减少单位产品固废产生量。

（二）构建工业园区绿色低碳循环经济产业链

构建循环经济产业链是实现工业园区固废领域减污降碳的关键手段。建议在技术层面，以工业固废源头减污降碳、技术装备不断提升、园区产业联产联动为切入点，构建以固废共享消纳、集成控制、转化利用为核心的生态链接技术发展模式，实现固废利用的全流程管理；在管理层面，强化危险废物鉴别及溯源管理作用，打通园区内及园区间企业危险废物“点对点”综合利用。

（三）注重园区配套设施衍生固废处置及综合利用

工业园区配套节能环保基础设施是整个园区减污降碳的保障手段，建议重视相关衍生固废的减量化与资源化。在管理层面，理顺排污单位与节能环保设施运营单位的职责划分，加强对园区节能环保基础设施运行单位的监管与指导；在技术层面，创新清洁生产工艺，实现污水处理污泥、焚烧灰渣、工业副产石膏的减量化，并将节能环保设施纳入园区循环经济产业链。

（四）完善相关碳排放核算方法，建设智能管控平台

目前，工业园区固废领域尚缺乏相关的碳排放核算方法，建议结合产品全生命周期及碳足迹研究方法，制定相关技术规范与标准，作为固废源头减量、综合利用降碳效益的核算依据。构建包含工业园区历史遗留固（危）废问题、企业暂存情况、尾矿库、固废堆场等信息的数据库，并基于园区数字化环保监管平台建设工作，完善工业固（危）废智能管控及可视化模块建设，实现工业园区固废全流程碳足迹核算及污染管控。

（五）完善技术、标准、政策体系，开展试点示范

技术创新是助力工业园区固废减污降碳的重要手段，建议鼓励清洁生产、源头减量、固（危）废综合利用、危险废物精细化管理、衍生固废处置与资源化等方面的技术研究，建立工业园区固废减污降碳协同度评价指标体系，并出台相关政策与标准体系以引导产业转型升级，并开展工业园区固废减污降碳试点示范，最终形成可复制、可推广的固废减污降碳绿色高质量发展模式。

附录　工业园区固废处置与资源化利用现有政策

表 1　重要指导文件

序号	时间	政策名称	要点分析
1	2022 年 6 月	《减污降碳协同增效实施方案》	①推进固体废物污染防治协同控制。 ②开展产业园区减污降碳协同创新
2	2022 年 2 月	《关于加快推进城镇环境基础设施建设的指导意见》	①强调工业园区工业固体废物处置及综合利用设施建设，强化建筑垃圾精细化分类及资源化利用，着重健全区域性再生资源回收利用体系。 ②开展 100 个大宗固体废弃物综合利用示范，提出新增大宗固体废物综合利用率达到 60% 的发展目标
3	2021 年 12 月	《“十四五”节能减排综合工作方案》	引导工业企业向园区集聚，推动工业园区能源系统整体优化和污染综合整治，鼓励工业企业、园区优先利用可再生能源。以省级以上工业园区为重点，加强一般固体废物、危险废物集中贮存和处置，推动挥发性有机物、电镀废水及特征污染物集中治理等“绿岛”项目建设。到 2025 年，建成一批节能环保示范园区
4	2021 年 12 月	《“十四五”时期“无废城市”建设工作方案》	推动 100 个左右地级及以上城市开展“无废城市”建设，到 2025 年，“无废城市”固体废物产生强度较快下降，综合利用水平显著提升，无害化处置能力有效保障，减污降碳协同增效作用充分发挥，基本实现固体废物管理信息“一张网”，“无废”理念得到广泛认同，固体废物治理体系和治理能力得到明显提升
5	2021 年 11 月	《中共中央　国务院关于深入打好污染防治攻坚战的意见》	①到 2025 年，固体废物和新污染物治理能力明显增强，生态系统质量和稳定性持续提升，生态环境治理体系更加完善，生态文明建设实现新进步。 ②持续开展工业园区污染治理、“三磷”行业整治等专项行动。 ③开展涉危险废物涉重金属企业、化工园区等重点领域环境风险调查评估
6	2021 年 7 月	《“十四五”循环经济发展规划》	①强化重点行业清洁生产，探索开展区域、工业园区和行业清洁生产整体审核试点示范工作。 ②推进园区循环发展。 ③加强资源综合利用，进一步拓宽粉煤灰、煤矸石、冶金渣、工业副产石膏、建筑垃圾等大宗固废综合利用渠道，扩大在生态修复、绿色开采、绿色建材、交通工程等领域的利用规模。加强赤泥、磷石膏、电解锰渣、钢渣等复杂难用工业固废规模化利用技术研发

续表

序号	时间	政策名称	要点分析
7	2021 年 3 月	《关于“十四五”大宗固体废弃物综合利用的指导意见》	到 2025 年，煤矸石、粉煤灰、尾矿（共伴生矿）、冶炼渣、工业副产石膏、建筑垃圾、农作物秸秆等大宗固废的综合利用能力显著提升，利用规模不断扩大，新增大宗固废综合利用率达到 60%，存量大宗固废有序减少。大宗固废综合利用水平不断提高，综合利用产业体系不断完善；关键瓶颈技术取得突破，大宗固废综合利用技术创新体系逐步建立；政策法规、标准和统计体系逐步健全，大宗固废综合利用制度基本完善；产业间融合共生、区域间协同发展模式不断创新；集约高效的产业基地和骨干企业示范引领作用显著增强，大宗固废综合利用产业高质量发展新格局基本形成
8	2021 年 2 月	《关于加快建立健全绿色低碳循环发展经济体系的指导意见》	①到 2025 年，产业结构、能源结构、运输结构明显优化，绿色产业比重显著提升，基础设施绿色化水平不断提高，清洁生产水平持续提高，生产生活方式绿色转型成效显著，主要污染物排放总量持续减少，碳排放强度明显降低，生态环境持续改善。 ②建设资源综合利用基地，促进工业固体废物综合利用，全面推行清洁生产，依法在“双超双有高耗能”行业实施强制性清洁生产审核，加快实施排污许可制度，加强工业生产过程中危险废物管理

表 2　近年关于大宗固废处置与资源化的主要文件

序号	时间	政策名称	要点分析
1	2021 年 7 月	《“十四五”循环经济发展规划》	大力发展循环经济，推进资源节约集约循环利用，构建资源循环型产业体系和废旧物资循环利用体系，对保障国家资源安全，推动实现碳达峰、碳中和，促进生态文明建设具有重大意义
2	2021 年 5 月	《关于开展大宗固体废弃物综合利用示范的通知》	目标到 2025 年，建设 50 个大宗固废综合利用示范基地，示范基地大宗固废综合利用率达到 75% 以上，对区域降碳支撑能力显著增强；培育 50 家综合利用骨干企业，实施示范引领行动，形成较强的创新引领、产业带动和降碳示范效应
3	2021 年 3 月	《关于“十四五”大宗固体废弃物综合利用的指导意见》	到 2025 年，煤矸石、粉煤灰、尾矿（共伴生矿）、冶炼渣、工业副产石膏、建筑垃圾、农作物秸秆等大宗固废的综合利用能力显著提升，利用规模不断扩大，新增大宗固废综合利用率达到 60%，存量大宗固废有序减少。大宗固废综合利用水平不断提高，综合利用产业体系不断完善；关键瓶颈技术取得突破，大宗固废综合利用技术创新体系逐步建立；政策法规、标准和统计体系逐步健全，大宗固废综合利用制度基本完善；产业间融合共生、区域间协同发展模式不断创新；集约高效的产业基地和骨干企业示范引领作用显著增强，大宗固废综合利用产业高质量发展新格局基本形成

续表

序号	时间	政策名称	要点分析
4	2020年3月	《关于促进砂石行业健康有序发展的指导意见》	鼓励利用建筑拆除垃圾等固废资源生产砂石替代材料，清理不合理的区域限制措施，增加再生砂石供给
5	2019年11月	《再生资源回收管理办法（2019修正）》	明确规定再生资源回收企业的经营规则，明确监管职责与责罚
6	2019年10月	《财政部　税务总局关于资源综合利用增值税政策的公告》	纳税人销售自产磷石膏资源综合利用产品，可享受增值税即征即退政策，退税比例为70%
7	2019年3月	《工业和信息化部办公厅　国家开发银行办公厅关于加快推进工业节能与绿色发展的通知》	①在钢铁等行业实施超低排放改造，从源头削减固体废物产生。 ②支持实施大宗工业固废综合利用项目。重点推动长江经济带磷石膏、冶炼渣、尾矿等工业固体废物综合利用
8	2018年7月	《工业和信息化部关于印发坚决打好工业和通信业污染防治攻坚战三年行动计划的通知》	建设一批工业资源综合利用基地，大力推进长江经济带磷石膏、冶炼渣、尾矿等工业固体废物综合利用。力争到2020年全国工业固体废物综合利用率达到73%，主要再生资源回收利用量达到3.5亿t
9	2018年6月	《中共中央　国务院关于全面加强生态环境保护　坚决打好污染防治攻坚战的意见》	大力发展节能环保产业、清洁生产产业、清洁能源产业，加强科技创新引领，着力引导绿色消费，大力提高节能、环保、资源循环利用等绿色产业技术装备水平，培育发展一批骨干企业。大力发展节能和环境服务业，推行合同能源管理、合同节水管理，积极探索区域环境托管服务等新模式
10	2018年5月	《国家工业固体废物资源综合利用产品目录》	该目录中界定了粉煤灰等六大类工业固体废物种类、80余种综合利用产品大品类。其中，在粉煤灰综合利用产品类别中对粉煤灰超细粉、矿物掺合料、水泥、水泥熟料、砖瓦、砌块、陶粒制品、板材、管材（管桩）、混凝土、矿物掺合料、砂浆、井盖、防火材料、耐火材料（镁铬砖除外）、保温材料、微晶材料、氧化铁、氧化铝等产品都进行详细阐述，展示了相关产品合规标准法规目录
11	2018年5月	《工业固体废物资源综合利用评价管理暂行办法》	指出省级工业和信息化主管部门负责监督管理本辖区工业固体废物资源综合利用评价工作，依据该办法制定实施细则

表 3　近年关于危险废物鉴别及管理的主要政策文件

序号	时间	政策名称	要点分析
1	2021 年 5 月	《国务院办公厅关于印发〈强化危险废物监管和利用处置能力改革实施方案〉的通知》	①到 2022 年底，危险废物监管体制机制进一步完善，建立安全监管与环境监管联动机制。 ②到 2025 年底，建立健全源头严防、过程严管、后果严惩的危险废物监管体系。危险废物利用处置能力充分保障，技术和运营水平进一步提升
2	2021 年 5 月	《涉危险废物污染环境犯罪案件办案指南》	积极强化与公安机关、检察机关、审判机关的沟通协作，持续深化生态环境保护行政执法与刑事司法衔接
3	2021 年 5 月	《关于加强自由贸易试验区生态环境保护　推动高质量发展的指导意见》	健全危险废物收运体系，提升小微企业危险废物收集转运能力
4	2021 年 2 月	《国务院关于加快建立健全绿色低碳循环发展经济体系的指导意见》	加强工业生产过程中危险废物管理
5	2021 年 9 月	《关于加强危险废物鉴别工作的通知》	加强危险废物鉴别环境管理工作，规范危险废物鉴别单位管理
6	2020 年 12 月	《关于进一步推进危险废物环境管理信息化有关工作的通知》	全面应用固体废物管理信息系统开展危险废物管理计划备案和产生情况申报、危险废物电子转移联单运行和跨省转移商请、持危险废物许可证单位年报报送、危险废物出口核准等工作，有序推进危险废物产生、收集、贮存、转移、利用、处置等全过程监控和信息化追溯
7	2020 年 11 月	《国家危险废物名录（2021 年版）》	对各个行业产生的危险废物进行识别和归纳。鼓励协同处置与“点对点”循环利用，提升“精准治污、科学治污、依法治污”水平，对风险较小的部分危废实施豁免管理
8	2021 年 9 月	《危险废物转移环境管理办法》	危险废物转移实行就近原则。危险废物利用以市场化为主，不得对以利用为目的的危险废物转移设置限制性行政壁垒
9	2020 年 4 月	《医疗废物集中处置设施能力建设实施方案》	争取 1～2 年内尽快实现大城市、特大城市具备充足应急处理能力；每个地级以上城市至少建成 1 个符合运行要求的医疗废物集中处置设施；每个县（市）都建成医疗废物收集转运处置体系，实现县级以上医疗废物全收集、全处理，并逐步覆盖到建制镇，争取农村地区医疗废物得到规范处置
10	2019 年 10 月	《关于提升危险废物环境监管能力、利用处置能力和环境风险防范能力的指导意见》	到 2025 年年底，建立健全“源头严防、过程严管、后果严惩”的危险废物环境监管体系；各省（区、市）危险废物利用处置能力与实际需求基本匹配，全国危险废物利用处置能力与实际需要总体平衡，布局趋于合理；危险废物环境风险防范能力显著提升，危险废物非法转移倾倒案件高发态势得到有效遏制。其中，2020 年年底前，长三角地区（包括上海市、江苏省、浙江省）及“无废城市”建设试点城市率先实现；2022 年年底前，珠三角、京津冀和长江经济带其他地区提前实现

续表

序号	时间	政策名称	要点分析
11	2019年9月	《关于开展危险废物专项治理工作的通知》	要求2019年年底前，在全国范围内排查化工园区、重点行业危险废物产生单位、所有危险废物经营单位的危险废物环境风险，消除环境风险隐患
12	2019年8月	《关于发布〈排污许可证申请与核发技术规范 危险废物焚烧〉国家环境保护标准的公告》	完善排污许可技术支撑体系，指导和规范危险废物焚烧排污单位排污许可证申请与核发工作
13	2014年8月	《废烟气脱硝催化剂危险废物经营许可证审查指南》	进一步规范废烟气脱硝催化剂（钒钛系）危险废物经营许可审批工作，提升废烟气脱硝催化剂（钒钛系）再生、利用的整体水平

表4 我国工业园区低碳发展相关重要文件

序号	时间	政策名称	要点分析
1	2021年12月	《国家发展改革委办公厅 工业和信息化部办公厅关于做好“十四五”园区循环化改造工作有关事项的通知》	到2025年底，具备条件的省级以上园区（包括经济技术开发区、高新技术产业开发区、出口加工区等各类产业园区）全部实施循环化改造，显著提升园区绿色低碳循环发展水平。通过循环化改造，实现园区的能源、水、土地等资源利用效率大幅提升，二氧化碳、固体废物、废水、主要大气污染物排放量大幅降低
2	2021年9月	《关于推进国家生态工业示范园区碳达峰碳中和相关工作的通知》	将碳达峰、碳中和作为国家生态工业园区的建设重要内容，分阶段、有步骤推动示范园区先于全社会实现碳达峰、碳中和
3	2021年2月	《国家高新区绿色发展专项行动实施方案》	在国家高新区率先实现联合国2030可持续发展议程、工业废水近零排放、碳达峰、园区绿色发展治理能力现代化等目标，部分高新区实现碳中和
4	2021年1月	《关于统筹和加强应对气候变化与生态环境保护相关工作的指导意见》	到2030年前，应对气候变化与生态环境保护相关工作整体合力充分发挥，生态环境治理体系和治理能力稳步提升，为实现二氧化碳排放达峰目标与碳中和愿景提供支撑，助力美丽中国建设
5	2020年9月	《关于推荐生态环境导向的开发模式试点项目的通知》	开展EOD模式试点，探索将生态环境治理项目与资源、产业开发项目有效融合
6	2020年7月	《国家发展改革委办公厅关于组织开展绿色产业示范基地建设的通知》	搭建绿色发展促进平台，不断提高绿色产业发展水平
7	2020年3月	《关于加快建立绿色生产和消费法规政策体系的意见》	发展工业循环经济。健全相关支持政策，推动现有产业园区循环化改造和新建园区循环化建设

续表

序号	时间	政策名称	要点分析
8	2020 年 3 月	《关于构建现代环境治理体系的指导意见》	到 2025 年，形成导向清晰、决策科学、执行有力、激励有效、多元参与、良性互动的环境治理体系
9	2016 年 9 月	《工业和信息化部办公厅关于开展绿色制造体系建设的通知》	贯彻落实《中国制造 2025》《绿色制造工程实施指南（2016—2020 年）》，加快推进绿色制造
10	2015 年 12 月	《国家生态工业示范园区标准》	修订标准中增加了碳强度消减率指标；推动工业领域生态文明建设，规范国家生态工业园区的建设和运行
11	2014 年 9 月	《国家应对气候变化规划（2014—2020 年）》	到 2020 年，建成 150 家左右低碳示范园区
12	2013 年 9 月	《工业和信息化部　发展改革委关于组织开展国家低碳工业园区试点工作的通知》	加快重点用能行业低碳化改造；培育积聚一批低碳型企业；推广一批适合我国国情的工业园区低碳管理模式
13	2012 年 3 月	《国家发展改革委　财政部关于推进园区循环化改造的意见》	把园区改造成“经济快速发展、资源高效利用、环境优美清洁、生态良性循环”的循环经济示范园区
14	2009 年 12 月	《关于在国家生态工业示范园区中加强发展低碳经济的通知》	自 2010 年起将发展低碳经济作为重点纳入生态工业示范园区建设内容

参考文献

戴铁军，潘永刚，张智恩，等，2021. 再生资源回收利用与碳减排的定量分析研究［J］. 资源再生，（3）：15-20.

廖程浩，刘雪华，张永富，等，2010. 煤矸石山修复的碳减排效益［J］. 环境科学与技术，33（3）：195-199.

禹湘，储诚山，周枕戈，等，2016. 国际气候治理新格局下中国工业绿色转型的挑战与机遇［J］. 企业经济，（12）：35-39.

IPCC 第六次评估报告第一工作组主要结论及启示

孙丹妮　刘　援　刘　蕾

2021 年 8 月 9 日，联合国政府间气候变化专门委员会（Intergovernmental Panel on Climate Change，IPCC）重磅发布了《气候变化 2021：自然科学基础》（*Climate Change* 2021：*the Physical Science Basis*，以下称“报告”）。该报告警示，人类活动正在引发气候变化，其引发的极端天气事件的频率与强度不断增加。除非立即采取快速的、大规模的温室气体减排行动，否则全球的 1.5℃温控目标将无法实现。此次报告再次为人类敲响警钟，为决策者制定增强的气候减缓与适应政策提供科学依据。

此前的第五次评估报告使用了 4 条典型浓度路径（RCPs）来模拟未来的气候变化。在此次报告中，IPCC 使用了 5 种不同的社会经济路径（Social-economics Pathways，SSPs），将更多可能的情景纳入考察范围中。因此，与以往相比，此次报告对温升的评估将更加精确。此外，报告特别关注了区域性的气候变化，后 1/3 的章节都涵盖了区域性气候变化的内容。

一、报告的内容要点

（一）全球气候现状

①人类活动导致了大气层、海洋和陆地变暖，大气圈、海洋、冰冻圈和生物圈都发生广泛而快速的变化。人类影响造成的气候变暖正以 2 000 年以来前所未有的速度发生。

②观测到的气候变化主要由人类活动导致的排放所驱动，同时部分温室气体导致的全球升温被气溶胶产生的冷却效应掩盖。

③气候系统整体所发生的近期变化的规模以及气候系统具体方面的现状都是过去几个世纪甚至几万年所未见的。具体而言，2019 年大气中二氧化碳的浓度达到过去 200 万年的最高水平；2020 年夏天，北冰洋海冰面积是过去 1 000 年中的最低水平；自 1950 年以来全球几乎所有冰川同时在退化，且退化速度是过去 2 000 年里所未见的；自 1900 年以来全球平均海平面上升速度是过去 3 000 年中最快的。

④人类活动引发的气候变化已经在影响全球所有地区所发生的许多极端天气与

极端气候事件，包括热浪、强降雨、干旱、热带飓风。具体而言，气候变化已经造成东亚、东南亚和南亚等区域极端高温、极端降水的频次增加。对东亚地区来说，农业和生态干旱（ecological drought）的发生频率也已经受到气候变化影响，在过去的观测中有所增加。

⑤基于科学和技术的进步，与 IPCC 第五次评估报告（AR5）相比，本次报告提供了最佳的全球气候敏感性（climate sensitivity）估算，即在全球二氧化碳排放水平较工业化前水平翻倍的情景下，全球平均温升将为 3℃，置信区间为 2.5～4℃。

（二）未来可能的气候变化

本报告中采用了 5 个新的说明性排放情景来探索未来的气候响应，与 AR5 相比，这些情景对温室气体、土地利用和空气污染物进行了更广泛的假设。利用这组情景驱动气候模型，以预估气候系统的未来变化。这些预估考虑了未来太阳活动和火山活动背景。针对未来，报告提供了相对于 1850—1900 年的 21 世纪近期（2021—2040 年）、中期（2041—2060 年）和长期（2081—2100 年）的结果。

①在 5 个排放情景下，到 21 世纪中叶全球地表温度都将继续上升。除非在未来几十年里采取深度减排措施，否则全球 1.5℃温控目标乃至 2℃目标将无法实现。具体而言，在最低温室气体排放情景下，21 世纪末全球平均气温与 1850—1900 年的水平相比，非常有可能升高 1～1.8℃（最佳估算 1.4℃）。其他排放情景下，全球平均气温预计将在 21 世纪中叶突破 1.5℃，并持续升高，最高升温幅度可能达到 5.7℃。这比《巴黎协定》中在 21 世纪末争取将升温幅度控制在 1.5℃之内的目标有所提前。

②气候系统的许多变化与全球变暖的加剧直接相关。此类变化包括极端高温、海洋热浪、强降水，部分区域农业和生态干旱的频率、强度增加，强热带气旋比例增加，以及北极海冰、积雪和多年冻土减少。

③预计持续全球变暖将进一步加剧全球水循环，包括增加其波动、全球季风降水的强度，以及干旱和洪涝的严重程度。

④随着二氧化碳累积排放量不断增加，海洋和陆地的碳汇作用会有所减弱。

⑤过去和未来温室气体排放造成的许多变化，特别是海洋、冰盖和全球海平面发生的变化，在未来几个世纪到上千年内都不可逆转。

（三）用于风险评估和区域适应的气候信息

①随着全球变暖，全球所有地区预计都将经历产生影响的气候因子（climatic

impact-drivers，包括冷热、干湿、雪冰、风、海岸和海洋、公海及其他）的多重变化。面临复合极端天气事件的多重变化，与1.5℃温升相比，2℃温升时气候影响驱动因素的变化将更普遍和更强烈。

②自然因素和内部变率将在区域尺度和未来近期内影响由人类活动导致的气候变化，但对百年尺度的全球变暖影响甚小。这种影响应在规划未来可能变化的全部范围时予以重视。

③冰盖崩塌、海洋环流突变、部分复合型极端事件以及远高于所评估的极可能范围的变暖等低概率事件发生的可能性不能被排除，在进行风险评估时需予以考虑。

（四）减缓气候变化

自AR5以来，利用《全球1.5℃增暖特别报告》中首次提出的新方法，更新和整合了多项证据，使全球剩余碳预算的预测更加科学。情景中全范围的、未来可能的空气污染控制方法被用来通盘评估各种对预估气候和空气污染假设的效果。在自然变率（包括内部变率及其对自然因素的响应）的基础上分辨何时气候对减排的响应是一个新进步。

①从自然科学的角度来看，将人为引起的全球变暖限制在特定水平上需要限制累积二氧化碳排放并至少达到二氧化碳净零排放，同时需要大幅减少其他温室气体排放。甲烷排放量的快速和持续减少，将限制气溶胶污染减少所造成的温室效应，并改善空气质量。

②相比高和很高的温室气体排放情景，低或很低的温室气体排放情景可在数年内对温室气体和气溶胶浓度、空气质量产生可识别的影响。在这些不同的排放情景下，全球地表温度变化的趋势差异可在20年左右的时间内从自然变率中被识别出来，而对许多其他气候影响因子而言需更长的时间。

二、报告的重要发现

（一）到2040年，地球温升将超过1.5℃

近几十年来的气候变暖速度在几千年里未见，几乎在地球上任何地方都在发生，扭转了全球长期的降温趋势。我们需要追溯到12.5万年左右以前，才能找到跨越多个世纪的全球表面温度升高的证据。这就为在21世纪末将气温稳定在前工业化水平以上1.5℃留下了越来越狭窄的道路，实现《巴黎协定》的目标困难重重。根据

IPCC 最新报告中概述的所有排放情景，预计未来 20 年（2040 年前后）地球表面变暖将达到 1.5℃或 1.6℃。这一门槛越来越近，部分原因是科学家们在估计历史气温上升（包括快速变暖的北极）时纳入了新的数据，使变暖的估计值增加了 0.1℃。自第五次评估报告以来，全球排放量居高不下，这一趋势仍在继续。为了实现被视为对一些脆弱社区和生态系统生存至关重要的目标，未来 10 年需要大幅减少二氧化碳排放，到 2050 年实现净零排放。

（二）确认是人类活动导致极端天气

虽然 AR5 已经得出结论认为人类对气候系统的影响是“明显的”，但 AR6 进一步指出科学家“非常有信心”认为人类活动是更频繁或更强烈的热浪、冰川融化、海洋变暖和酸化的主要驱动力。自 IPCC 第五次评估报告以来，归因科学有了巨大的发展。通过增强模型，科学家现在能够量化气候变化导致极端天气事件发生的可能性或强度。报告总结道：“人类的影响使大气、海洋和陆地变暖，这一点是明确的。”

（三）科学家对局部区域气候影响的了解更多

自 IPCC 第五次评估报告以来，气候模型有所改进，使科学家能够在区域一级分析当前和预测的温度及水文极端情况，并了解全球气候影响在世界不同地区的表现。模型显示，北极的变暖速度比其他地区快，预计北半球高纬度地区的变暖速度将是全球变暖水平的 2～4 倍。虽然热带地区的变暖速度较慢，但这一点很明显，因为在没有人为影响的情况下，赤道附近陆地的温度每年变化不大。最新的 IPCC 报告称，墨西哥湾流很可能在 21 世纪内减弱。科学家警告说，大西洋洋流的完全崩溃将破坏区域天气模式，削弱非洲和亚洲季风，并加剧欧洲的干旱期。

（四）地球气候正接近不可逆转的转折点

IPCC 的最新报告对气候可能发生不可逆转的变化发出了警报，这种变化通常被称为“转折点”（tipping point）。例如，随着温度升高，森林可能开始减少，吸收二氧化碳的能力降低，导致进一步变暖。或者南极冰盖可能变得不稳定，导致海平面迅速上升。报告指出，全球变暖程度越高，发生低可能性、高影响结果的概率就越大。不能排除气候系统的突然反应，如南极冰盖融化和森林火灾死灰复燃的可能性大幅增加。南极冰盖的融化可能导致海平面在 2100 年上升超过 1 m，在 2500 年上升 15 m。

（五）甲烷减排是一个重要的途径

IPCC 第一次用一整章的篇幅专门讨论气溶胶、颗粒物和甲烷等“短期气候因素”。现在的甲烷水平比过去 80 万年中任何时候的都要高，远高于 AR5 中列出的安全限值。废弃煤矿、农业、石油和天然气作业释放到大气中的甲烷在 20 年内对全球变暖的影响是二氧化碳的 84 倍。全球变暖 1/4 的贡献来自甲烷排放。生态系统对全球变暖的反应（如冻土融化和野火）极有可能进一步增加大气中的甲烷浓度。最新的 IPCC 报告指出，大力迅速减少甲烷排放量不仅可以遏制全球变暖，还可以改善空气质量。尽管甲烷对全球变暖产生了重要影响，但甲烷受到的关注远不如二氧化碳，而且没有被纳入大多数国家的气候承诺。

三、思考与启示

IPCC 第六次评估报告第一工作组报告以最新的数据、翔实的证据、多元的方法提供了有关全球和主要区域当前气候变化状态、气候变化归因、未来气候变化趋势的评估结论，为加强风险管理和区域适应、控制气候变化提供了重要的科学基础，有关启示如下。

（一）深入解读报告内容用以指导国际谈判

发达国家利用其在科学研究上的领先优势，使 IPCC 报告成为实现其谈判诉求的工具，但同时，作为科学的评估报告，对很多科学事实和结论是不能忽略的。因此，需要我们对报告进行深入分析和解读，避免发达国家以其在科学研究上的优势，在政治进程中挟持和片面解读 IPCC 科学结论，使我国更好地维护国家利益。

（二）重视并加强第二工作组、第三工作组报告相关工作

本次发布的报告是 IPCC 在第六次评估周期发布的第一份工作组报告，第二工作组和第三工作组报告将于 2022 年第一季度发布，综合评估报告（SYR）将于 2022 年第三季度发布。针对后续的评估报告，需加强在 IPCC 全会和工作组会议之前对报告内容的解读和分析，尤其是第三工作组报告内容涉及公平、责任分担等与气候变化谈判政治进程密切相关的问题，需要组织力量对重点问题进行仔细识别，提前形成相关支撑材料。

（三）重视我国冰冻圈和沿海地区适应能力建设

我国急需构建与完善监测预警和评估体系，强化气候变化风险管理，防范长江

和黄河源区、青藏铁路沿线等关键区域冰冻圈消融带来的环境灾害以及沿海海平面上升和台风、风暴潮复合灾害风险，保障我国生态文明建设，促进我国经济和社会建设高质量、可持续发展。

（四）重视并充分利用 IPCC 的平台作用

在未来很长一段时间内，IPCC 仍将是气候变化科学评估的重要平台。无论是为了提高我国在气候变化问题上的研究水平，还是为了在国际气候体制中提升我国科学家在关键问题上的话语权和影响力、合理反映自身和发展中国家的利益诉求，都需要充分重视和利用好 IPCC 的平台作用。我国应从根本上加强气候变化相关基础科学研究，促进相关成果发表，在国际重点关切的科学问题上发表自己的观点。

碳环境信息披露国际经验比较研究

高丽莉　陈　雷[①]　李　慧[②]　周　荞[③]　闫　枫

一、碳环境信息披露背景

在全球范围内，各国政府目前正加速推动环境、社会和治理（Environmental，Social and Governance，ESG）理念的发展和落地实践，以此实现 2015 年 9 月联合国 193 个成员国在可持续发展峰会中联合提出和承诺的可持续发展目标。

目前，国内在对应 ESG 的理念框架下发展较为深入的是企业环境信息披露。在公司治理层面，2003 年国家环境保护总局发布的《关于企业环境信息公开的公告》是我国第一个关于企业环境信息披露的政策；2008 年上海证券交易所发布的《上海证券交易所上市公司环境信息披露指引》规定上市公司可根据自身需要披露环境信息；2014 年修订的《中华人民共和国环境保护法》对重点排污单位如实公开环境信息做出强制要求，将企业环境信息披露提升至法律层面；七部委于 2016 年联合印发的《关于构建绿色金融体系的指导意见》提出“逐步建立和完善上市公司和发债企业强制性环境信息披露制度”；中国证券监督管理委员会于 2018 年修订的《上市公司治理准则》要求上市公司披露环境信息等相关情况。

在信贷政策方面，中国银行业监督管理委员会（现中国银行保险监督管理委员会）自 2007 年以来陆续出台《节能减排授信指导工作意见》《绿色信贷指引》《绿色信贷统计制度》等文件，要求银行业金融机构对绿色信贷项目环境效益进行报告。

在绿色债券方面，中国人民银行发布的《银行间债券市场发行绿色金融债券有关事宜的公告》《中国人民银行关于加强绿色金融债券存续期监督管理有关事宜的通知》以及与中国证券监督管理委员会共同发布的《绿色债券评估认证行为指引（暂行）》等，对债券支持绿色项目环境效益测算、披露和第三方鉴证提出要求。

中央全面深化改革委员会于 2020 年 12 月会议审议通过了《环境信息依法披露

---

① 北京博雅智慧科技有限公司总裁。
② 北京博雅智慧科技有限公司咨询总监。
③ 北京博雅智慧科技有限公司咨询顾问。

制度改革方案》，并由生态环境部于 2021 年 5 月 24 日印发，开启了我国对企业环境信息披露的政策指导及落地实践探索。

碳核算是环境信息披露的重要基础之一。企业的碳核算数据和方法是金融机构开展气候风险评估、压力测试、环境信息披露等一系列工作的数据基础，碳核算数据的质量会直接影响金融机构环境信息披露表现。因此，碳环境信息披露是环境信息披露的核心组成部分，尤其在“碳达峰、碳中和”目标背景下，碳核算的重要性被提到了一个新的高度。

二、国内外碳环境信息披露的政策

（一）美国

2022 年 3 月 21 日，美国证券交易委员会（United States Securities and Exchange Commission，SEC）发布了《加强和规范对投资者的与气候有关的信息披露草案》（*The Enhancement and Standardization of Climate-Related Disclosures for Investors*），要求上市公司披露气候相关信息。这是美国证券交易委员会首次强制要求在美国上市的公司（包括外国公司）披露与气候相关的风险和温室气体排放信息，而不是当时适用于注册声明和年度报告规则所要求的风险信息。该规定目前是征求意见稿，仍在讨论阶段，并未最终落地实施。

该规定的披露主体是美国的本土注册公司和在美国上市的外国企业。该规定将定义“与气候有关的指标”，并附加相关的治理、风险管理、证明以及战略、商业模式和前景披露要求等。

该规定要求注册者披露的定性信息包括：气候风险对企业和财务的影响；气候风险对战略、商业模式和前景的影响；治理披露；风险管理披露以及财务报表指标。

该规定要求披露的定量信息包括：

①温室气体排放指标。所有注册者均被要求披露其范围一与范围二[①]的温室气体排放量。

---

① 2009 年由世界可持续发展工商理事会（WBCSD）与世界资源研究所（WRI）共同发布的《温室气体核算体系》（The Greenhouse Gas Protocol，*GHG Protocol*）将碳排放根据来源分为三个范围，为盘查、核查提供指导。

范围一（直接排放）：企业直接控制的燃料燃烧活动和物理化学生产过程产生的直接温室气体排放。典型的范围一涵盖燃煤发电、自有车辆使用、化学材料加工和设备的温室气体排放。

范围二（间接排放）：企业外购能源产生的温室气体排放，包括电力、热力、蒸汽和冷气等。

范围三（价值链上下游各项活动的间接排放）：覆盖上下游范围广泛的活动类型。

下文涉及的范围一、范围二、范围三均与此处相同。

②该规定将影响 S-1 表（招股书）、F-1 表（外国公司招股书）、S-4 表（已上市公司发行新股票所做的公告）、F-4 表（已上市外国公司发行新股票所做的公告）、S-11 表（用于注册证券房地产投资信托）、10 表、10-K 表（年报）、10-Q 表（季报）和 6-K 表（外国上市公司临时报告）。该规定要求注册者（包括国内和在美国上市的外国公司）在其《证券法》或《交易法》注册报表和《交易法》年度报告中提供与气候相关的披露；提供 S-K 条例规定的与气候相关的披露；提供 S-X 条例规定的与气候相关的财务报表指标和相关披露；在 Inline XBRL 中对气候相关的叙述性和定量披露进行电子标记。

（二）欧盟

1.《非财务报告指令》

欧盟于 2014 年发布了《非财务报告指令》（*Non-Financial Reporting Directive*，NFRD）（编号为 Directive 2014/95/EU），要求相关企业披露非财务信息，包括环境、社会及企业治理的相关信息。

为了减轻中小企业的负担，该指令仅适用于员工超过 500 人的大型公共利益主体（Public Interest Entity），包括上市公司、银行、保险公司和各成员国认定的涉及公共利益的其他企业。

在环境问题方面，该指令要求企业披露企业经营活动在目前和可预见的将来对环境的影响以及对健康和安全的影响、可再生能源和不可再生能源使用情况、温室气体排放情况、水资源使用和空气污染情况等信息。

该法令仅提出了需要披露的相关议题，并未给出具体的披露要求和内容，而是推荐参考国际的相关准则进行披露，故无法进行定性、定量或行业分析，披露形式为提供非财务管理报告或声明。

2.《公司可持续发展报告指令》

2021 年 4 月，为达成欧盟在 2050 年前实现“碳中和”的目标，欧盟通过了《公司可持续发展报告指令》（*Corporate Sustainability Reporting Directive*，CSRD）征求意见稿，旨在取代现行的 NFRD。CSRD 指令已于 2022 年 11 月被欧盟理事会采纳。

CSRD 在之前 NFRD 的基础上，将报告主体从“超过 500 人的一万家企业”扩大到了“所有大型公司和上市公司”，要求其根据强制性的欧盟可持续发展报告标准进行报告。

CSRD 的报告编制理念将从社会责任拓展至可持续发展，标准制定将从被动采纳转向自主制定，报告编制将从多重标准走向统一规范，编制范围将从局部试点转为大幅扩大，审计鉴证将从简单检查升格为企业提供有限保证。

3. 欧盟的碳边境调节机制

2022 年 6 月 22 日，欧洲议会通过了碳边境调节机制（Carbon Border Adjustment Mechanism，CBAM）的议会方案，该机制针对碳密集型产品的进口，防止通过进口非欧盟国家制造的产品来抵消欧盟的温室气体减排努力，该机制的实施将会对我国企业出口产生较大影响。

CBAM 的披露主体与行业密切相关，将覆盖水泥、电力、化肥、钢铁、铝和氢六大行业。

CBAM 有可能于 2023 年起进入试点阶段，过渡期为 2023 年 10 月 1 日至 2025 年 12 月 31 日。在此过渡期内，欧盟不对相关进口产品征税，仅要求欧盟进口商按季度报告进口产品的总量和碳含量、在原产国已支付的碳价等信息。自 2026 年起，进口商须申报上一年进口到欧盟的货物数量及所含的碳排放量，购买相应数量的 CBAM 证书（在原产国已支付的碳成本可以扣除）。

CBAM 披露信息以定量信息为主。2022 年 6 月，新的 CBAM 规则在直接碳排放的基础上，新纳入了外购电力的间接碳排放。披露形式为相关企业披露的产品报告，按要求提交产品碳足迹及碳税数据。

4. 其他

除企业外，欧盟也有相应的气候监测报告机制规定——《第 2013/525 号法规——监测和报告温室气体排放以及在国家和联盟层面报告与气候变化相关的其他信息的机制》（*Regulation* 2013/525-*Mechanism for monitoring and reporting greenhouse gas emissions and for reporting other information at national and Union level relevant to climate change*），简称《温室气体监测机制》（*Monitoring Mechanism Regulation*，MMR），披露的主体为欧盟成员国，披露的内容为成员国根据该机制定期监测和报告的温室气体排放量定量信息，需要以报告的形式披露能源、制造业、土地利用、森林、废水、农业等全行业的碳排放信息。

（三）中国

1.《环境信息依法披露制度改革方案》

2021 年 5 月 24 日，生态环境部发布《环境信息依法披露制度改革方案》（以下简称《方案》），《方案》是国内环境信息披露的纲领性文件。《方案》要求 2022 年完成上市公司、发债企业信息披露有关文件格式的修订；2023 年开展环境信息依法披露制度改革评估，到 2025 年，形成基本的环境信息强制性披露制度。

《方案》要求强制披露环境信息，披露的主体是：重点排污单位；实施强制性清洁生产审核的企业；因生态环境违法行为被追究刑事责任或者受到重大行政处罚的上市公司、发债企业；法律法规等规定应当开展环境信息强制性披露的其他企业事业单位。

具体的披露内容包括“企业发生生态环境相关行政许可事项变更、受到环境行政处罚或者因生态环境违法行为被追究刑事责任、突发生态环境事件、生态环境损害赔偿等对社会公众及投资者有重大影响或引发市场风险的环境行为”。

披露内容以定性信息为主，文件中重点强调了制造业与金融行业。在披露形式方面，属于重点排污单位、实施强制性清洁生产审核的上市公司、发债企业应当在年报等相关报告中依法依规披露企业环境信息。

同时，《方案》对数据体系建设做了一系列的规定，要求“使用符合监测标准规范要求的环境数据，优先使用符合国家监测规范的污染物自动监测数据、排污许可证执行报告数据，科学统计归集环境信息。”

2.《企业环境信息依法披露管理办法》

生态环境部于2021年12月发布了《企业环境信息依法披露管理办法》（以下简称《办法》），更为具体地规定了企业环境信息依法披露的主体和内容等相关信息。

《办法》明确规定了“企业是环境信息依法披露的责任主体”，应当按照《办法》披露环境信息的主体有：重点排污单位；实施强制性清洁生产审核的企业；有生态环境违法行为的上市公司和发债企业；法律法规规定的其他应当披露环境信息的企业。

企业年度环境信息依法披露报告应当包括以下内容：企业基本信息；企业环境管理信息；污染物产生、治理与排放信息；碳排放信息；生态环境应急信息与违法信息；本年度临时环境信息依法披露情况；法律法规规定的其他环境信息。

针对披露形式，《办法》要求企业“按照准则编制年度环境信息依法披露报告和临时环境信息依法披露报告，并上传至企业环境信息依法披露系统。”

在数据体系建设方面，《办法》要求“企业披露环境信息所使用的相关数据应当优先使用符合国家监测规范的污染物监测数据、排污许可证执行报告数据等，表述应当符合环境监测、环境统计等方面的标准和技术规范要求。”“鼓励生态环境主管部门运用大数据分析、人工智能等技术手段开展监督检查。”

3. 其他

除企业披露外，政府在碳环境信息披露方面也承担相应的职责。

①各级政府有对辖区整体碳环境信息数据进行公开的责任。从《环境信息公开办法（试行）》到《中华人民共和国政府信息公开条例》《环境保护公共事业单位信息公开实施办法（试行）》，再到《中华人民共和国环境保护法》，都强调了政府环境

信息公开的相关要求。

②各级政府对辖区内企业有监管责任。如2018年发布的《江苏省秋冬季错峰生产及重污染天气应急管控停限产豁免管理办法（试行）》中就提出了政府会依据披露情况，给予企业奖励或处罚，对企业中的“环保优等生”给予“停限产豁免”的权利。

三、国内外碳环境信息披露参考准则

（一）国际准则

1. 气候相关财务信息披露工作组披露准则

2015年，G20委托金融稳定理事会（FSB）召集成立气候相关财务信息披露工作组（TCFD）。2017年6月，TCFD工作组发布了第一份正式报告，即《气候变化相关财务信息披露工作组建议》，并于此后每年发布工作进展情况报告。

目前TCFD建议是全球影响力最大、获得支持最广泛的气候信息披露准则，不仅促进G20成员间的制度一致性，而且为气候相关财务信息的披露提供共同架构。截至2021年10月，全球支持TCFD的机构已经超过2 600家，覆盖89个国家和地区，资产规模达194万亿美元。中国也逐步引入了TCFD披露标准，截至2022年2月，有39个中国企业宣布支持TCFD建议。欧盟、瑞士、英国、新西兰、巴西、新加坡、日本等已开始将TCFD建议的各个方面纳入政策和法规，并将TCFD建议作为气候相关风险披露的基础。

TCFD建议重点关注的主体为金融机构和企业，关注方向主要为金融机构和企业面临的气候风险、气候机遇及其对财务信息的影响。

TCFD建议要求的披露内容以定量披露为主，披露的内容包括：范围一、范围二、范围三温室气体排放量及排放强度；易受过渡风险影响的资产或业务活动的数量和范围；易受实体风险影响的资产或业务活动的数量和范围以及气候变化相关机会；气候风险相关资本配置；企业对每吨温室气体排放量的定价；与气候因素相关的高管薪酬比例。

TCFD建议制定了适用于所有产业的建议披露指引，并针对金融行业（银行、保险、资产所有人及管理人）和最容易受到气候变化及低碳经济转型影响的非金融行业（能源，材料和建筑，运输，农业、食品和林业产品）制定了补充指引。

因为TCFD建议是披露的框架建议，所以根据TCFD建议披露的形式多为报告。

2. 全球环境信息研究中心披露准则

全球环境信息研究中心（以下简称“CDP”）是一家总部位于伦敦的国际组织，

致力于推动企业和政府减少温室气体排放，保护水和森林资源。CDP 测量、披露、管理并分享重要环境信息，拥有关于气候变化、水和森林风险的信息数据库，并且把这些运用于战略性的商业投资和政策决定。

2021 年，占全球市值 64% 以上的 13 000 多家公司通过 CDP 披露了环境数据，其中来自中国的企业近 2 000 家。CDP 的碳环境信息披露主体为企业。上市公司或大型企业向投资者报告，或企业以供应商身份向客户提交回复。

问卷调查是 CDP 主要的数据来源。CDP 通过获得投资者与买家的授权，邀请上市公司及供应商回复问卷，并建立起全球最大的环境管理平台。

CDP 披露体系的核心是气候变化，问卷主题同时也涵盖了森林和水安全。CDP 要求企业披露数据的评分体系包括治理、风险管理、风险披露、机遇披露、商业影响评估与财务规划评估、商业战略、情景分析、目标、减少排放计划和低碳排放产品、范围一排放、范围二排放（包括第三方核证）、范围三排放（包括第三方核证）、排放细分、能源、其他气候相关指标（包括第三方核证）、碳定价、价值链合作、公共政策沟通和合作、沟通、签署。

参考 TCFD 建议所建议的气候变化高影响力产业，CDP 已开发了农业、能源、材料、交通运输、森林、金属、矿业、金融业、资本及房地产的产业类别问卷。

3. 科学碳目标倡议

科学碳目标倡议（Science Based Targets Initiative，SBTi）是由全球环境信息研究中心（CDP）、联合国全球契约组织（UNGC）、世界资源研究所（WRI）和世界自然基金会（WWF）联合发起的一项全球倡议，旨在推动企业采取更为积极的减排行动和解决方案，共同应对全球气候变化。

截至 2021 年年末，SBTi 已经覆盖了全球 15 亿 t 的二氧化碳排放量，帮助减排 530 万 t。截至 2022 年 5 月，全球已经有超过 70 个国家与地区的 3 063 家企业加入了科学碳目标倡议，占全球市值的 1/3 以上（38 万亿美元）。其中 1 416 家企业的碳目标得到正式批准，1 077 家企业做出“碳中和”的目标承诺。

与国际上一些发达国家加入的企业数量相比，中国加入的企业数量相对较少，截止 2020 年 11 月，共有 13 家中国企业加入。

SBTi 的主要受众是企业，SBTi 是帮助企业设定碳目标的工具。企业通过 SBTi 设定以科学为基础的碳排放目标。SBTi 在企业范围一、范围二、范围三划分的基础上，要求企业披露对应的碳排放数据，并基于企业披露的范围一、范围二、范围三的数据，为企业制定相应的碳减排目标。

SBTi 针对 13 个行业提出了科学碳目标制定指南，从减碳程度与减碳速度方面对行业的减排进行指导。13个行业包括铝，服装与鞋类，航空，建筑，水泥，化学，金融机构，森林、土地与农业，信息与通信技术，石油和天然气，电力，钢铁，交通。其中，关于电力、航空、服装与鞋类、信息与通信技术、航空以及金融领域的指南已经制定完成，其他指南仍在完善中。

目标设定完成后，SBTi会要求并督促企业对其碳减排情况进行定期披露，以监测目标的进展情况。企业定期披露可选择使用问卷，也可以通过年报、可持续发展报告或者在企业官网披露等多种形式。

（二）国内准则

国内碳环境信息披露准则尚在讨论中，企业可参考的国内准则以社会责任报告准则及相关团体标准为主，包括中国社会科学院《中国企业社会责任报告指南》（CASS-CSR4.0）、上海证券交易所《上海证券交易所上市公司环境信息披露指引》、深圳证券交易所《深圳证券交易所上市公司规范运营指引》以及《社会责任指南》（GB/T 36000—2015）等。

1. 中国证券监督管理委员会披露准则

2021年6月，中国证券监督管理委员会（以下简称“证监会”）修订并发布了《公开发行证券的公司信息披露内容与格式准则第2号——年度报告的内容与格式（2021年修订）》（以下简称《格式准则》）。

证监会的披露主体为上市公司以及上市公司中属于环境保护部门公布的重点排污单位的公司或其主要子公司。《格式准则》要求披露的内容以定性信息为主，并未做出与定量信息相关的明确规定。披露的环境信息包括排污信息、防治污染设施的建设和运行情况、建设项目环境影响评价及其他环境保护行政许可情况、突发环境事件应急预案、环境自行监测方案、报告期内因环境问题受到行政处罚的情况等。

重点排污单位之外的公司应当披露报告期内因环境问题受到行政处罚的情况，并可以参照上述要求披露其他环境信息，若不披露其他环境信息，应当充分说明原因。

同时，《格式准则》还鼓励公司自愿披露有利于保护生态、防治污染、履行环境责任的相关信息，以及自愿披露在报告期内为减少其碳排放所采取的措施及效果。

证监会在文件中多次强调企业需要根据行业的特点和需求做出披露，但并未对此做出明确的规定，也并未强调重点行业。披露形式以企业的年度报告为主。

2. 上海证券交易所披露准则

在上海证券交易所的《上海证券交易所上市公司环境信息披露指引》中有多重主体，对于不同的主体有不同的披露内容要求。

①上市公司发生与环境保护相关的重大事件，且可能对其股票及衍生品种交易价格产生较大影响时，应当自该事件发生之日起两日内及时披露事件情况及对公司经营以及利益相关者可能产生的影响。

②从事火力发电、钢铁、水泥、电解铝、矿产开发等对环境影响较大行业的公司，应当披露：公司环境保护方针、年度环境保护目标及成效；公司年度资源消耗总量；公司环保投资和环境技术开发情况；公司排放污染物种类、数量、浓度和去向；公司环保设施的建设和运行情况；公司在生产过程中产生的废物的处理、处置情况，废弃产品的回收、综合利用情况；与环保部门签订的改善环境行为的自愿协议以及应重点说明公司在环保投资和环境技术开发方面的工作情况。

③被列入环保部门的污染严重企业名单的上市公司，应当在环保部门公布名单后两日内披露：公司污染物的名称、排放方式、排放浓度和总量、超标情况、超总量情况；公司环保设施的建设和运行情况；公司环境污染事故应急预案；公司为减少污染物排放所采取的措施及今后的工作安排。

④所有公司可以根据自身需要，在公司年度社会责任报告中披露或单独披露公司年度资源消耗总量，公司排放污染物种类、数量、浓度和去向以及其他愿意公开的环境信息等。

《上海证券交易所上市公司环境信息披露指引》需要披露的信息是定性和定量相结合。文件对行业没有具体的划分和要求。

2022 年 1 月，上海证券交易所发布《上海证券交易所股票上市规则（2022 年 1 月修订）》，要求“上市公司应当积极践行可持续发展理念，主动承担社会责任，维护社会公共利益，重视生态环境保护。公司应当按规定编制和披露社会责任报告等非财务报告。”同时，上海证券交易所以邮件的形式通知，要求上海证券交易所科创股 50 家成分股应当在本次年报披露的同时披露社会责任（CSR）报告，报告中应当重点披露“碳达峰、碳中和”目标、促进可持续发展的行动情况。

四、国内外碳环境信息披露政策对比

（一）国内外碳环境信息披露的主体对比

如表 1 所示，从国际政策看，对企业尤其是上市公司的碳环境信息披露有较为普遍的要求，并且出台了相关的披露准则、目标倡议。

国内政策以往以针对行政区划、执政能力进行环境信息披露为主，即以企业的宏观背景——城市为披露的主体。在我国提出 2030 年“碳达峰”、2060 年“碳中和”的目标以后，发布了以企业为主体的碳环境信息披露政策与准则。国内碳环境信息披露的政策与准则对企事业单位、大型企业、上市公司有强制性披露要求，自愿性披露的引导措施相对较少。

国际上对上市公司及大型公司有大量的强制性披露的政策要求，并且 TCFD、CDP、SBTi 等国际碳环境信息披露相关的准则、倡议已发展成熟。欧盟对水泥、铝、化肥、电能生产、钢铁行业的进口商提出了加征碳税的要求，即欧盟的碳环境信息披露要求从企业扩展到了产品。而我国国内目前的碳环境信息披露还未对产品提出相关要求。

表 1　国内外碳环境信息披露主体对比

发布机构	政策文件	披露主体
美国证券交易委员会	《加强和规范对投资者的与气候有关的信息披露草案》（*The Enhancement and Standardization of Climate-Related Disclosures for Investors*）	本土注册公司和在美国上市的外国企业
欧盟	《非财务报告指令》（*Non-Financial Reporting Directive*）	员工超过 500 人的大型公共利益主体（Public Interest Entity），包括上市公司、银行、保险公司和各成员国认定的涉及公共利益的其他企业
	《公司可持续发展报告指令》（*Corporate Sustainability Reporting Directive*，CSRD）	所有大型公司和上市公司
	《温室气体监测机制》（*Monitoring Mechanism Regulation*，MMR）	所有欧盟成员国
	关于碳边境调节机制（Carbon Border Adjustment Mechanism，CBAM）的议会方案	所涉行业（水泥、铝、化肥、电能生产、钢铁、有机化学品、塑料、氢和氨）的欧盟进口商（产品）
生态环境部	《环境信息依法披露制度改革方案》	①重点排污单位；实施强制性清洁生产审核的企业；因生态环境违法行为被追究刑事责任或者受到重大行政处罚的上市公司、发债企业；法律法规等规定应当开展环境信息强制性披露的其他企业事业单位。 ②鼓励重点企业编制绿色低碳发展报告
	《企业环境信息依法披露管理办法》	主体与《环境信息依法披露制度改革方案》相同

续表

发布机构	披露准则	披露主体
G20 委托金融稳定理事会（FSB）	TCFD	金融机构和企业
全球环境信息研究中心（CDP）	CDP	企业
全球环境信息研究中心（CDP）、联合国全球契约组织（UNGC）、世界资源研究所（WRI）和世界自然基金会（WWF）	科学碳目标倡议（Science Based Targets Initiative，SBTi）	企业
中国证券监督管理委员会	《公开发行证券的公司信息披露内容与格式准则第 2 号——年度报告的内容与格式（2021 年修订）》	上市公司以及上市公司中属于环境保护部门公布的重点排污单位的公司或其主要子公司
上海证券交易所	《上海证券交易所上市公司环境信息披露指引》	①上市公司发生与环境保护相关的重大事件，且可能对其股票及衍生品种交易价格产生较大影响时强制披露。 ②从事火力发电、钢铁、水泥、电解铝、矿产开发等对环境影响较大行业的公司强制披露。 ③被列入环保部门的污染严重企业名单的上市公司强制披露。 ④所有公司根据自身需要自愿披露
	《上海证券交易所股票上市规则（2022 年 1 月修订）》	上市公司
	以邮件的形式通知	科创股 50 家成分股

（二）国内外碳环境信息披露指标体系对比

如表 2 所示，国际上碳环境信息披露的政策与准则较多，经过多年的发展，业内对信息披露指标体系达成了一定共识。一是各类政策和指标体系普遍要求按照《温室气体核算体系》最早提出的范围一、范围二、范围三核算企业碳足迹；二是 G20 委托金融稳定理事会（FSB）发布的 TCFD 已得到了多方支持与广泛采纳。例如，CDP 问卷既采用了 TCFD 建议的公司治理、战略、风险管理、指标及目标架构，也针对 TCFD 中的高影响力行业制定了行业化问卷，从而帮助企业通过填报一次 CDP 问卷即可满足多样的气候相关主流要求。

国内碳环境信息披露无论从政策层面，还是准则层面，都没有达成了共识的指标体系，而且政策要求较为宽泛，“有利于保护生态、防治污染、履行环境责任的相关信息”“公司环保设施的建设和运行情况”等说法较为笼统，尚缺乏细分与量化指标。从而导致数据披露规范性低，不同企业对同一要求披露方式、内容、计算方法差异很大，同一企业不同年度的披露内容也不一致；数据披露完整性差，企业往往选择对自身有利的信息进行披露，可能隐藏对自己不利的关键信息；碳与气候变化相关指标偏少。环境信息披露中对污染排放指标的披露较多，对气候变化相关指标较少提及。

国际上的碳环境信息披露为企业提供了展示自身气候雄心与行动的平台，并且纳入了企业未来应对气候变化的战略规划，因而企业主动参与的积极性较高。例如，美国 SEC 要求企业披露与气候变化相关的公司治理与风险管理工作；TCFD 建议中，将公司治理、发展战略、风险管理、指标和目标列为四大核心内容，CDP 也延续了 TCFD 的架构。

表 2　国内外碳环境信息披露指标体系对比

发布机构	政策文件	披露指标体系
美国证券交易委员会	《加强和规范对投资者的与气候有关的信息披露草案》（*The Enhancement and Standardization of Climate-Related Disclosures for Investors*）	①气候风险对企业和财务的影响； ②气候风险对战略、商业模式和前景的影响； ③治理披露； ④风险管理披露； ⑤财务报表指标； ⑥温室气体排放指标
欧盟	《非财务报告指令》（*Non-Financial Reporting Directive*）	企业经营活动在目前和可预见的将来对环境的影响以及对健康和安全的影响、可再生能源和不可再生能源使用情况、温室气体排放情况、水资源使用和空气污染情况等
	碳边境调节机制（Carbon Border Adjustment Mechanism，CBAM）	2026 年起，进口商须申报上一年进口到欧盟的货物数量及所含的碳排放量，购买相应数量的 CBAM 证书（在原产国已支付的碳成本可以扣除）
	《温室气体监测机制》（*Monitoring Mechanism Regulation*，MMR）	成员国根据该机制定期监测和报告其温室气体排放量

续表

发布机构	披露准则	披露指标体系
生态环境部	《环境信息依法披露制度改革方案》	①企业发生生态环境相关行政许可事项变更、受到环境行政处罚或者因生态环境违法行为被追究刑事责任、突发生态环境事件、生态环境损害赔偿等对社会公众及投资者有重大影响或引发市场风险的环境行为。也提及了绿色工厂、绿色制造和绿色金融的相关概念。 ②鼓励重点企业编制绿色低碳发展报告
	《企业环境信息依法披露管理办法》	碳排放信息，包括排放量、排放设施等方面的信息；企业基本信息；企业环境管理信息；污染物产生、治理与排放信息；生态环境应急信息与违法信息；本年度临时环境信息依法披露情况；法律法规规定的其他环境信息
G20 委托金融稳定理事会（FSB）	TCFD	①温室气体排放； ②过渡风险； ③实体风险； ④气候变化相关机会； ⑤气候风险相关资本配置； ⑥内部碳定价； ⑦与气候因素相关的高管薪酬比例
全球环境信息研究中心（CDP）	CDP	①气候变化（减少排放计划和低碳排放产品；范围一、范围二、范围三排放；排放细分；能源；其他气候相关指标；碳定价等）； ②森林； ③水安全
全球环境信息研究中心（CDP）、联合国全球契约组织（UNGC）、世界资源研究所（WRI）和世界自然基金会（WWF）	科学碳目标倡议（Science Based Targets Initiative，SBTi）	①范围一、范围二、范围三碳排放数据； ②碳减排情况； ③减排目标（时间、减排量等）
中国证券监督管理委员会	《公开发行证券的公司信息披露内容与格式准则第 2 号——年度报告的内容与格式（2021 年修订）》	①上市公司以及上市公司中属于环境保护部门公布的重点排污单位的公司或其主要子公司披露：排污信息；防治污染设施的建设和运行情况；建设项目环境影响评价及其他环境保护行政许可情况；突发环境事件应急预案；环境自行监测方案；报告期内因环境问题受到行政处罚的情况等。 ②自愿披露：有利于保护生态、防治污染、履行环境责任的相关信息；为减少其碳排放所采取的措施及效果

续表

发布机构	披露准则	披露指标体系
上海证券交易所	《上海证券交易所上市公司环境信息披露指引》	①上市公司发生与环境保护相关的重大事件，且可能对其股票及衍生品种交易价格产生较大影响时，应当自该事件发生之日起两日内及时披露事件情况及对公司经营以及利益相关者可能产生的影响。 ②根据自身需要披露：公司环境保护方针、年度环境保护目标及成效；公司年度资源消耗总量；公司环保投资和环境技术开发情况；公司排放污染物种类、数量、浓度和去向；公司环保设施的建设和运行情况；公司在生产过程中产生的废物的处理、处置情况，废弃产品的回收、综合利用情况；与环保部门签订的改善环境行为的自愿协议；公司受到环保部门奖励的情况；企业自愿公开的其他环境信息。 ③从事火力发电、钢铁、水泥、电解铝、矿产开发等对环境影响较大行业的公司，应当披露：公司环境保护方针、年度环境保护目标及成效；公司年度资源消耗总量；公司环保投资和环境技术开发情况；公司排放污染物种类、数量、浓度和去向；公司环保设施的建设和运行情况；公司在生产过程中产生的废物的处理、处置情况，废弃产品的回收、综合利用情况；并重点说明公司在环保投资和环境技术开发方面的工作情况。 ④被列入环保部门的污染严重企业名单的上市公司，应当在环保部门公布名单后两日内披露：公司污染物的名称、排放方式、排放浓度和总量、超标情况、超总量情况；公司环保设施的建设和运行情况；公司环境污染事故应急预案；公司为减少污染物排放所采取的措施及今后的工作安排
	《上海证券交易所股票上市规则（2022 年 1 月修订）》	应当披露保护环境、保障产品安全、维护员工与其他利益相关者合法权益等社会责任的履行情况
	以邮件的形式通知	应当重点披露“碳达峰、碳中和”目标、促进可持续发展的行动情况

国内目前的碳环境信息披露要求中，多为违法违规行为或环境事故的事后追溯性披露，需要强监管来保证披露内容的完整性与及时性，企业展示自身“双碳”工作成果的指标要求较少，因而企业主动参与的积极性不强。例如中央全面深化改革委员会文件中，环境相关处罚或事故的披露要求严格，而绿色工厂、绿色制造、绿色金融相关要求较为宽泛。证监会文件中对突发环境事件与行政处罚要求强制披露，而企业减少其碳排放所采取的措施及效果为自愿披露。

（三）国内外碳环境信息行业化披露标准对比

如表 3 所示，国际上由于金融市场对碳排放信息披露的要求较高，TCFD、SBTi

等准则已考虑到了易受性。例如，单位产值碳排放绝对量不高的信息与通信技术行业也被纳入了重点关注行业。

国际政策与准则中，由于制造业碳排放相对于其他行业而言占比较高，因而对水泥、铝、电能生产、钢铁等重点行业进行碳环境信息披露。

目前，国内相关政策中多为通用性的要求。国际上 TCFD、CDP、SBTi 准则已制定了行业指引、产业类别问卷或行业性指南。国内证监会与上海证券交易所的碳环境信息披露相关准则尚未制定精细化的行业指标。但是我国碳的监测、报告、核查（MRV）工作中已对三批 24 个行业的企业（电解铝生产企业；电网企业；发电企业；钢铁企业；化工生产企业；镁冶炼企业；民用航空企业；平板玻璃生产企业；水泥生产企业；陶瓷生产企业；独立焦化企业；煤炭生产企业；石油化工企业；石油天然气生产企业；电子设备制造企业；氟化工企业；工业其他行业企业；公共建筑运营企业；机械设备制造企业；矿山企业；路上交通运输企业；其他有色金属冶炼和压延加工业企业；食品、烟草及酒、饮料和精制茶企业；造纸和纸制品生产企业）制定了精细化的行业指标。

表 3　国内外碳环境信息披露标准对比

发布机构	政策文件	是否有重点关注的行业； 是否有分行业准则
美国证券交易委员会	《加强和规范对投资者的与气候有关的信息披露草案》（*The Enhancement and Standardization of Climate-Related Disclosures for Investors*）	否； 否
欧盟	《非财务报告指令》（*Non-Financial Reporting Directive*）	否； 否
	《公司可持续发展报告指令》（*Corporate Sustainability Reporting Directive*，CSRD）	尚未可知（仍在制定中）； 尚未可知（仍在制定中）
	关于碳边境调节机制（Carbon Border Adjustment Mechanism，CBAM）的议会方案	是（水泥、铝、化肥、电能生产、钢铁、有机化学品、塑料、氢和氨），但并未按照行业进行区分； 否
	《温室气体监测机制》（*Monitoring Mechanism Regulation*，MMR）	是，如能源、制造业、土地利用、森林、废水、农业等全行业的信息； 是，依据行业特点进行披露
生态环境部	《环境信息依法披露制度改革方案》	是，提及“强化环境信息强制性披露行业管理”，并重点强调了制造业和金融行业； 否
	《企业环境信息依法披露管理办法》	否； 否

续表

发布机构	披露准则	是否有重点关注的行业； 是否有分行业准则
G20 委托金融稳定理事会（FSB）	TCFD	是； 是，TCFD 制定了适用于所有产业的建议披露指引，并针对金融行业（银行、保险、资产所有人及管理人）和最容易受到气候变化及低碳经济转型影响的非金融行业（能源，材料和建筑，运输，农业、食品和林业产品）制定了补充指引
全球环境信息研究中心（CDP）	CDP	是； 是，CDP 开发了农业、能源、材料、交通运输、森林、金属、矿业、金融业、资本及房地产的产业类别问卷
全球环境信息研究中心（CDP）、联合国全球契约组织（UNGC）、世界资源研究所（WRI）和世界自然基金会（WWF）	科学碳目标倡议（Science Based Targets Initiative，SBTi）	是； 是，SBTi 针对 13 个行业（铝，服装与鞋类，航空，建筑，水泥，化学，金融机构，森林、土地与农业，信息与通信技术，石油和天然气，电力，钢铁，交通）提出了科学碳目标制定指南
中国证券监督管理委员会	《公开发行证券的公司信息披露内容与格式准则第 2 号——年度报告的内容与格式（2021 年修订）》	否，多次强调企业需要根据行业的特点和需求做出披露，但并未对此做出明确的规定，也并未强调重点行业； 否
上海证券交易所	《上海证券交易所上市公司环境信息披露指引》	是，强调了火力发电、钢铁、水泥、电解铝、矿产开发等对环境影响较大行业的披露内容； 否

（四）国内外定性与定量数据披露情况

如表 4 所示，国际政策与准则中，定性数据的披露与定量数据的披露结合较好，碳排放信息的定量披露通常以范围一、范围二、范围三为基准。欧盟对产品的碳环境信息提出了相应的定量披露要求，包括进口到欧盟的货物数量及其中含有的碳排放量。

表 4　碳环境信息披露定性与定量对比

发布机构	政策文件	披露指标体系	定性 / 定量	披露方式
美国证券交易委员会	《加强和规范对投资者的与气候有关的信息披露草案》（*The Enhancement and Standardization of Climate-Related Disclosures for Investors*）	气候风险对企业和财务的影响； 气候风险对战略、商业模式和前景的影响； 治理披露； 风险管理披露； 财务报表指标； 温室气体排放指标	定性： 气候风险对企业和财务的影响； 气候风险对战略、商业模式和前景的影响； 治理披露； 风险管理披露； 财务报表指标。 定量： 温室气体排放指标	①注册报表、年度报告； ②提供 S-K 条例规定的与气候相关的披露； ③注册者经审计的财务报表的附注中； ④在 Inline XBRL 中对与气候相关的叙述性和定量披露进行电子标记
欧盟	《非财务报告指令》（*Non-Financial Reporting Directive*）	企业经营活动在目前和可预见的将来对环境的影响以及对健康和安全的影响、可再生能源和不可再生能源使用情况、温室气体排放情况、水资源使用和空气污染情况等	未做出具体要求，推荐参考国际准则	提供非财务管理报告或声明
	关于碳边境调节机制（*Carbon Border Adjustment Mechanism*，CBAM）的议会方案	2026 年起，进口商须申报上一年进口到欧盟的货物数量及所含的碳排放量，购买相应数量的 CBAM 证书（在原产国已支付的碳成本可以扣除）	定量	提交产品碳足迹及碳税数据
	《温室气体监测机制》（*Monitoring Mechanism Regulation*，MMR）	成员国根据该机制定期监测和报告其温室气体排放量	定量	报告
生态环境部	《环境信息依法披露制度改革方案》	企业发生生态环境相关行政许可事项变更、受到环境行政处罚或者因生态环境违法行为被追究刑事责任、突发生态环境事件、生态环境损害赔偿等对社会公众及投资者有重大影响或引发市场风险的环境行为； 鼓励重点企业编制绿色低碳发展报告	定性	①环境信息强制性披露系统； ②企业年报等相关报告； ③优先使用符合国家监测规范的污染物自动监测数据、排污许可证执行报告数据，科学统计归集环境信息； ④报告

续表

生态环境部	《企业环境信息依法披露管理办法》	碳排放信息，包括排放量、排放设施等方面的信息；企业基本信息；企业环境管理信息；污染物产生、治理与排放信息；生态环境应急信息与违法信息；本年度临时环境信息依法披露情况；法律法规规定的其他环境信息	对要求披露的内容规定较为空泛，以定性信息为主；定量信息包括碳排放量	①按照准则编制年度环境信息依法披露报告和临时环境信息依法披露报告，并上传至企业环境信息依法披露系统； ②优先使用符合国家监测规范的污染物监测数据、排污许可证执行报告数据； ③鼓励生态环境主管部门运用大数据分析、人工智能等技术手段开展监督检查

发布机构	披露准则	披露指标体系	定性 / 定量	披露方式
G20 委托金融稳定理事会（FSB）	TCFD	温室气体排放；过渡风险；实体风险；气候变化相关机会；气候风险相关资本配置；内部碳定价；与气候因素相关的高管薪酬比例	以定量为主	企业报告
全球环境信息研究中心（CDP）	CDP	气候变化（减少排放计划和低碳排放产品；范围一、范围二、范围三排放；排放细分；能源；其他气候相关指标；碳定价等）；森林；水安全	定量与定性相结合	①问卷调查是 CDP 主要的数据来源； ② CDP 通过获得投资者与买家的授权，邀请上市公司及供应商回复问卷，并建立起全球最大的环境管理平台
全球环境信息研究中心（CDP）、联合国全球契约组织（UNGC）、世界资源研究所（WRI）和世界自然基金会（WWF）	科学碳目标倡议（Science Based Targets Initiative，SBTi）	范围一、范围二、范围三碳排放数据；碳减排情况；减排目标（时间、减排量等）	定量与定性相结合	①要求并督促企业对其碳减排情况进行定期披露，以监测目标的进展情况； ②企业定期披露可选择使用问卷，也可以通过年报、可持续发展报告或者在企业官网披露等多种形式

续表

发布机构	披露准则	披露指标体系	定性 / 定量	披露方式
中国证券监督管理委员会	《公开发行证券的公司信息披露内容与格式准则第2号——年度报告的内容与格式（2021年修订）》	上市公司以及上市公司中属于环境保护部门公布的重点排污单位的公司或其主要子公司披露：排污信息；防治污染设施的建设和运行情况；建设项目环境影响评价及其他环境保护行政许可情况；突发环境事件应急预案；环境自行监测方案；报告期内因环境问题受到行政处罚的情况等。 自愿披露：有利于保护生态、防治污染、履行环境责任的相关信息；为减少其碳排放所采取的措施及效果	以定性为主	年度报告
上海证券交易所	《上海证券交易所上市公司环境信息披露指引》	上市公司发生与环境保护相关的重大事件，且可能对其股票及衍生品种交易价格产生较大影响时，应当自该事件发生之日起两日内及时披露事件情况及对公司经营以及利益相关者可能产生的影响	定性	要求主动披露，未确定具体形式
		根据自身需要披露：公司环境保护方针、年度环境保护目标及成效；公司年度资源消耗总量；公司环保投资和环境技术开发情况；公司排放污染物种类、数量、浓度和去向；公司环保设施的建设和运行情况；公司在生产过程中产生的废物的处理、处置情况，废弃产品的回收、综合利用情况；与环保部门签订的改善环境行为的自愿协议；公司受到环保部门奖励的情况；企业自愿公开的其他环境信息	以定性信息为主； 定量信息包括公司年度资源消耗总量，公司排放污染物种类、数量、浓度和去向	公司年度社会责任报告或单独披露

续表

发布机构	披露准则	披露指标体系	定性 / 定量	披露方式
上海证券交易所	《上海证券交易所上市公司环境信息披露指引》	从事火力发电、钢铁、水泥、电解铝、矿产开发等对环境影响较大行业的公司，应当披露：公司环境保护方针、年度环境保护目标及成效；公司年度资源消耗总量；公司环保投资和环境技术开发情况；公司排放污染物种类、数量、浓度和去向；公司环保设施的建设和运行情况；公司在生产过程中产生的废物的处理、处置情况，废弃产品的回收、综合利用情况；并重点说明公司在环保投资和环境技术开发方面的工作情况	以定性信息为主； 定量信息包括公司年度资源消耗总量，公司排放污染物种类、数量、浓度和去向	公司年度社会责任报告或单独披露
		被列入环保部门的污染严重企业名单的上市公司，应当在环保部门公布名单后两日内披露：公司污染物的名称、排放方式、排放浓度和总量、超标情况、超总量情况；公司环保设施的建设和运行情况；公司环境污染事故应急预案；公司为减少污染物排放所采取的措施及今后的工作安排	以定性信息为主； 定量信息包括公司污染物的排放浓度和总量、超标情况、超总量情况	要求主动披露，未确定具体形式
	《上海证券交易所股票上市规则（2022年1月修订）》	应当披露保护环境、保障产品安全、维护员工与其他利益相关者合法权益等社会责任的履行情况	定性	社会责任报告等非财务报告
	以邮件的形式通知	应当重点披露“碳达峰、碳中和”目标、促进可持续发展的行动情况	定性	年报；社会责任报告

国际碳环境信息披露的定量数据有良好的计算体系基础。例如，世界可持续发展工商理事会（WBCSD）与世界资源研究所（WRI）共同发布了《温室气体核算体系》，该核算体系的底层计算公式及排放因子来自政府间气候变化专门委员会（Intergovernmental Panel on Climate Change，IPCC）的计算模块。产品碳排放定量数据计算则可参考《商品和服务在生命周期内的温室气体排放评价规范》（PAS 2050：2008），按照产品和服务生命周期计算碳排放。

国内碳排放信息披露以定性为主，定量披露较少，但是我国污染物排放有较好的定量数据基础，并且在政策与准则中有较多污染物排放的定量披露要求。同时，我国碳排放数据定量披露的 MRV 计算体系也在加紧建设中，我国国家发改委发布了《国家发展改革委办公厅关于印发首批 10 个行业企业温室气体排放核算方法与报告指南（试行）的通知》《国家发展改革委办公厅关于印发第二批 4 个行业企业温室气体排放核算方法与报告指南（试行）的通知》《国家发展改革委办公厅关于印发第三批 10 个行业企业温室气体核算方法与报告指南（试行）的通知》。

国外碳环境信息披露以企业填报为主，披露形式多样，包括应投资方、供应链上游邀请填写问卷，企业非财务信息年报，披露碳减排行动路径规划，提交产品碳足迹及碳税数据等。在多种形式的企业填报文件数据基础上，国外出现了以 MSCI 明晟、标普、富时等企业为代表的第三方指数评级机构，基于大数据和自然语言处理（Natural Language Processing，NLP）技术，融合地域、行业等特征数据，给出了企业的 ESG 及碳环境信息模块的指数和评级。

国内目前的碳环境信息披露同样以企业填报为主，但缺乏相应的大数据评级体系或监测体系，难以核查企业填报数据的质量与准确性。

五、碳环境信息披露相关政策建议

碳环境信息披露相关政策多样、准则复杂，且国内外缺乏统一标准。通过对比和研究国内外的上述政策和准则，并结合政府、企业、园区的实际需求，本文提出的国内碳环境信息披露政策建议如下。

（一）扩大碳环境信息披露的主体，从政府向企业过渡，从强制披露的行业企业向自愿披露的行业企业过渡，再逐步提高对产品碳环境信息披露的要求

建议进一步加强以企业为主体的碳环境信息披露，将自上而下的强制性披露与自下而上的自愿性披露相结合，加强国内企业的自愿披露机制建设，引导更多企业参与碳环境信息披露。在中央生态环保督察和生态环境部专项督查的基础上，大力

发展绿色金融、绿色供应链、社会舆情监督，推动更多企业自愿披露碳环境信息。

国内目前碳环境信息披露的要求以企业为主，建议尽快增加产品层面的碳足迹计算与碳环境信息披露，从而加强我国产品在国际上的竞争力。当前国内 MRV 工作正在广泛开展，各行业的业务流程数据得以打通，为产品碳足迹的核算提供了良好基础，为产品层面的碳环境信息披露与碳税计算工作提供了便利。

（二）构建符合国情的碳环境信息披露指标体系，从事后披露以及不良信息披露向事前规划和优秀成果展示披露过渡

建议在国家制定的强制性披露准则基础上，充分发挥产、学、研、媒、金的能动作用，以制定团体标准、市场化第三方准则等方式，补充自愿性披露指标与准则。初期可鼓励团体标准、市场化第三方准则体系，逐渐形成一个或几个指标体系，建立权威性，在业内达成共识。

建议在环境违法违规行为或环境事故事后追溯性披露的基础上，增加企业应对气候变化相关的公司治理、发展战略、风险管理、指标与目标等内容，推动企业展示为气候变化已做出的行动、成果及未来的战略与路径规划。从不良信息披露转变为优秀成果展示，从事后披露转变为事前规划。

（三）建议制定行业化碳环境信息披露标准，建立精细化行业指标。在关注对气候变化影响大的行业的基础上，重点关注易受气候变化或低碳经济转型影响的行业

建议我国在制定碳环境信息披露政策与准则时，更多地纳入易受气候变化或低碳经济转型影响的行业。应考虑以 MRV 行业指标为基础，补充企业战略、气候变化风险、气候变化机会等碳指标，从而建立精细化的碳环境信息披露行业指标体系。

（四）搭建碳环境信息披露平台，加强定量披露与数据体系建设，由企业填报文档，向人工智能、大数据技术精准研判过渡

建议在已有的污染物排放定量披露体系和 MRV 计算体系的基础上，尽快加强碳环境信息披露的定量部分。应适时建立完整的环境信息数据监测体系，包括基于卫星遥感、无人机、地面监测站的天地空一体化监测，基于企业的运行数据，政府、监管和非政府组织数据集，公司披露文件，媒体数据；打通企业已有的烟囱式业务软件系统，深挖行业业务流程。

可通过持续观测区域、企业的环境信息，全方位、立体性进行环境监测，从而建立完整的碳环境信息披露数据平台。在碳环境信息披露大数据平台基础上，可联

通企业、监管机构、金融机构、第三方核查机构，在确保碳环境信息数据真实性和有效性的基础上，构建碳环境信息共享应用生态。

（五）加强碳环境信息披露国际合作，构建碳环境信息披露国际合作网络

为更好地在 ESG 和环境信息披露等领域进行融合及开展相关国际合作，应逐步组织建立一个长效的、具有国际影响力的环境信息披露与治理平台，在国际合作层面可考虑依托“一带一路”生态环保大数据服务平台，开展碳环境信息披露领域的政策研究、双多边合作、产业技术交流以及能力建设等领域的国际合作。

参考文献

江苏省生态环境厅网站，2019. 江苏省秋冬季错峰生产及重污染天气应急管控停限产豁免管理办法（试行）[EB/OL].（2019-01-13）. http：//sthjt.jiangsu.gov.cn/art/2019/1/15/art_83589_10046296.html.

生态环境部网站，2021. 企业环境信息依法披露管理办法 [S/OL].（2021-12-11）. https：//www.mee.gov.cn/gzk/gz/202112/t20211210_963770.shtml.

搜狐网，2021. 谱写欧盟 ESG 报告新篇章——从 NFRD 到 CSRD 的评述 [N/OL].（2021-09-27）. https：//www.sohu.com/a/492323521_120055832.

投资界，2022. 科创 50 今后须披露 ESG 数据，上市企业多了道必答题 [N/OL].（2022-01-25）. https：//news.pedaily.cn/202201/485806.shtml.

屠光绍，王德全，等，2022. 可持续信息披露标准及应用研究：全球趋势与中国实践 [M]. 北京：中国金融出版社.

新浪网，2022. 屠光绍：如何构建适合中国国情的可持续信息披露标准？[N/OL].（2022-05-05）. http：//finance.sina.com.cn/wm/2022-05-06/doc-imcwipii8182676.shtml.

新浪网，2022. 气候变化相关财务信息披露指南（TCFD）的解读与应用 [N/OL].（2022-02-21）. http：//finance.sina.com.cn/money/bond/market/2022-02-18/doc-ikyakumy6678126.shtml.

中国政府网，2007. 中华人民共和国政府信息公开条例 [EB/OL].（2007-04-05）. http：//www.gov.cn/xxgk/pub/govpublic/tiaoli.html.

中国证券监督管理委员会，2021. 公开发行证券的公司信息披露内容与格式准则第 2 号——年度报告的内容与格式（2021 年修订）[EB/OL].（2021-06-28）. http：//www.csrc.gov.cn/csrc/c101864/c6df1268b5b294448bdec7e010d880a01/content.shtml.

EBP China，https：//www.ebp-china.com/zh-hans.

国际个人碳金融与我国碳普惠的实践与启示

刘　蕾　刘　援　晏　薇

为应对全球气候变化危机，世界范围内正经历一场经济和社会发展方式的变革，以低能耗、低排放、低污染为基础的低碳经济成为国际社会的普遍共识。工业部门一直以来都是全球推进节能减排的主战场，但随着工业碳减排技术难度变大、减排成本升高，仅依赖工业部门的碳减排已无法满足《巴黎协定》目标的减排需求。联合国环境规划署发布的《2020 排放差距报告》（United Nations Environment Programme，2020）指出“当前家庭消费温室气体排放量约占全球排放总量的 2/3，加快转变公众生活方式已成为减缓气候变化的必然选择。鼓励绿色生活、消费行为，是在工业减排空间压缩、成本上升背景下，进一步实现大幅度节能减排的重要途径。”随着城市化进程的不断推进和居民生活水平的日益提高，生活碳排放呈现快速增长的态势，逐渐成为城市能源消耗和碳排放增长的重要领域之一。因此，以个人碳金融为手段，通过市场机制引导低碳消费和生活节能方式转变受到国际社会关注并开展实践，我国个人碳金融是以碳普惠制为核心。

个人碳金融体系以碳交易为核心发展而来。这一概念于 20 世纪 90 年代被提出，2004 年在英国政府和学术界引发了广泛讨论。尽管由于系统成本、政策可行性等问题，个人碳交易机制未能在英国落地，但这也为个人参与碳减排的机制创新打开了思路（张清玉，2013）。随着自愿性减排市场的发展，个人碳金融近年来出现了更多的创新模式。本文梳理总结了国内外个人碳金融体系相关理论和实践，尽管国外个人碳金融领域在部分城市或地区开展的个人低碳项目实践在成效方面各有缺憾，但对我国碳普惠制个人碳金融体系的发展仍不失为有益参考。

一、国外个人碳金融的相关研究和实践

（一）个人碳交易的理论研究

碳交易机制是个人碳金融体系的逻辑起点，个人碳交易（Personal Carbon Trading，PCT）是较早被广泛研究的个人碳金融方案。自 2008 年起，以英国为代表的部分欧美国家开展了一系列个人碳交易研究，希望通过碳排放意识、社会效应等手段，推

动个人尽可能减少化石能源消费量，进而减少碳排放。虽然各国个人碳交易方案的涵盖范围略有差别，但设计思路大致相同，包括：①个人或家庭定期免费获得碳配额；②根据其消费活动计算碳配额的扣减量；③允许碳配额交易；④个人或家庭可获得的碳配额总量通常逐年减少，从而推动减排。

然而，由于个人碳交易会对居民消费行为产生影响，同时运转成本过高，因而面临较大的社会及法律阻碍，如针对儿童及老人应该如何进行碳配额分配、如何确定计划的边界等。因此，全球范围内尚无国家推行大范围的个人碳交易计划。除英国的电子可交易能源配额计划（TEQ）和个人碳配额（PCA）政策曾长期处于政府审查阶段并最终被否决外，大多数国家的大范围个人碳交易计划均停留在设想阶段。

（二）澳大利亚诺福克岛小范围的个人碳交易尝试

2011 年，澳大利亚诺福克岛启动了全球第一个个人碳交易机制——诺福克岛碳及健康评估项目（以下称“NICHE 计划”），由南十字星大学管理，接受澳大利亚研究理事会（ARC）的资助以及诺福克岛立法议会的支持。诺福克岛经济体量小、经济结构简单，并且自给程度高，与澳大利亚其他区域的经济往来非常有限。由于这些条件在全球绝大部分地区均无法满足，因此尽管诺福克岛成功启动了个人碳交易，但是其形成的经验却难以应用到全球其他地区。

就个人碳交易而言，NICHE 计划主要研究分配碳配额并设置相应目标的方法是否利于居民部门碳减排、个人碳交易系统是否被公众支持以及能否成为一项强制性的减排工具。NICHE 计划的设计机制相对简单，共分为三步：

第一步，将诺福克岛的参与居民纳入个人碳监测系统，并监测其天然气、电力及燃料（主要是汽油）消费量。其中，天然气及电力消费数据从公用部门统计获取，而燃料消费是在销售点（如加油站）通过专门的应用程序进行采集（居民使用相关应用程序可以获得小额的油价折扣）。根据各种能源消费量及乘数，计算参与的居民的能源消耗相关二氧化碳排放总量。在整个实验期间，约有 217 户人家自愿参与（占诺福克岛总人口的 27%）。

第二步，参与家庭按季度统计碳排放量，并在实验开始的两个季度后根据此前的排放数据计算出基准排放量，推动参与居民在未来的 6 个月内将其碳排放量在基准排放量上减少 10%，这一目标被称为个人碳目标。

第三步，允许居民之间开展碳交易，以观测市场手段是否可以提升减排效率。

NICHE 计划实施之后，诺福克岛的居民部门排放量有所下降，但实验可靠性及完善性大打折扣。主要原因在于：

①由于居民为自愿参与而非强制，因此居民在消费过程中没有完全将自身的能源消费记录下来。尤其是在燃油消费方面，即便有小额的油价折扣，但在全部参与者中，能够将 80% 的石油消费忠实记录下来的居民仅占 38%，而有 49% 的参与者甚至无法确定自己究竟记录了多少。受此影响，NICHE 计划在最终分析时不得不在燃油部分剔除了 80% 记录比例以下的参与人员数据，这削弱了结果的可靠性。

②由于商业银行对 NICHE 计划兴趣寥寥，而公共事业单位数据披露以季度为单位，因此无法通过商业银行获取实时的交易信息，这导致建立个人碳交易所需要的数据支持难以实现（这一原因同时也是 NICHE 计划参与者记录水平不佳的原因，即通过新的应用程序记录消费数据过于繁琐）。

③ NICHE 计划对碳配额的分配采用人均等量分配法。然而，在实验中研究机构发现，人均能源消费量实际与家庭成员数呈现显著的负相关。因此，人均等量分配这一分配法被证实不利于规模较小的家庭。与此同时，诺福克岛缺乏完善的金融及税务体系，无法保障对小规模家庭进行合适的补偿，这导致在实验中引入个人碳交易的尝试最终以失败告终。

在实验的最后，参与 NICHE 计划的家庭还填写了调查问卷，以表明在参与 NICHE 计划前后，他们是否认为个人碳交易是有效的减排手段，以及参与 NICHE 计划后，是否支持其强制推广。最终的结果显示：①在参与 NICHE 计划后，认为个人碳交易是碳减排的有效手段的居民比例略有提升（从 51.22% 提升至 55.76%），但这一变化并不显著且可能受到参与问卷人数差异的影响（前者的样本容量为 410 人，后者的样本容量为 165 人）；②支持 NICHE 计划或个人碳交易强制推广的比例并不高，46.1% 的居民持支持意见，22.4% 的居民持反对意见，而 31.5% 的居民持中立意见，可见如果希望大范围推广 NICHE 计划或个人碳交易，则仍需要进一步完善相关设计。整体看，NICHE 计划虽然难言成功，但是为个人碳交易系统的现实运用提供了宝贵的经验。

（三）芬兰居民交通碳交易系统

由于居民配额核算及分配实际操作中存在较大困难，完整的个人碳交易计划推行面临阻碍，因而近年来碳市场开始尝试新的模式：①聚焦数据易获取的少量领域，而非全部居民碳排放领域；②在进行碳配额分配时，进行更加灵活的调整。芬兰城市拉赫蒂（Lahti）上线的公民共创的上限和交易系统（Citizen's cap and trade co-created，CitiCAP）即为代表之一。CitiCAP 是拉赫蒂城市交通计划（SUMP）的一部分，主要通过邀请居民使用 CitiCAP 这一应用软件监测其日常交通方式，通过激励措施推动参与者使用可持续的城市交通工具。

CitiCAP 的设计思路主要有五项特色：

①在碳配额方面，CitiCAP 中的碳配额并非人均等额分配，而是在等额分配的基础上根据生活情况进行调整，如行动不便或居住地离基础设施较远的居民可以获得更多的碳配额，碳配额的发放每周一次。

②在数据收集方面，参与者的交通方式及碳排放被 App 自动记录，CitiCAP 主要以 GPS 感测元件所测量的行进速度为依据，判断居民使用何种交通工具。

③在碳交易方面，参与者在试用版中不能直接相互交易他们所获得的碳配额，而是直接与后台数据库进行交易，系统起到中央对手方作用。参与者每周的交通数据将会被折算成该参与者的实际碳排放总额，若实际总额低于该参与者的碳排放配额，盈余配额将自动出售给系统并兑换成虚拟欧元；若实际总额高于参与者的配额，亏损部分将在参与者的虚拟欧元中扣除。

④碳价格方面，碳价仍然根据供需环境变化而波动。虚拟欧元价格受到碳配额总量的供需影响，所有参与者的盈余越多，则碳价越低，反之越高。

⑤激励机制方面，试用版期间参与者只会获取激励，无须承担损失。参与者碳账户每 4 周结算一次，净赚取虚拟欧元的参与者可以在 App 内使用虚拟欧元购买小礼品，如咖啡券、游泳卡等，而虚拟欧元净亏损的参与者无须为亏损付费。

CitiCAP 项目自 2019 年起开始筹备，2020 年 5—10 月正式运行，运行期间创建了 2 500 个用户 ID，其中有 100～350 个活跃用户，主要用户画像为 50 岁以下、高教育水平、高收入群体。此外，约有 150 名参与者被划分入对照组，用以考察 CitiCAP 下的个人碳交易机制是否能够有效激励用户改变交通通勤行为。

结果显示，CitiCAP 的碳价机制对参与者交通方式的影响幅度有限，但排放意识和社会效应对参与者的减排行为有较好作用。主要表现如下：①从居民的实际出行数据来看，2020 年 CitiCAP 上线运行以来，参与者对私家车的使用确实有所下降，这将推动碳排放的减少；②然而，出行方式的改变最有可能是受到了新冠肺炎疫情的影响，一个佐证是对照组的居民在出行方式上与 CitiCAP 的主要参与者有着相同的趋势；③试点最初的碳配额价格为 0.1 欧元 /kgCO_2，而在部分时期碳价一度涨至 0.7 欧元 /kgCO_2，但是高碳价并没有对参与者的行为产生影响，甚至在最后的调查访谈中，仅有 37% 的用户注意到了碳价的高昂，这表明碳价对居民的激励作用实际是相当有限的；④约有 36% 的调查者表示，使用 CitiCAP 后由于希望完成减排行动，因此他们的交通活动变得更环保了，这说明排放意识及社会效应在居民部门减排中发挥了作用。

此外，CitiCAP作为更加新鲜的尝试，为个人减排体系的构建提供了两项宝贵经验：①在最终问卷中，约有1/3的参与者认为，即使参与了CitiCAP，他们对于个人碳交易的具体运作仍然不甚了解，这表明个人碳交易的参与门槛似乎有些过高，需要进行普及教育；②约有21%的参与者在最终调查中承认，他们曾经通过关闭GPS或者将手机留在家中以防止自身出行数据被记录，从而降低自身的排放量数据。由于居民个人相对生产部门更容易进行数据造假，因而对数据统计体系的安全性和有效性有更高的要求。

（四）韩国"绿色信用卡"体系

韩国环境部从2011年开始正式推行温室气体减排优惠政策，引导全体国民积极参与减排活动，制定并实施了包括碳积分和绿卡积分在内的"绿色信用卡"（"绿卡"，Green Card）体系，向乘坐公交车、购买环保绿色产品的国民提供多种优惠，并积极推广低碳汽车和电动汽车的使用（聂兵等，2016）。韩国各大银行和专业网站发行这种"绿卡"，"绿卡"包括个人卡、企业卡、国家机关卡和会员卡4种类型。

韩国居民家庭半年内的用电、用水及用气量相比此前两年节约超过10%，即可获取最高达7万点的碳积分（1积分相当于1韩元）。凡使用"绿卡"在特定商店购买具有绿色标识或碳标签的产品、选乘公共交通、在银行缴费等，即可获取相应绿卡积分、折扣及消费返还。可通过兑换现金、抵扣绿色产品费用、发放公共设施消费券、支付公共交通费用、支付地方税及环保捐款等多种形式将碳积分和绿卡积分反馈给社会大众。2011—2014年，"绿卡"交易记录达2.71亿美元，减碳量约为5.31万t。截至2015年4月，累计持卡者超过1 000万人，环保产品销售额约440万美元。

韩国推行"绿卡"的相关经费来源包括：①韩国环境产业技术院（KEITI）已安排的预算经费；②发卡公司的手续费回馈；③韩国环境部增列110亿韩元预算，其中4亿～5亿韩元用于贴补绿卡积分、人力成本与广告等，协力减少厂商负担，共同推动项目实施。

二、我国个人碳金融的发展现状：碳普惠制为核心

目前，我国的个人碳金融实践主要是通过各种渠道和方式将居民的低碳行为换算为碳积分，并在此基础上提供各种激励和优惠业务，这种模式被称为个人碳普惠制度。根据平台搭建主体的不同，我国碳普惠实施模式可以分为政府主导型和企业主导型两种（潘晓滨等，2021）。

（一）政府主导型碳普惠实践

我国碳普惠制度的探索由来已久。早在 2015 年，广东省就率先展开了碳普惠制建设的探索。此后，广州在 2019 年正式上线了全国首个城市碳普惠平台，市民通过绿色出行、节水节电等低碳行为，就可以获得碳币，兑换商品；碳减排量经核证后可进入广州碳排放权交易所进行交易变现。经过多年试点的经验积累，2022 年 4 月，广东省生态环境厅印发《广东省碳普惠交易管理办法》，明确碳普惠的管理和交易，并指出要积极推广碳普惠经验，推动建立粤港澳大湾区碳普惠合作机制，积极与国内外碳排放权交易机制、温室气体自愿减排机制等相关机制进行对接，推动跨区域及跨境碳普惠制合作，探索建立碳普惠共同机制。在碳普惠方法学方面，截至 2022 年，广东省已批准 5 个方法学，包括《广东省林业碳汇碳普惠方法学（2022 年修订版）》《广东省废弃衣物再利用碳普惠方法学（2022 年修订版）》《广东省使用家用空气源热泵热水器碳普惠方法学（2022 年修订版）》《广东省使用高效节能空调碳普惠方法学（2022 年修订版）》《广东省自行车骑行碳普惠方法学》。

此外，2020 年北京启动了“绿色出行——碳普惠”活动，2021 年青岛发布了全国首个以数字人民币结算的碳普惠平台——“青碳行”App，2022 年全国首个省级碳普惠应用在浙江上线，这些都是碳普惠制度在不同地区的实践。

（二）企业主导型碳普惠实践

1. 互联网碳普惠平台

互联网平台企业基于其客户行为的数据获取优势开展碳普惠制的实践，其中阿里巴巴的蚂蚁森林起步最早（2016 年），影响也最为广泛。蚂蚁森林主要用于度量个人日常生活中的碳排放量。个人居民在日常生活中步行、乘坐公共交通、网络投票、在线支付等行为均可在系统中转化为碳减排量，进而双倍计算为虚拟的能量数值，用户可以用收取、积累的能量数值虚拟种树。与此相对应，蚂蚁集团以及其合作的公益组织会在我国某地区真实地种植一棵树，并为植树用户颁发一张有唯一编号的植树证书，以此激励居民绿色低碳生活。

蚂蚁森林项目包含主办方、执行方、用户端、自然环境端以及负责监管的政府端。其中，主办方为蚂蚁金服集团与阿里巴巴集团，为项目提供资金，并承担维护平台正常运作的责任。一方面，主办方需与专业碳核算平台合作，设立一套合理可行的碳减排计算方案；另一方面，主办方需与电力、地铁、公交等相关方面密切合作，获取居民个人相关数据，从而获得完整的闭环数据链，准确计算客户端用户碳排放较大的领域所减少的排放量。阿拉善 SEE 生态协会、中国绿化基金会等公益组织负责项目执行，帮助蚂蚁森林用户将碳账户积累兑换成真树或生态环境保护地的保护经费。

未来，蚂蚁森林将由碳普惠制向个人碳交易制进行转变。事实上，蚂蚁森林的产品构想共有三步：第一步是初期通过公益基金会购买个人碳账户所积累的“绿色能量”，将其转化为植树行为；第二步是参照国际上通用的自愿减排交易机制，开展减排项目交易，鼓励有社会责任的企业和个人购买；第三步是为未来个人碳减排活动形成国家认可的方法学，并纳入中国自愿减排项目类型，成为个人参与碳交易的“碳账户”，参与未来碳市场的买卖与投资。目前，上述规划仍停留在第一步，个人碳账户、碳交易市场的推广和普及仍面临诸多困难，但蚂蚁森林作为在这一领域最早开展实践也是影响力最为广泛的碳普惠应用，其低碳生活场景的设置、碳减排量的算法等，对后来者都具备非常有价值的借鉴意义。

2. 商业银行推出碳信用卡和个人碳账户

事实上，早在 2010 年我国就有部分商业银行通过碳信用卡产品尝试了居民直接购买碳减排量的模式。在“碳达峰、碳中和”目标提出后，近年来商业银行陆续推出了基于碳普惠制的“积分兑换”模式的碳信用卡，并开始探索搭建更为全面的个人碳账户体系。

2021 年 8 月，中国银联联合上海环境能源交易所、各家商业银行，共同发布了银联绿色低碳主题卡产品，旨在进一步推动国内低碳生活观念的普及以及碳普惠体系的落地。此后，浦发银行、中国银行等诸多商业银行都陆续设计、发行了具体的绿色低碳主题信用卡产品。低碳信用卡的运作模式主要是基于居民的绿色低碳行为形成低碳积分，并给予相应激励（大致包括绿色消费优惠、低碳出行优惠、绿色能量兑换、证书奖励、新能源购车优惠五大类优惠），以此引导居民践行绿色低碳生活，促进个人的节能减碳。这是碳普惠体系的常见运作方式，可以说是碳普惠制度与金融产品的结合。

如果说“碳积分兑换”模式的碳信用卡是碳普惠制度的初步实践，个人碳账户体系则是致力于探索更为全面的居民碳减排量的计算、积累、兑换及交易等操作的体系。商业银行的个人碳账户是指商业银行利用自身交易结算数据优势，实时获取和计算居民消费行为所导致的碳排放，并为用户提供碳减排量记录等基础信息的账户。在此基础上，商业银行可以为碳排放较少或低碳消费行为较好的居民提供一定的业务优惠或商品兑换（类似碳信用卡、碳普惠制度的操作）。自 2022 年以来，已有诸多商业银行开展了个人碳账户业务，如中信银行、平安银行、浦发银行、衢江农商行、日照银行等。

三、思考与建议

当前，个人碳金融体系建设与发展尚处于初期实践阶段。就其所反映出的数据、技术、政策、隐私、公民意识等方面的共性问题与障碍，本文提出以下思考和建议。

①我国以碳普惠制为核心的个人碳金融实践符合当前经济社会发展的具体国情，但需第三方长期稳定的支持。与韩国“绿卡”体系相类似，将经济奖惩的实现方式由市场决定转换为第三方决定，淡化碳交易的经济惩戒、强化激励作用，符合我国经济社会发展水平，更具可行性。但值得注意的是，基于碳普惠制的个人碳金融模式的奖励机制由市场参与双方以外的第三方提供，因此需银行、互联网企业等第三方克服相应支出成本问题，并提供长期稳定的支持，方能保障持续的减排效果。

②个人碳金融体系实践中数据的可获得性、准确性、唯一性、安全性是关键，可通过发挥大数据、区块链底层数据构建与应用等技术完善数据获得方式。NICHE 计划和 CitiCAP 项目实施过程中都遇到了因人为因素导致的数据统计缺失。如果个人碳金融完全依赖移动电子设备，则可能为参与者提供不当的牟利机会，如避免化石能源消费被记录而使用现金支付，关闭手机以避免出行方式数据被掌握、低碳场景下低碳数据记录的重复计算，以及因低碳数据获取而产生的隐私泄露等。因此，建议采用大数据、区块链等技术构建数据底层平台以解决低碳数据缺失或重复计算等问题，并在可视化界面上注重保护公众隐私。

③个人碳排放数据核算标准是发展个人碳金融的根基，所以可提供统一低碳数据核算标准的碳普惠方法学的开发十分必要。目前，国内互联网企业或银行业金融机构采用的碳普惠方法学多由国内交易所开发，与企业合作的不同交易所使用的碳普惠方法学不尽相同，衡量公众同一低碳行为产生的减排量也不同，这将导致碳账户的不公平性。碳普惠的可持续发展需要政府、企业、银行、交易所、协会等的多方合作。如 2022 年 5 月 6 日发布的《公民绿色低碳行为温室气体减排量化导则》团体标准是由中华环保联合会绿色循环普惠专委会、生态环境部宣传教育中心以及生态环境部环境规划院、阿里巴巴（中国）有限公司、深圳市腾讯计算机系统有限公司、中国互联网发展基金会等多家单位共同编制，凝聚多方共识，对企业开展碳普惠项目更具吸引力。

④我国碳普惠实践目前主要以地方政府和企业为主导，在地方政府、企业实践基础上应逐步形成国家层面的统筹与安排，推动良好实践的推广与应用，调动社会积极性与行动力。2014 年国家发展改革委发布的《国家发展改革委关于开展低碳社区试点工作的通知》等明确了碳普惠工作的步骤、功能和意义。但根据广东、北京

等各地的碳普惠发展现状，我国碳普惠实践基本离不开碳积分换取商业优惠的模式，从碳普惠减排量产生到交易或消纳的全过程的畅通机制仍需进一步完善，以确保其可持续性。因此，国家层面的统筹与总体规划将为地方、企业碳普惠实践指明方向，更好地调动社会各界的积极性和行动力。

⑤公众作为个人碳金融体系的参与主体，其低碳生活和消费意识的提高决定了在低碳场景中的参与度和碳减排成效。加强公众宣传教育、提高公众参与度是一项重要而长期的工作，需要政府形成完善的体系化教育机制和相应的激励机制，调动公众积极性，推动形成全国低碳生活和消费方式的氛围与主流趋势，推动建设低碳社会。

参考文献

胡晓玲 . 双碳背景下地方碳普惠机制发展综述和建议［EB/OL］.（2022-04-20）［2022-09-27］. http：//iigf.cufe.edu.cn/info/1012/5097.htm.

聂兵，史丽颖，任捷，等，2016. 碳普惠制的创新及应用［M］// 苏树辉，袁国林 . 清洁能源蓝皮书：温室气体减排与碳市场发展报告（2016）. 北京：世界知识出版社：227-258.

潘晓滨，都博洋，2021. 我国碳普惠制度立法及实践现状研究［J］. 资源节约与环保，（4）：138-139.

张清玉，2013. 英国个人碳交易研究及启示［J］. 财会通讯，（12）：117-119.

United Nations Environment Programme，2020. Emissions Gap Report 2020［R］. Nairobi：UNEP.

转型金融助力高碳行业向低碳转型

吴　琪[①]　程渝欣[①]　王　冉

一、转型金融的由来与内涵

近年来，国际社会逐渐认识到气候变化是当今人类社会所面临的最严峻的风险之一，构建可持续发展的高韧性经济体、实现人类经济社会发展与自然和谐共生已成为各国的发展目标与共识。绿色金融在推动环境质量改善和绿色低碳发展方面起到不可或缺的作用。传统的绿色金融注重支持“纯绿”或“接近纯绿”的项目，例如对清洁能源、绿色交通、绿色建筑等领域的金融支持。煤电、钢铁、水泥等传统工业行业由于其高碳属性，在向低碳转型时往往得不到充分的金融支持，但这些传统工业行业能否成功转型往往是决定整体工业部门低碳化发展的关键因素。“转型金融”概念在这样的需求背景下应运而生。

“气候转型金融”（Climate Transition Finance）即“转型金融”的概念最早于2020年3月由欧盟技术专家工作组在《欧盟可持续金融分类方案》（EU Taxonomy）中提出。目前，国际上对转型金融的概念尚未有清晰的界定，也没有统一的业务分类标准，但已有一些经济体的政府部门、国际组织和第三方机构给出了相关定义（见表1）。

表1　关于转型金融的部分定义

机构	定义
经济合作与发展组织（OECD）	在经济体向可持续发展（包括经济、社会、人文、健康、环境等多维）目标转型的进程中，为其提供融资以帮助其转型的金融活动
国际资本市场协会（ICMA）	2020年12月发布的《气候转型金融手册》将转型融资广泛地定义为“发行人支持其气候变化战略的相关融资计划”
欧盟	《欧盟可持续金融分类方案》将转型活动定义为“为实现减缓气候变化的目标，在尚未提供低碳替代品的部门内作出重大贡献，从而满足支持转型需要的相关活动”

① 自然资源保护协会。

续表

机构	定义
日本经济产业省	支持需要较长时间才能实现真正净零排放的产业向低碳、脱碳的方向转变
气候债券倡议组织（Climate Bonds Initiative）	转型五项原则： ①符合 1.5℃温控目标的碳排放轨迹； ②以科学为基础制定国际适用的减排目标和路径； ③碳抵消不归为转型活动； ④技术可行性优于经济竞争性； ⑤刻不容缓地行动

总体而言，转型金融的内涵可概括为“为应对气候变化影响和实现可持续发展，运用多样化的金融工具，为传统的碳密集和高环境风险的市场实体、经济活动和资产项目向低碳和零碳排放转型提供的金融服务”。

二、发展转型金融的重要意义

实现“碳达峰、碳中和”目标，一方面要持续推动绿色低碳产业的发展，另一方面必须阶段性地支持高碳行业和企业的低碳转型，这两方面都需要金融发挥优化资源配置的作用，以更好更快地实现经济社会发展全面有序转型。

相较于已经实现碳达峰的发达国家，我国还处于碳达峰目标的前期实现阶段，高碳行业在经济社会发展过程中依然起着重要的支撑作用。然而，在“双碳”目标工作的推动过程中，部分碳排放密集型的传统产业开始面临转型升级方面的资金难题。

我国绿色金融体系发展迅速、不断完善，在支持绿色低碳产业发展方面发挥了重要作用。目前，我国全部信贷活动中大约有 10% 被贴标为“绿色信贷”，推算绿色经济活动占到全部经济活动的 10% 左右，其他经济活动可以被称为“非绿活动”。按照我国绿色产业目录所界定的绿色经济活动，目前仅占 GDP 的约 10%，其余 90% 是不符合绿色贴标要求的非绿活动。这些具有一定碳排放强度的非绿活动，可被分为可转型的非绿活动和不可转型的非绿活动。

未来可转型的非绿活动规模可能将远大于绿色经济活动。不可转型的非绿活动主要指活动主体已经没有转型意愿或能力，若干年后会退出市场。对于可转型的非绿活动，如果得不到充分的金融支持，在我国实现碳中和的进程中会对经济、社会产生负面影响。例如，在未获得转型所需资金的情景下，高碳行业、企业无法开发或引入转型需要的新技术、新设备，难以实现“双碳”目标所要求的低碳转型；在国家气候政策、市场低碳需求的叠加冲击下可能破产倒闭，给银行等金融机构带来金融风险，给股权投资者带来资产估值的大幅下降；同时企业破产倒闭所带来的工人失业、大幅裁员又会对社会稳定造成冲击。

因此，针对应对气候变化和我国的“双碳”目标，构建目标明确、标准清晰的转型金融体系，实现绿色金融与转型金融的有效、有序衔接，对于我国实现“双碳”目标至关重要。

三、转型金融的发展进程

在政策层面，转型金融框架仍在探索和研究中。借鉴绿色金融体系的经验，国际社会对转型金融体系所应包含的内容具有基本共识，即转型金融体系中应当包含转型金融标准、信息披露要求、转型金融产品、政策激励机制以及公正转型五大要素。

转型金融标准是指通过分类目录或原则指引帮助金融机构识别并支持转型活动。信息披露要求则要求披露企业预设的转型目标的完成情况相关信息，避免出现“洗绿”或“假转型”。转型金融产品是指金融机构需要设计多样化的金融产品以支持不同类别的转型活动，其中既包括债务性融资工具，也包括股权类融资工具。政策激励措施包括财政手段、碳交易机制、政府参与出资的转型基金、金融政策激励和行业政策杠杆等。公正转型则要求金融机构支持转型活动时，同时要求转型主体评估转型计划对就业的影响以及需要采取的再就业、培训等应对措施。

2022 年 11 月，二十国集团领导人峰会批准《G20 转型金融框架》，首次就发展转型金融形成国际共识。《G20 转型金融框架》包括五大支柱和 22 条原则。五大支柱包括对转型活动和转型投资的界定标准、信息披露、金融工具、激励政策和公正转型。

我国也在积极研究和制定相关政策，相关工作包括：中国人民银行正在研究转型金融目录的编制和相关政策；中国金融学会绿色金融专业委员会设立“转型金融工作组”，由中国建设银行牵头，正在开展转型金融标准披露和产品方面的研究。

在地方层面，各地积极探索转型金融的实现路径。浙江省湖州市出台了我国第一版地方转型金融目录，聚焦能源、工业、建筑、农业四大领域，确立了转型金融支持的九大行业、30 项细分领域。同时，参照各行业“双碳”目标实现技术路径，编制了首批 57 项低碳转型技术路径，引入“能耗强度”量化指标，分行业分领域设定低碳转型远期（2025 年）目标区间值，推动实现融资主体转型目标“可衡量、可报告、可核查”。

在实践层面，债券和贷款是转型金融实践目前相对活跃的领域。这些转型债券和贷款旨在为企业的高碳活动脱碳提供相对低成本的资金支持，帮助企业向净零排放转型并通过将融资条件与转型相关目标挂钩的奖惩机制，更好地激励企业低碳转型。

目前，全球尚无关于“转型债券”的统一定义和标准，但已存在不少具有转型债券性质的债券创新产品，以及部分金融机构自身制定的相关产品标准或规范，如欧洲复兴开发银行（EBRD）于2019年发行的绿色转型债券、英国天然气分销公司Cadent Gas Limited于2020年发行的转型债券等。意大利国家电力公司（Enel）于2019年发行了世界上首笔可持续发展目标挂钩债券（SDG-linked Bond），该债券与定量转型指标挂钩：到2021年年底，该公司可再生能源发电量占比从48%提升至55%。

与“转型债券”类似，全球目前尚无“转型贷款”的通用定义和标准，但市场中已有具有转型贷款性质的创新性贷款产品，如可持续发展挂钩贷款。法国的可持续发展挂钩贷款发行规模领跑全球，年均市场份额占比保持在80%以上。

除了债券和贷款，一些国家和地区也设立了专门支持传统高碳行业及其所在地区进行转型的基金，设立与出资机构一般为政府、基金会和多边开发性金融机构，如欧盟公正转型基金、美国公正转型基金、爱尔兰国家公正转型基金、英国减排援助基金等，这些转型基金旨在为高碳行业企业低碳转型提供较低成本的融资支持，并关注转型过程中人员的再就业问题。

转型金融类产品自2021年起开始在我国国内兴起。截至2021年12月31日，国内共有21家主体发行25只可持续发展挂钩债券，债券发行规模合计353亿元；其中22只债专项用于可持续发展，另有3只债券与碳中和债、乡村振兴债等种类结合发行。针对可持续发展挂钩贷款目前尚无权威的统计，但根据彭博社数据，中国内地企业去年获得了67亿美元（约430亿元人民币）的可持续发展挂钩贷款。

四、进一步发展转型金融的相关建议

目前，我国正全力推动2030年前实现碳达峰目标，许多高碳行业、企业已经未雨绸缪、开始谋划转型行动，对于金融支持的要求可以预见将会逐年上升。但是金融机构因无法明确识别经济活动中的真正的“转型”活动，因此“不敢”为转型活动提供金融服务。同时，如果任由金融机构随意以转型金融的名义支持各类高碳企业自称为“转型”的经济活动，也可能加大“洗绿”的风险。因此，要切实推进转型金融的发展，助力高碳企业的低碳转型，加快整个社会经济的低碳转型，提出如下建议。

（一）政府相关部门抓紧出台转型金融界定标准和信息披露要求

尽快明确转型金融的概念、建立针对高碳行业转型的“转型金融目录”，并随着技术迭代进行动态更新。确立针对转型主体的信息披露要求，包括但不限于短期、中期、长期转型发展战略或者是行动计划（包括技术路径、筹资和投资计划）等，转型规划下的关于碳排放水平、强度预测、测算碳排放以及减碳效果的方法学，各个阶段间转型的具体计划、转型效果的情况、从商业银行获得转型金融资金的应用情况，转型战略目标与碳中和目标一致情况，落实转型计划的政策安排以及治理机制等。

（二）应尽早出台适当的政策激励措施，增强金融机构支持高碳行业转型的信心

高碳行业、企业因其经营风险和未来转型发展的不确定性，自身面临较高的金融风险，同时金融机构支持高碳转型会带来其金融资产在一定时期对应的碳排放上升，这些因素会影响金融机构支持高碳企业转型的意愿。政府相关部门应综合运用财政手段、碳交易机制、政府参与出资的转型基金、金融政策激励和包括新能源指标在内的行业政策杠杆等激励措施，鼓励金融机构支持高碳行业、企业的转型。

（三）需要各级政府部门、商业性金融机构、政策性金融机构及多边开发性金融机构的协同支持

建议国家有关部门研究给予转型企业资金支持与政策激励，如设立国家低碳转型基金、中国人民银行加大对创新结构性货币政策工具的研究与应用；充分调动多边开发性金融机构和政策性银行的低成本资金，协同支持低碳转型；商业性金融机构积极开发兼具低碳转型效益与商业可持续性的转型金融产品，并通过设立合理的激励约束机制，确保资金的使用效率与转型效果。

（四）金融机构要加强转型金融产品创新和风险识别能力

加快创新多样化的转型金融工具，特别是大力推动股权类融资工具，包括转型基金、PE/VC 基金、并购基金等，以及保险和其他风险缓释工具、证券化等。并针对不同行业、不同区域，设计差异化的金融产品，以满足不同的定位、需求和实现有序转型。开发定量化的测算工具，将转型金融纳入传统的定量化金融框架，例如碳核算工具、情景分析和压力测试的工具、风险识别管理工具等，帮助金融机构识别机遇与风险，产生支持高碳行业转型的内驱力。

第四章

环境国际公约履约

将含 HCFCs 及 HFCs 的预混组合聚醚纳入《蒙特利尔议定书》受控物质进出口管理体系的思考

柳朝霞　宋　阳　刘莹莹　孟庆君[①]

一、背景

（一）《蒙特利尔议定书》框架下的受控物质进出口管控

为了保护臭氧层，国际社会在 1985 年和 1989 年分别签署了《保护臭氧层维也纳公约》和《关于消耗臭氧层物质的蒙特利尔议定书》（以下简称《议定书》），开始逐步削减和控制消耗臭氧层物质（ODS）的生产和使用。根据《议定书》的规定，各缔约方应建立 ODS 进出口许可证管理制度，限制与非缔约方进行 ODS 贸易，并每年向臭氧秘书处和多边基金秘书处报告 ODS 进出口量、生产量、消费量等统计数据。

ODS 淘汰经历了从全氯氟烃（CFCs）等高消耗臭氧层潜能（ODP）物质淘汰到含氢氯氟烃（HCFCs）等较低 ODP 物质过渡性淘汰的过程。我国从 2011 年开始淘汰 HCFCs，主要 HCFCs 消费行业均已经完成了第一阶段淘汰任务，正在开展第二阶段淘汰任务。

氢氟碳化物（HFCs）作为 CFCs 和 HCFCs 的替代品，近年来的生产和使用量逐年增长，对淘汰 ODS 起到了重要作用。但由于很多 HFCs 属于强温室气体，大量生产和使用 HFCs 对环境的负面影响近年来备受关注。2016 年 10 月 15 日，在卢旺达首都基加利召开的《议定书》第 28 次缔约方大会经一致协商，达成限控温室气体 HFCs 的修正案——《基加利修正案》。我国于 2021 年 6 月 17 日向联合国正式交存了《基加利修正案》接受文书，9 月 15 日《基加利修正案》在我国正式生效。

预混组合聚醚是聚氨酯泡沫的主要原料之一，俗称白料、组合料，是一种包括

---

① 中国塑料加工工业协会副秘书长。

单体聚醚、发泡剂等5～6种原料的混合物，适用于建筑保温、保冷、冷库冷藏等需要保温保冷的各种场合。随着我国《议定书》履约的深入，发泡剂由CFCs、HCFCs向非ODS发泡剂逐渐过渡，预混组合聚醚的配方技术也越来越复杂。聚氨酯泡沫行业分工逐渐细化，大多数聚氨酯泡沫制品企业不再掌握预混组合聚醚配方技术，一般从专门的预混组合聚醚生产企业购买预混组合聚醚。目前，全国预混组合聚醚生产企业约100家，主要分布在山东、江苏、浙江、广东、辽宁等地。

根据《议定书》相关规定，预混组合聚醚属于设备和产品类，没有强制性实施进出口许可证制度的要求，但其又与各国ODS、HFCs实际消费量密切相关。自2009年以来，联合国环境规划署、臭氧秘书处等国际机构和一些国家多次提出鼓励各缔约方对含有ODS的预混组合聚醚实施进出口许可证管理。多边基金执委会第68/42号决议鼓励按照《议定书》第5条款行事的国家（A5国家，主要指发展中国家）考虑建立对进出口预混组合聚醚中ODS数量进行统计的制度，以促进对相关物质淘汰的监管。目前已有部分《议定书》缔约方出台了对含有ODS的预混组合聚醚实施进出口许可证管理的政策。

（二）我国ODS进出口管控机制和法规

1999年国家环境保护总局发布的《消耗臭氧层物质进出口管理办法》（环发〔1999〕278号，以下简称《管理办法》）[①]和2000年国家环境保护总局、对外经济贸易合作部、海关总署发布的《关于加强对消耗臭氧层物质进出口管理的规定》（环发〔2000〕85号）建立了我国ODS进出口管理制度，且我国设立了国家消耗臭氧层物质进出口管理办公室，由其负责管理ODS进出口工作。2010年4月，国务院颁布了《消耗臭氧层物质管理条例》（中华人民共和国国务院令第573号，以下简称《条例》），对ODS生产、使用、进出口等进行了专门规定。

按照《议定书》相关规定，预混组合聚醚属于设备和产品类，没有强制性实施进出口许可证制度的要求。我国自CFCs淘汰阶段就未对含ODS的设备和产品进行许可证管理，一直以来未将预混组合聚醚类产品纳入进出口许可证管理体系。其主要考虑是我国相关产品出口量较大、涉及企业较多、管理成本较高，且产品类不属于《议定书》强制性履约要求，因此一直未将该产品纳入进出口许可证管理。

---

① 2014年1月21日，环境保护部、商务部、海关总署联合发布了修改后的《管理办法》（部令第26号）并于2014年3月1日起施行。《管理办法》（环发〔1999〕278号）和《关于加强对消耗臭氧层物质进出口管理的规定》（环发〔2000〕85号）同时废止。2019年发布的《生态环境部关于废止、修改部分规章的决定》（部令第7号），对《管理办法》第7条和第10条进行了调整。

《关于加强含氢氯氟烃生产、销售和使用管理的通知》（环函〔2013〕179 号）要求 HCFCs 及其混合物的销售企业办理销售备案。目前，销售含 HCFC-141b 预混组合聚醚的企业在消耗臭氧层物质信息管理系统中进行年度备案。每年年底，企业在系统内备案下一年度含 HCFC-141b 的预混组合聚醚的销售计划，涉出口的企业需将销售类型明确为“出口”。预混组合聚醚进出口相关企业按照一般化学品在当地口岸办理进出口业务。对于进口的预混组合聚醚，其数量较小，目前尚未对此类信息进行专项统计。

随着国内外履约要求和形势的变化，我国作为《议定书》负责任缔约方，将含 HCFCs 和 HFCs 的预混组合聚醚纳入已建立的 ODS 进出口管理体系中已经具备了基本条件。

（三）我国预混组合聚醚生产及发泡剂使用情况

我国聚氨酯泡沫制品行业的主要产品有冰箱冰柜、冷藏集装箱、电热水器和热泵热水器、聚氨酯板材、太阳能热水器、管道保温材料、自结皮泡沫、聚氨酯鞋底料和其他聚氨酯泡沫制品等。企业分布在广东、浙江两省（以冰箱冰柜、电热水器和热泵热水器、聚氨酯板材等为主），江苏省（以冰箱冰柜、冷藏集装箱、电热水器和热泵热水器、聚氨酯板材等为主），山东省（以冰箱冰柜、冷藏集装箱、太阳能热水器、聚氨酯板材、管道保温材料、喷涂等为主）；华北、东北、西北地区以管道保温材料为主。

预混组合聚醚和异氰酸酯是聚氨酯泡沫制品的两种主要原料。其中，预混组合聚醚是一种由聚醚多元醇、聚酯多元醇、发泡剂、阻燃剂、催化剂、匀泡剂、交联剂等成分组成的混合物，俗称白料、组合料等。现在使用的发泡剂品种有碳氢（环戊烷、正戊烷和异戊烷等）、HCFC-141b、水、HFCs（HFC-245fa、HFC-365mfc/HFC-227ea）、HFOs、甲酸甲酯等。

作为聚氨酯泡沫制品行业的配套原料行业，预混组合聚醚生产行业同样主要分布在上述地区，全国预混组合聚醚生产销售企业约有 100 家。预混组合聚醚企业的核心技术是预混组合聚醚配方技术，企业规模大小不一，业务波动较大。

HCFC-141b 是聚氨酯泡沫行业唯一正在使用的 HCFCs 类发泡剂。我国每年均对聚氨酯泡沫制品行业 HCFC-141b 用量进行统计。聚氨酯泡沫制品行业使用的 HFCs 类发泡剂主要是 HFC-245fa、HFC-365mfc、HFC-227ea。2015—2020 年聚氨酯泡沫制品行业预混组合聚醚和其中 HCFC-141b、HFCs 发泡剂用量见表 1。

表 1 2015—2020 年我国预混组合聚醚和 HCFC-141b、HFCs 发泡剂用量

年份	预混组合聚醚用量 /kt	HCFC-141b 用量 /t	HFCs 用量 /t
2015	750	34 202	8 200
2016	770	34 821	7 200
2017	810	36 439	7 500
2018	800	34 177	8 300
2019	880	34 289	8 000
2020	1 170	26 961	8 000

二、预混组合聚醚行业和 HCFCs/HFCs 预混组合聚醚进出口情况

（一）我国预混组合聚醚出口企业及发泡技术

2015—2020 年，我国共有 19 家企业出口预混组合聚醚，其中只出口非 HCFCs/HFCs 预混组合聚醚的企业有 2 家，只出口 HCFC-141b 预混组合聚醚的企业有 9 家，只出口 HFCs 预混组合聚醚的企业有 2 家，同时出口含 HCFCs/HFCs 预混组合聚醚的企业有 6 家。

出口预混组合聚醚企业最多的是山东省，有 7 家企业；上海有 4 家企业；江苏省和浙江省均有 3 家企业；河北省和广东省各有 1 家企业。

预混组合聚醚生产企业已经形成了以碳氢组合聚醚为主（占 69%）、全水组合聚醚（占 15%）和 HCFC-141b 组合聚醚（占 12%）为辅，其他发泡剂组合聚醚作为补充的格局。我国 HCFC-141b 淘汰工作取得了良好的进展。

（二）预混组合聚醚出口品种及占比

出口的含 HCFC-141b 的预混组合聚醚有两大类，一类是聚氨酯鞋底料，一般在预混组合聚醚中 HCFC-141b 含量不超过 3%，随着近年来制鞋业“走出去”的步伐加快，这类预混组合聚醚出口量可观，但其中 HCFC-141b 的含量有限；另一类是一般聚氨酯泡沫制品用预混组合聚醚，在预混组合聚醚中 HCFC-141b 的含量占 20% 左右，最高占比可达 26%。

根据中国塑料加工工业协会数据，2015—2020 年预混组合聚醚生产量、出口量及出口预混组合聚醚中 HCFC-141b 含量如表 2 所示。出口预混组合聚醚及预混组合聚醚中 HCFC-141b 含量变化趋势见图 1。

表 2　预混组合聚醚生产量、出口量及出口预混组合聚醚中 HCFC-141b 含量

数据		2015 年	2016 年	2017 年	2018 年	2019 年	2020 年
预混组合聚醚生产量 /t		452 322	537 540	594 486	636 176	715 146	845 770
预混组合聚醚出口量 /t		48 866	61 609	80 402	89 602	107 404	111 987
HCFC-141b 组合聚醚	出口量 /t	31 411	31 444	28 505	29 081	26 217	24 504
	占全部组合聚醚出口比例 /%	64	51	35	32	24	22
HCFC-141b 含量	含量 /t	6 456	5 528	5 119	4 760	3 398	3 135
	占比 /%	21	18	18	16	13	13
HFCs 组合聚醚出口量 /t		169	446	876	711	1 063	1 686
HFCs 组合聚醚出口增长率 /%		—	164	96	-19	50	59

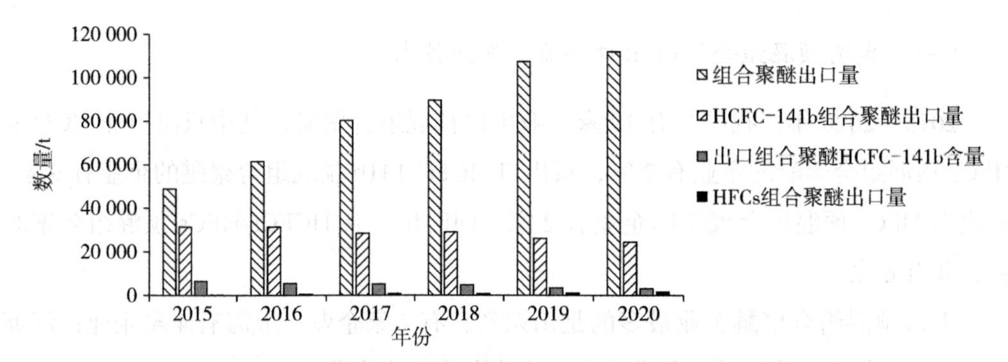

图 1　出口预混组合聚醚及其中 HCFC-141b 含量变化趋势

从表 2 和图 1 可以看出，2015—2020 年我国预混组合聚醚出口量以较大的增速稳步增长，但出口 HCFC-141b 预混组合聚醚数量在 2016 年达到最大值，之后呈总体下降趋势；出口预混组合聚醚中 HCFC-141b 含量在 2015 年达到最大值，之后呈下降趋势；出口 HFCs 预混组合聚醚量较少，呈增长趋势。总体来看，我国出口预混组合聚醚以非 HCFCs/HFCs 预混组合聚醚为主，且在出口预混组合聚醚中占比快速增长。

（三）我国预混组合聚醚出口使用的海关编码

预混组合聚醚出口报关时，较常使用 39072090 或 3907209000 这两个海关编码。由于每个海关编码可能包括多种出口货物，而以上两个编码可能包括聚醚多元醇（预混组合聚醚的主要原料）和所有种类发泡剂的预混组合聚醚；除了聚氨酯硬泡用聚醚多元醇和预混组合聚醚，还包括聚氨酯软泡用聚醚多元醇等化工原料。目前没有含 HCFCs/HFCs 预混组合聚醚专用的海关编码，因此无法获得比较准确的含

HCFCs/HFCs 预混组合聚醚出口统计数据。

（四）预混组合聚醚出口国别分布

我国含 HCFCs/HFCs 预混组合聚醚出口国别分布非常广泛，涉及 50 个出口目的国，详见表 3。

表 3　我国含 HCFCs/HFCs 预混组合聚醚出口国家

地区	国家	国别数量
东亚、东南亚	韩国、泰国、越南、印度尼西亚、马来西亚、菲律宾、新加坡	7
南亚	印度、巴基斯坦、孟加拉、斯里兰卡、尼泊尔	5
西亚	土耳其、伊朗、叙利亚、卡塔尔、阿联酋、沙特、阿曼、利比亚、以色列、约旦、科威特	11
非洲	埃及、埃塞俄比亚、南非、乌干达、肯尼亚、安哥拉、尼日利亚、加纳、刚果、阿尔及利亚、科特迪瓦	11
美洲	美国、加拿大、墨西哥、巴西、哥伦比亚、秘鲁、多米尼加、阿根廷、巴拿马、厄瓜多尔、乌拉圭、智利	12
欧洲、中亚	乌兹别克斯坦、乌克兰、俄罗斯、格鲁吉亚	4
合计		50

（五）含 HCFCs/HFCs 预混组合聚醚进口情况

我国是聚氨酯工业大国，已经建立了比较完善的供应链体系，主要聚氨酯原料均来源于国内市场供应，预混组合聚醚的进口量很小，含 HCFC-141b 预混组合聚醚无进口。

我国少量进口的预混组合聚醚主要是作为特殊要求的聚氨酯泡沫产品配套的预混组合聚醚，集中在中小容量液化天然气（LNG）和液化石油气（LPG）船喷涂施工。对安全要求极高的 LNG/LPG 船用材料需要通过国际船级社的认证，韩国是 LNG/LPG 运输船造船先进国家，因此国内企业有持续进口少量含 HFCs 预混组合聚醚的需求。

容量在 84 000 m^3 以下的 LNG/LPG 运输船一般采用聚氨酯喷涂施工保温。其中以 HFC-365mfc 作为发泡剂的预混组合聚醚需要进口，生产企业为韩国 Finetec 公司。近年来我国使用进口 HFC-365mfc 预混组合聚醚情况见表 4。

随着国内对相关配方技术的逐渐掌握，预计预混组合聚醚进口会逐渐减少。

表 4　2015—2020 年我国进口 HFCs 预混组合聚醚数量　单位：t

年份	泡沫量	组合聚醚	HFC-365mfc
2015	346	165	25
2016	346	165	25
2017	180	86	13
2018	269	128	19
2019	589	280	42
2020	0	0	0
合计	1 730	824	124

三、国外典型预混组合聚醚进出口管理制度

（一）主要 A2 国家预混组合聚醚进出口管理制度

按照《议定书》第二条款行事的国家（A2 国家）均已停止在聚氨酯泡沫行业使用 HCFC-141b 发泡剂，目前主要发达国家的政策是限制 HFCs 发泡剂的使用。作为《议定书》履约先行一步国家，A2 国家的政策对我国有较强的借鉴意义。

欧盟以《含氟气体法》（*F-gas Regulation*）来限制含氟发泡剂的使用。从 2015 年起，在欧盟区域内对 HFCs 的生产和进口进行管控并逐步削减消费量，到 2030 年将欧盟区域 HFCs 进口量控制在 2009—2012 年平均值的 21%。从 2015 年 1 月 1 日起对 HFCs 进行配额管理，每年为进口量大于或等于 100 tCO_2 当量 HFCs 的进口商发放配额。进口配额的分配以各申请配额的进口商在 2009—2012 年的 HFCs 进口量为基准，并为无历史贸易的企业保留一定的申请量。在全欧盟范围内建立 HFCs 配额的电子注册系统，进口 HFCs 及充注 HFCs 的设备（含预混 HFCs 预混组合聚醚）企业在系统内进行电子注册。在《含氟气体法》517/2014 和执行法规 1191/2014 中，规定在欧盟生产含 HFCs 预混组合聚醚，必须在组合聚醚的标签中明确进行标识。从欧盟外进口数量大于 100 tCO_2 当量的 HFCs 预混组合聚醚或出口含 HFCs 预混组合聚醚，均需要履行向欧盟报告的义务。欧盟的泡沫行业自 2023 年 1 月 1 日停止使用 HFCs 发泡剂。

美国国家环境保护局于 2015 年 7 月发布美国联邦公报，规定除了军事、航空航天应用的 HFCs 类发泡剂的消费截止期限可以推迟到 2022 年 1 月 1 日，其他泡沫制品中的 HFCs 类发泡剂的使用限期均应早于 2020 年 1 月 1 日。

（二）发展中国家预混组合聚醚进出口管理

A5 国家中绝大部分国家的泡沫工业不发达，往往先淘汰泡沫用 HCFC-141b 发

泡剂。

在东南亚国家中，柬埔寨、印度尼西亚、老挝、马来西亚、菲律宾、越南6国已禁止进口HCFC-141b预混组合聚醚；泰国禁止进口除喷涂泡沫用途外的HCFC-141b预混组合聚醚，并计划在2023年年底前禁止进口所有用途的HCFC-141b预混组合聚醚。帕劳、汤加、瓦努阿图3个太平洋岛国已全部禁止进口HCFC-141b预混组合聚醚。在南亚国家中，阿富汗、印度、斯里兰卡、伊朗4国已禁止进口HCFC-141b预混组合聚醚；孟加拉国只禁止了进口纯HCFC-141b。

哥伦比亚、阿尔及利亚、肯尼亚、埃及等30多个A5国家与多边基金执委会达成的协议中包括HCFC-141b的淘汰计划，并在淘汰的第一阶段或第二阶段明确承诺了对进口HCFC-141b的限制措施，包括禁止进口散装HCFC-141b或者禁止进口含HCFC-141b的预混组合聚醚。

对比现有的国外预混组合聚醚进出口政策，考虑到我国预混组合聚醚进口量较少，欧盟的预混组合聚醚出口管理政策对我国比较有借鉴意义，即出口不设配额，仅需履行报告义务。

四、我国预混组合聚醚进出口管理影响因素

（一）对预混组合聚醚进出口进行管理的必要性

根据行业协会收集的数据，我国近年来每年出口的预混组合聚醚中HCFC-141b含量为3 100～6 400 t，均计入我国国内HCFC-141b消费量，占比为12%～19%；同时为我国纯HCFC-141b出口量的20%～24%，数量和比例都相当可观（详见表5）。

表5　出口预混组合聚醚中的HCFC-141b数量及占比

年份	出口组合聚醚中HCFC-141b含量/t	国内聚氨酯泡沫行业HCFC-141b消费量/t	出口组合聚醚中HCFC-141b含量占行业消费量比例/%	年度HCFC-141b出口量/t	出口组合聚醚中HCFC-141b含量占出口量比例/%
2015	6 456	34 202	19	27 293	24
2016	5 528	34 821	16	27 021	20
2017	5 119	36 439	14	24 296	21
2018	4 760	34 177	14	20 768	23
2019	3 398	34 289	10	17 016	20
2020	3 135	26 961	12	13 054	24

由于预混组合聚醚不在《议定书》受控物质进出口监管范围内，预混组合聚醚进出口非法贸易的潜在风险较高。因此，有必要对 HCFCs/HFCs 预混组合聚醚进出口进行管理，加强对预混组合聚醚中所含受控物质的数据统计和掌握，防止非法贸易。

（二）对预混组合聚醚进出口进行管理的法律依据

我国按照《议定书》相关要求和国内法规（《条例》和《管理办法》）对受控物质进出口进行配额许可证管理。含有 HCFCs/HFCs 的预混组合聚醚是多边基金执委会鼓励进行进出口管理的物质，但不是《议定书》强制进行进出口许可管理的物质，我国目前没有明确的法律法规强制规定预混组合聚醚进出口管理方式。

《条例》第二章（生产、销售和使用）第十七条规定，“消耗臭氧层物质的销售单位，应当按照国务院环境保护主管部门的规定办理备案手续”；第三章（进出口）第二十二条规定，“国家对进出口消耗臭氧层物质予以控制，并实行名录管理……进出口列入《中国进出口受控消耗臭氧层物质名录》的消耗臭氧层物质的单位，应当依照本条例的规定向国家消耗臭氧层物质进出口管理机构申请进出口配额”。进出口含有 HCFCs/HFCs 的预混组合聚醚属于一种特殊的销售行为，影响国际履约合作。对含 HCFCs/HFCs 预混组合聚醚进出口进行管控符合《条例》的要求。

对含 HCFCs/HFCs 预混组合聚醚的进出口进行管控，对照现有法规有两种做法可供参考，一是可以参照《条例》第十七条规定进行备案管理，二是可以参照《条例》第二十二条规定进行许可管理。

（三）预混组合聚醚产品进出口管理的时效要求

预混组合聚醚保质期一般不超过 6 个月，预混组合聚醚是一种具有较强时效性的产品，超过保质期后预混组合聚醚中的某些成分会有明显变化，将会严重影响聚氨酯泡沫的发泡效果。聚氨酯泡沫制品一般依照订单分批生产，生产不同泡沫制品的预混组合聚醚的配方会有一定的变化，甚至生产相同泡沫制品的预混组合聚醚时也会因发泡所在地的自然环境等因素的变化而需要对配方进行细微的调节。因此，预混组合聚醚一般无法大量订货以用于泡沫生产。

国外部分聚氨酯泡沫生产企业需从我国进口预混组合聚醚用于发泡生产。当其有聚氨酯泡沫生产需求时，可能需要按照当地法规申请进口含 HCFCs/HFCs 预混组合聚醚的许可，寻找并与中国预混组合聚醚出口单位签署供货合同；中国预混组合聚醚出口企业需根据预混组合聚醚成分申请国内出口备案或出口配额，完成审批后再组织预混组合聚醚原料准备和生产、报关、运输（国内运输和国际运输，其中国际运输一般通过海运）等，完成以上环节需要较长的时间。所以，为了给国内出口企业和国外用户相对充裕的时间，保证预混组合聚醚在保质期内使用，保持国际产业链和供应链稳定，我国含 HCFCs/HFCs 预混组合聚醚进出口管理程序以简便、时间短为宜。

五、预混组合聚醚进出口管理思考建议

根据研究，近年来通过预混组合聚醚出口形成的 HCFC-141b 出口数量相当可观，有必要对其加强进出口管理。但考虑到按照《议定书》规定，预混组合聚醚属于设备和产品类，不属与强制进行国际贸易管控的物质类别，且由于预混组合聚醚产品对时效性要求较高等因素，建议对我国含 HCFCs/HFCs 预混组合聚醚进出口贸易进行备案管理。

（一）完善海关编码规则

我国企业出口预混组合聚醚存在使用多个海关编码或多种物质共用同一编码的情况，且出口含 HCFCs/HFCs 预混组合聚醚仅占出口预混组合聚醚中比较小的一部分，不利于含 HCFCs/HFCs 预混组合聚醚出口数据的准确掌握，建议协调海关部门研究制定含 HCFCs/HFCs 预混组合聚醚产品适用的海关编码，以便预混组合聚醚中的 HCFCs/HFCs 进出口数据精准化、可核查。

（二）依托现有管理系统对进出口预混组合聚醚进行备案管理

考虑到对预混组合聚醚进出口进行管理的主要目的是摸清家底、掌握预混组合聚醚进出口数据，根据现有的受控物质履约管理政策，建议将 HCFCs/HFCs 预混组合聚醚进出口纳入现有的消耗臭氧层物质信息管理系统进行备案管理，了解掌握 HCFCs/HFCs 进出口预混组合聚醚数据。需完善 ODS 信息管理系统功能，出口预混组合聚醚企业按照销售管理要求备案出口数据，使用进口预混组合聚醚的企业备案进口数据，并细化需要报送的信息内容。

（三）发挥行业协会的作用

建议依托中国塑料加工工业协会与组合聚醚行业企业的沟通平台及沟通机制，通过会议和网络等方式做好国家政策的宣传、贯彻工作，及时转发国家相关管理规定，使更多企业了解、用好消耗臭氧层物质信息管理系统。

参考文献

国家环境保护总局，2000. 关于加强对消耗臭氧层物质进出口管理的规定［EB/OL］.（2000-04-14）［2022-09-30］. https://www.mee.gov.cn/gkml/zj/wj/200910/t20091022_171979. htm.

环境保护部，商务部，海关总署，2014. 消耗臭氧层物质进出口管理办法［EB/OL］.（2014-01-21）［2022-09-30］. https：//www.mee.gov.cn/ywgz/dqhjbh/xhcycwzhjgl/201401/t20140126_343720. shtml.

环境保护部，2013. 关于加强含氢氯氟烃生产、销售和使用管理的通知［EB/OL］.（2013-08-07）［2022-09-18］. https：//www.mee.gov.cn/gkml/hbb/bh/201308/t20130808_257204. htm.

中华人民共和国中央人民政府，2019. 消耗臭氧层物质管理条例［EB/OL］.（2019-01-01）［2022-09-18］. https：//www.gov.cn/gongbao/content/2019/content_5468898. htm.

European Commission，2022. F-gas Regulation［EB/OL］.（2022-08-30）［2022-09-13］. https：//ec.europa.eu/clima/policies/f-gas_en.

Ozone Seretariat，2022. The Montreal Protocol on Substances that Deplete the Ozone Layer［EB/OL］.（2022-08-30）［2022-09-13］. https：//ozone.unep.org/treaties/montreal-protocol.

透明度能力建设倡议概况分析与建议

王天宇

一、背景介绍

2015 年 12 月，《联合国气候变化框架公约》（以下简称《公约》）第二十一次缔约方大会通过了《巴黎协定》。《巴黎协定》实施细则第 13 条明确要建立强化的透明度框架（Enhanced Transparency Framework，ETF），该框架要求包括我国在内的所有发展中国家不晚于 2024 年提交第一次透明度双年报，随后每两年提交一次，内容包括年度温室气体清单、自主贡献进展追踪、气候变化适应、提供和收到的支持信息等，并需接受国际专家审评和促进性多边审议。此外，《巴黎协定》第 85 条决定设立透明度能力建设倡议（Capacity-building Initiative for Transparency，CBIT），支持发展中国家加强体制和技术能力建设，及时满足强化的透明度框架要求。据此，缔约方大会敦促全球环境基金（Global Environment Facility，GEF）做出安排，建立和运行专门的信托基金（Trust Fund，TF）支持 CBIT 相关活动。2016 年 9 月，GEF 依照《公约》要求建立了 CBIT 信托基金。

强化的透明度框架的建立对许多发展中国家提出了新的挑战，包括更为频繁的报告提交要求、更为详细的信息报告内容以及接受更为严格的审评和评议。CBIT 信托基金是《公约》指定的为编制报告和温室气体清单等提供赠款资金支持的资金机制，了解 GEF 在支持 CBIT 信托基金建立方面和 CBIT 项目的进展，对我国下一步气候变化履约、开展国际合作具有指导意义。

二、CBIT 信托基金

（一）CBIT 信托基金介绍

《巴黎协定》第 13 条建立了关于行动和支持的强化的透明度框架，考虑到缔约方能力的不同而设置了灵活机制，以利于因能力问题而需要这种灵活性的发展中国家缔约方执行透明度规定。支持透明度框架的目的是明确各相关缔约方在气候变化行动方面提供和收到的资金支持，并尽可能反映所提供的累计资金支持的全面概况，以便为全球盘点提供参考。行动透明度框架的目的是明确了解气候变化行动，包括明确和追踪缔约方在第 4 条下实现各自国家自主贡献方面所取得的进展。

继《巴黎协定》决定建立强化的透明度框架之后，GEF 建立了 CBIT 信托基金，基金通过自愿捐款获取资金，支持发展中国家在 GEF-6（GEF 每四年一个增资期，GEF-6 指 2014 年 7 月 1 日至 2018 年 6 月 30 日）及未来增资期开展相关活动。自此，GEF 开启了其对 CBIT 信托基金的支持之路。

最初，12 个出资国发表了一份联合声明，表示打算用超过 5 000 万美元支持 CBIT 信托基金。在《公约》第二十二次缔约方大会之前，CBIT 信托基金收到了第一批出资国赠款，GEF 秘书处批准了第一批 CBIT 项目，捐款结束日被设定在 2018 年 6 月 30 日，即 GEF-6 结束时。GEF 理事会在 2018 年 6 月的第 54 次会议上，决定将 CBIT 信托基金的捐款日期和项目批准日期延长至 2018 年 10 月 31 日。除非理事会另有决定，CBIT 信托基金的资金将被用于批准的项目、活动或规划框架，直至 GEF-6 结束。如果在 GEF-6 结束时仍有资金未被规划，理事会可决定将规划期延长至 GEF-6 之后。

基金受托人（Trustee）[①]负责向 GEF 伙伴机构拨付资金以支持相关项目、活动或规划，直到项目、规划等批准日期后的 5 年止（最初为 2023 年 6 月 30 日）。考虑到正在准备和实施的项目的状况，GEF 秘书处可提前 50 天向受托人提交书面申请来延长这一日期。CBIT 信托基金将在资金承诺和申请日后的 18 个月内（目前定为 2025 年 4 月 30 日）终止；在此期间，受托人将与 GEF 相关伙伴机构合作，接受关于 CBIT 信托基金的财务报告，并需将已结束的项目的所有未使用资金返还给 CBIT 基金。

CBIT 信托基金由 GEF 理事会进行管理，遵照 GEF 所有政策和程序，如监测与评价政策、报告要求、性别政策以及环境与社会保障措施等适用于所有 CBIT 信托基金支持的项目。

（二）CBIT 信托基金优先方向

发展中国家可以利用 CBIT 信托基金资金，落实优先需求，加强能力建设，在国家层面满足《巴黎协定》第 13 条规定的提高透明度的要求。国家层面的支持主要包括以下三类非详尽清单中的一系列活动。

---

① 世界银行是 GEF 的资金受托人。

第一类：根据国家优先事项，支持负责加强透明度相关活动的国家机构开展活动。

①支持国家机构领导、计划、协调、实施、监督、评估政策、战略和方案，提高透明度，包括确定和传播最佳做法和良好做法；

②就如何将透明度能力建设倡议中的知识纳入国家政策和决策提供支持；

③协助部署、强化信息和知识管理结构，以满足《巴黎协定》第 13 条规定的需要。

第二类：为满足《巴黎协定》第 13 条规定而提供相关工具、培训和援助的活动。

①工具、模板和应用程序类，促进使用改进的方法、准则、数据集和数据库系统工具，以及能够提高透明度相关活动所需的经济模型等；

②同透明度活动相关的国家培训和同行交流方案，如建立国内测量、报告、核查（MRV）系统，跟踪国家自主贡献，加强温室气体清单、经济及排放预测，包括方法学、数据收集和数据管理，以及适应监测、评估和沟通措施等；

③具体国家的排放系数和活动数据；

④协助量化和报告政策措施的影响；

⑤澄清关键的国家自主贡献信息，如基线预测，包括以往目标，并报告实现国家自主贡献的进展；

⑥协助量化、报告提供和收到的支持。

第三类：随着时间的推移，协助提高透明度的活动。

①透明度的能力需求评估，特别是同评估数据收集、分析和报告相关的机制协调活动；评估支持对当前基线、计划的报告和相关活动进行摸底，包括相关机构、工具、方法、MRV 系统、相关数据系统情况等；

②支持引进和维护与透明度有关的进展跟踪工具。

三、CBIT 项目进展

自 CBIT 信托基金成立并批准项目以来，GEF 每年会依据《公约》要求发布《透明度能力建设倡议进展报告》，概述 GEF 在支持 CBIT 信托基金建立和运作方面的进展，对其已经批准的 CBIT 项目进行简要介绍和分析。本文通过梳理最新进展报告，将截至 2022 年 3 月 31 日的 CBIT 项目批准情况、执行机构执行情况、项目区域分布情况等内容总结如下。

（一）CBIT 项目总体情况概述

自 CBIT 信托基金成立以来，截至 2022 年 3 月 31 日，CBIT 信托基金共支持了 81 个项目，包括 75 个国别项目、1 个区域项目和 5 个全球项目，资金总额达 1.308 亿美元。GEF 每财年都有不同数量的项目获批（具体见图 1）。2016 年年底至 2018 年 10 月，GEF 利用 CBIT 信托基金的资金批准了 44 个项目（GEF-6 共批准了 41 个项目）。GEF-7（2018 年 7 月 1 日至 2022 年 6 月 30 日）截至 2022 年 3 月 31 日，已有 7 760 万美元被安排用于支持 40 个项目，远远超出了本期分配给 CBIT 信托基金的 5 500 万美元。

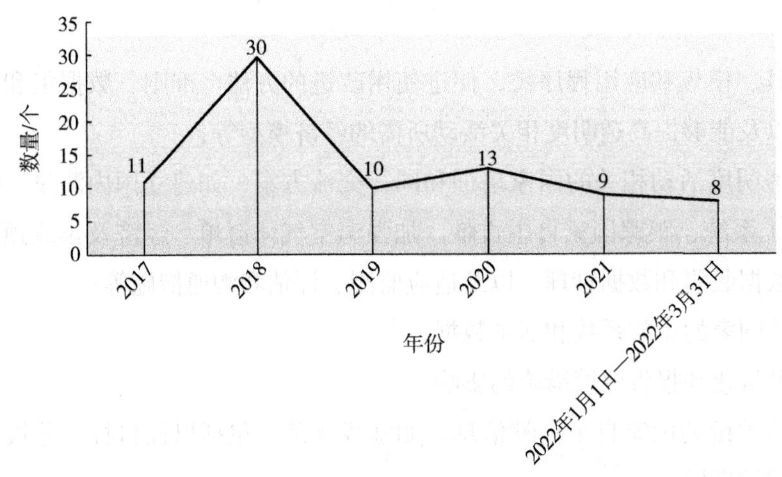

图 1　不同财年获批的 CBIT 项目数量

（二）执行机构执行情况

到 2022 年 3 月 31 日为止，在 GEF 的 18 家执行机构中，有 6 家机构申请了 CBIT 项目。联合国环境规划署（UNEP）所占份额最大，有 33 个项目，其次是联合国开发计划署（UNDP），有 19 个项目，联合国粮食及农业组织（FAO）有 17 个项目，保护国际（CI）有 8 个项目，美洲开发银行（IADB）有 2 个项目，生态环境部对外合作与交流中心（FECO）有 1 个项目。此外，UNDP 和 UNEP 有一个联合执行的项目获得批准。各国在准备国家信息通报及两年更新报的机构选择上有很多，但大多数透明度双年报、国家信息通报及两年更新报的执行机构集中在 UNEP 和 UNDP。图 2 显示了每个 GEF 执行机构获批的 CBIT 项目按 CBIT 资金的分布情况。

（三）CBIT 项目区域分布情况

总体而言，CBIT 信托基金支持在各区域平衡投资。截至 2022 年 3 月，非洲、拉丁美洲和加勒比地区及亚洲地区项目较多；非洲有 30 个项目，累计总额为 4 460

万美元；拉丁美洲和加勒比地区有 20 个项目，总额为 3 180 万美元；亚洲地区共有 17 个项目，金额为 2 850 万美元；欧洲和中亚地区紧随其后，有 9 个项目，金额为 1 150 万美元。

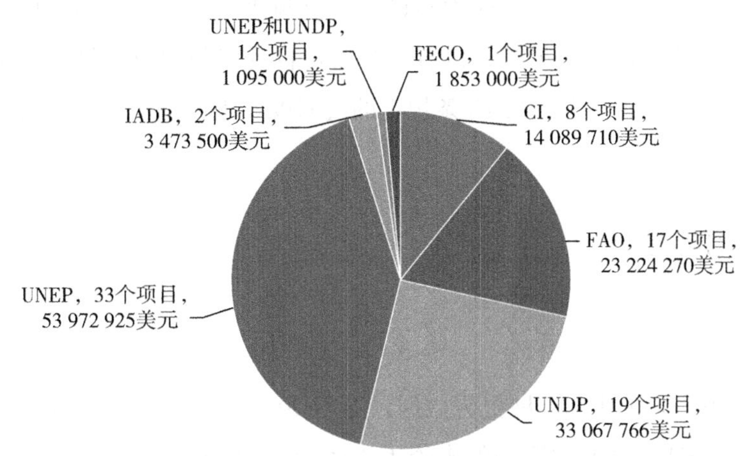

图 2　截至 2022 年 3 月 31 日，GEF 执行机构获批的 CBIT 项目资金分布情况

（四）CBIT 对《公约》非附件一缔约方支持情况

此外，《公约》下的很多非附件一缔约方也获得了 CBIT 信托基金的支持。截至 2022 年 3 月，154 个非附件一缔约方中有 79 个缔约方（包括中国和印度，共 75 个国别项目和 4 个区域项目）获得了 CBIT 信托基金的支持，占比为 51.3%。

2018 年，非附件一缔约方的温室气体排放总量为 322.53 亿 t 二氧化碳当量[①]。CBIT 信托基金支持的 79 个非附件一缔约方（包括中国和印度[②]，中国和印度是非附件一国家中两个最大的排放国）的温室气体排放量占全球温室气体排放量的 48.5%，占非附件一缔约方温室气体排放总量的 73.6%。

（五）项目优先情况分析

在 CBIT 信托基金支持的国家中，所有国家都至少提交了一份国家信息通报，57.3% 的国家（43 个国家）至少提交了一份两年更新报，只有 8.0% 的国家（6 个国家）提交了 4 份国家信息通报，6.7% 的国家（5 个国家）提交了 3 份两年期更新报告。在适应方面，18.7% 的国家（14 个国家）提交了国家适应计划，总体而言在报告方面经验较少。

---

① 使用世界资源研究所（WRI）《气候观察》2018 年数据。

② 中国获批 CBIT 项目编号 10227，项目赠款为 1 853 000 美元；印度获批 CBIT 项目编号 10194，项目赠款为 4 270 500 美元。

分析显示，CBIT 信托基金资金主要被各国用于完善必要的机制建设和加强跟踪减缓进展的技术能力（该两部分项目内容分别占投资组合的 86.7% 和 97.3%）。由于与编制国家温室气体清单是满足透明度要求的第一步，大多数国家（90.7%）会将资金用于编制国家清单相关的技术能力建设以及机制建设，相当多的项目还包括追踪适应进展的能力建设部分。另外，也有一些项目将发展预测或情景模拟作为项目的一部分，来应对《巴黎协定》第 13 条规定的透明度要求中提出的一些更先进、更复杂的需求。

四、结论与建议

（一）结论

①根据 CBIT 信托基金进展报告数据，随着 2024 年提交第一次透明度双年报截止日期的临近，GEF 每个增资期的出资承诺逐期增加。GEF-6 最初承诺 5 000 万美元，GEF-7 承诺出资 5 500 万美元，再到 GEF-8（2022 年 6 月 30 日至 2026 年 7 月 1 日）承诺出资 7 500 万美元，GEF-8 承诺出资远大于 GEF-6 及 GEF-7，且后期实际用于 CBIT 信托基金的资金远大于每个增资期的承诺资金。2016 年年底至 2018 年 10 月实际批准项目资金总额已达 5 830 万美元。截至 2022 年 3 月 31 日，GEF-7 实际批准项目资金总额达 7 760 万美元。

②当前，CBIT 信托基金资金主要用于支持完善必要的机制建设、加强跟踪减缓进展的技术能力、编制国家温室气体清单能力建设。而在适应方面，只有少数国家提交了国家适应计划，总体而言在报告方面经验较少。强化的透明度框架要求发展中国家提交年度温室气体清单、自主贡献进展追踪、气候变化适应、提供和收到的支持信息等内容，发展中国家在诸多拟报信息方面的能力建设需求依然存在。

③根据 CBIT 进展报告项目清单分析，中国和印度作为非附件一缔约方中两个主要的发展中国家，两者当前在使用的 CBIT 信托基金资金量上有一定差距。中国目前获批 CBIT 信托基金资金 185 万美元左右，印度获批资金 427 万美元左右。中国及印度透明度项目均于 2019 年 6 月批准，中国 CBIT 项目预计于 2024 年年初结束，执行期 3 年，印度 CBIT 项目预计于 2026 年年底结束，执行期 5 年。同印度相比，中国获批的 CBIT 项目在资金量及项目时间跨度上存在一定差距。

（二）建议

《公约》第二十六次缔约方大会鼓励 GEF 通过 CBIT 信托基金支持发展中国家

编制透明度双年报，加强满足《巴黎协定》下强化的透明度框架要求的机制建设和技术能力。缔约方大会还要求 GEF 在第八次增资期间增加对强化的透明度框架的支持，包括提高能力建设项目的赠款上限，加快同准备透明度双年报相关的 CBIT 项目的审批等，预计 2023 财年 CBIT 信托基金将加大参与力度。随着 2024 年提交透明度双年报的最后期限的临近，预计能力建设需求和资金需求会越来越大。

生态环境部应对气候变化司和生态环境部对外合作与交流中心在 2019 年成功开发了“GEF 中国加强透明度能力建设一期项目”（CBIT 一期项目），项目围绕《巴黎协定》强化的透明度框架新要求，识别中国加强温室气体排放数据管理透明度能力建设需求，在国家、地方、企业三个层面开展透明度相关方法学研究、制度设计、数据平台集成和能力建设，并完善集成国家温室气体信息及排放数据管理平台。截至 2022 年 9 月 30 日项目已步入执行中期阶段，总体进展顺利，但也显现出经验不足及继续加强相关能力建设的需求。

根据上述形势分析，申请 CBIT 二期项目优势较大。首先，GEF 对 CBIT 信托基金的资金支持大幅增加，审批流程与其他占用国家份额领域的项目相比较快，GEF-8 规划也提出在 GEF-6 和 GEF-7 支持的 CBIT 项目经验和成果的基础上，将继续支持加强透明度能力建设。其次，当前中国申请的 CBIT 信托基金资金量相对较小，满足透明度相关报告要求和能力建设仍存在资金缺口。财政部已于 2022 年 9 月启动 GEF-8 项目申报，11 月底截止材料申报，建议在一期项目的基础上，进一步分析我国在透明度能力建设方面的需求，同时兼顾 GEF 支持方向，申请 CBIT 二期项目开发，以更好地支撑国内“双碳”发展目标和高水平履行《巴黎协定》。

参考文献

GEF，2020. GEF Programming Directions for the Capacity-building Initiative for Transparency [EB/OL] . [2022-09-30] https：//www.thegef.org/sites/default/files/council-meeting-documents/EN_GEF.C.50.06_CBIT_Programming_Directions.pdf.

GEF，2022. Progress Report on the Capacity-building Initiative for Transparency [EB/OL] . [2022-09-30] https：//www.thegef.org/sites/default/files/documents/2022-05/EN_GEF_C.62_Inf.05_Progress%20Report%20on%20the%20Capacity-building%20Initiative%20for%20Transparency.pdf.

《昆明宣言》:《生物多样性公约》历史上具有里程碑意义的政治宣言

关 婧 王爱华

2021 年 10 月 11—15 日,《生物多样性公约》(以下简称《公约》)第十五次缔约方大会(以下简称 COP15)第一阶段会议在我国昆明成功召开,来自《公约》秘书处、150 多个缔约方及 30 多个国际机构和组织,共计 5 000 余人通过线上线下相结合的方式参加大会。中国国家主席习近平、联合国秘书长古特雷斯、俄罗斯总统普京、法国总统马克龙等通过视频方式发表致辞,为全球生物多样性治理凝聚最高级别的政治合力。

COP15 高级别会议达成并发布《昆明宣言》(以下简称《宣言》),《宣言》包括 17 条共同承诺,是大会标志性成果之一。在当前世界百年未有之大变局的形势下,达成凝聚各方共识的《宣言》,不仅有力提振了全球生物多样性保护的信心,为 COP15 第二阶段会议达成雄心勃勃又务实可行的"2020 后全球生物多样性框架"奠定了坚实基础,且具有特殊的历史意义。

一、全面包容的《宣言》前所未有地彰显了我国在全球生物多样性治理中的领导力,具有重要的里程碑意义

按照惯例,《公约》缔约方大会东道国可选择是否在高级别会议期间发布反映与会代表共识的政治宣言,作为东道国 COP 的重要"政治遗产"之一。自 1993 年《公约》生效至今的 15 次缔约方大会中,形成正式宣言的有 8 次(见表 1)。

从《宣言》历史进程来看,COP15 前的 7 个宣言可分为两个阶段:一是在《公约》生效早期,COP1、COP2、COP6 和 COP7 围绕如何更好地履约,通过了《关于〈生物多样性公约〉的巴哈马部长级宣言》《有关执行〈生物多样性公约〉的雅加达部长宣言》、《关于〈生物多样性公约〉的海牙宣言》和《吉隆坡宣言》;二是在 COP10"爱知目标"达成后,COP12、COP13 和 COP14 分别就容易达成共识的可持续发展、主流化和投资等具体问题形成宣言,即《关于生物多样性促进可持续发展的江原宣言》、《关于推动生物多样性保护和可持续利用生物多样性主流化以促进人

类福祉的坎昆宣言》和《沙姆沙伊赫宣言—为人类和地球投资生物多样性》。在日本召开 COP10 时，高级别会议成果因未能争取到各方共识而失败。由此可见，缔约方大会高级别会议能否顺利推动各方达成一致、形成一份代表会议共识的宣言，以及宣言内容的丰富程度，在一定程度上反映了东道国在环境外交领域话语体系中的领导力。COP15 高级别会议能够起草并通过一个全面、包容的《宣言》，代表了东道国中国引领全球生物多样性治理的强烈政治意愿，也反映了各缔约方对东道国的信任。

表 1　《公约》历史上达成的历次宣言

序号	缔约方大会	会议时间	地点	宣言名称
1	COP15	2021 年 10 月	中国昆明	《昆明宣言—生态文明：共建地球生命共同体》
2	COP14	2018 年 11 月	埃及沙姆沙伊赫	《沙姆沙伊赫宣言—为人类和地球投资生物多样性》
3	COP13	2016 年 12 月	墨西哥坎昆	《关于推动生物多样性保护和可持续利用生物多样性主流化以促进人类福祉的坎昆宣言》
4	COP12	2014 年 10 月	韩国平昌	《关于生物多样性促进可持续发展的江原宣言》
5	COP7	2004 年 2 月	马来西亚吉隆坡	《吉隆坡宣言》
6	COP6	2002 年 4 月	荷兰海牙	《关于〈生物多样性公约〉的海牙宣言》
7	COP2	1995 年 11 月	印度尼西亚雅加达	《有关执行〈生物多样性公约〉的雅加达部长宣言》
8	COP1	1994 年 11—12 月	巴哈马拿骚	《关于〈生物多样性公约〉的巴哈马部长级宣言》

从《宣言》起草过程来看，充分参考了此前《公约》缔约方大会高级别会议部长宣言，加拿大“自然卫士峰会”行动号召，《梅斯生物多样性宪章》，特隆赫姆生物多样性大会行动号召，《中法生物多样性保护和气候变化北京倡议》，2019 年联大气候峰会基于自然的解决方案（NBS）会议成果，中美、中法气候变化联合声明等具有国际意义的文件。使用国际化、便于各方理解的语言进行撰写，使得《宣言》最终得到各方一致认可，具有较强的国际传播能力。

从《宣言》磋商过程来看，摒弃了历届会议成果通过双边、区域征求意见的做法，而是将文案发布到《公约》网站上公开征求意见。无论是发达国家还是发展中国家，无论是国际组织还是妇女、青年等利益相关方代表，都可畅所欲言、充分表达立场和观点，表现了中方坚定践行多边主义，开放、包容、透明的态度，也彰显了对推动各方达成共识的坚定信心。《宣言》磋商过程中，共收到各方反馈意见超过 400 条，经多个版本修改并一一核实与协商后，最后达成了充分吸收各方意见和建议、各方都接受的文案，得到国际社会的广泛赞誉。

从《宣言》配套措施来看，习近平主席在COP15领导人峰会上提出了一系列东道国举措，包括中国率先出资15亿元人民币，成立昆明生物多样性基金，支持发展中国家生物多样性保护事业；正式设立第一批5个国家公园，出台“碳达峰、碳中和”“1+N”政策体系等。全面包容的《宣言》和一揽子东道国举措共同提出，在《公约》历史上前所未有，这充分彰显了我国在全球生物多样性治理中的领导力，具有重要的里程碑意义。

二、《宣言》顺应了时代需求，具有鲜明的政治引领作用

当前，全球各界参与生物多样性治理的热情高涨，各国政要在多个场合发出最高级别的政治呼吁，各方围绕生物多样性治理开展形式多样的讨论。然而，“2020年后全球生物多样性框架”的谈判正处于焦灼阶段，个别议题讨论陷入瓶颈期，难以取得实质性进展。世界亟须一个汇聚各方共识的纲领性文件，推动各方将政治意愿转化为实际行动，推动“2020年后全球生物多样性框架”的焦点议题取得实质性进展，《宣言》的产生恰逢其时。

《宣言》充分总结2011—2020年“爱知目标”失利的经验，站在地球生命共同体的高度，准确把握人类共同面临的全球性挑战，提出了当前一段时间全球生物多样性治理的一揽子行动纲领，呼吁各方为制定、通过和实施一个有效的“2020年后全球生物多样性框架”贡献最大力量，弥补了“爱知目标”到期和新十年目标达成中间的真空时期，为全球生物多样性治理注入强大动力，具有重要的承上启下作用。国际社会广泛认为，COP15高级别会议通过的《宣言》为下一轮谈判奠定了正确的基础，也为全球可持续发展谋求新的路径。

《宣言》包括承诺制定“2020后全球生物多样性框架”、加快更新国家生物多样性战略与行动计划（NBSAP）、加强生物多样性可持续利用、生物多样性主流化、气候变化等17条亟待解决的关键议题。《宣言》内容全面详实，与目前全球讨论2020年后全球生物多样性框架的内容相向而行，覆盖了磋商的重点难点议题，但又巧妙地规避了对框架结果预判的敏感性，成为开启新十年目标必不可少的敲门砖。

《宣言》从生态系统、物种、基因三个维度，分别阐释生物多样性保护、可持续利用和公平公正地惠益分享的《公约》三大目标，准确把握疫后复苏、气候变化、减少贫困等全球性挑战，倡导利用“一体化健康”、气候韧性等创新性举措，深刻阐释了如何共建地球生命共同体的世界之问，顺应时代需求，具有鲜明的时代特征。

《宣言》深刻把握习近平主席在COP15领导人峰会上讲话中提出的构建人与自然和谐共生、经济与环境协同共进、世界各国共同发展的“地球家园”三重愿景，

以“生态文明：共建地球生命共同体”为主题，反映了对世界未来的美好期待，是全球第一个以“生态文明”为主题的多边政治宣言，彰显了习近平生态文明思想的世界意义，并将其更好地向世界传播。

《宣言》以“凝聚共识、展望愿景、探索路径”为基本原则，集中反映各方的政治意愿，凝聚国际社会在生物多样性保护领域开展行动的坚强决心和共识，是一份全面且具有包容性的行动纲领，是中国坚定维护和践行多边主义的良好实践，为推动构建公正合理、各尽所能的全球生物多样性治理体系擘画蓝图、指明方向。《宣言》为 COP15 第二阶段相关磋商、推动全球生物多样性治理注入强大信心和政治推动力，充分体现了中国作为全球生态文明建设的参与者、贡献者、引领者的大国形象、积极作为和历史担当。

三、下一步工作建议

一是以《宣言》为契机，继续充分发挥中国在生物多样性治理领域的领导力和大国担当，以《宣言》内容为指导，鼓励各国政府、企业、金融机构、科研机构、社会组织、公民等利益相关方为落实《宣言》内容做出实质性承诺，采取务实行动。

二是以持续深化的国内生物多样性保护工作和取得的成效，作为中国践行《宣言》政治宣示的积极进展，并以此推动在多边领域不断深化生物多样性全球治理，强化“2020 年后全球生物多样性框架”的高层政治推动和顶层设计，提振各方信心，形成最高级别的政治合力。

三是以中共中央办公厅、国务院办公厅印发的《关于进一步加强生物多样性保护的意见》为指引，结合《宣言》相关内容，调动更多资源，推动更多利益相关方参与，建立“政府主导、部门负责、全民参与、基础支撑”的驱动机制，推进生物多样性高水平保护与经济社会高质量发展协调统一。

全氟烷基和多氟烷基物质等新污染物国际管控经验及其对中国的启示

姜 晨 王丽芳 彭 政 秦明昱 郑 哲 任 永

一、引言

在党的十九届五中全会上通过的《中共中央关于制定国民经济和社会发展第十四个五年规划和二〇三五年远景目标的建议》中明确提出要“重视新污染物治理”。新污染物是指由人类活动造成的、目前已明确存在、但尚无法律法规和标准予以规定或规定不完善、危害生活和生态环境的所有在生产建设或者其他活动中产生的污染物。一般而言，新污染物具有浓度较低、生物持久性较强、生物富集性明显、难以监测以及种类繁多等特性，对人体健康和生态环境可能构成较大危害。全氟烷基和多氟烷基物质（PFAS）是近年来受广泛关注的新污染物，已有的毒理研究表明 PFAS 会对实验动物造成肝脏毒性、发育与生殖毒性、遗传和免疫毒性以及致癌性（Lu et al.，2016；Liu er al.，2019），其中最具代表性和最受关注的全氟辛基磺酸（PFOS）和全氟辛酸（PFOA）已经被列入《关于持久性有机污染物的斯德哥尔摩公约》（张宏娜等，2019），属于新增列持久性有机污染物（POPs）。

PFAS 因可以使产品具有不粘性、防水性、耐火性、耐候性和防污性，被广泛用于地毯、服装和造纸行业等，还被用于灭火泡沫、杀虫剂和防污剂等系列产品中（Lindstrom et al.，2011；Hekster et al.，2003）。随着工业快速发展，PFAS 在工业活动中的应用越来越多，其对人体健康的不利影响受到越来越多的关注。PFAS 造成的最广为人知的环境事件当属美国杜邦集团的“黑水”事件（苏畅等，2020）。美国杜邦集团曾在半个世纪的时间里生产、使用并向环境中排放 PFOA 和 PFOS，污染当地地下水。当时当地农场的 200 多头牛全部死亡，其工厂也出现多名工人生病早逝的情况，有一名女工产下了畸形婴儿，污染直接毒害了超过 3 500 个家庭。经过长期诉讼，2017 年 2 月，美国杜邦集团同意支付 6.707 亿美元，用以解决其西弗吉尼亚州工厂 PFOA 污染饮用水事件相关的 3 550 起诉讼案件。

在 2020 年疫情期间，PFAS 的国际关注度不减。2020 年 10 月，日本东京都府因怀疑自来水遭到污染，对本地居民进行了血液检查。结果显示，居民血液中所含PFOS的浓度高于日本平均值的1.5～2倍，而驻日美军横田基地使用含PFOS的消防泡沫训练造成的无组织排放可能是该地区污染的源头。近年来，各国和地区已意识到PFAS的危害，欧盟、美国、日本等已经相继开展针对PFOS和PFOA的管控行动。

随着国外对PFAS的禁止和管控，PFAS的产能逐渐向我国转移。通过公开发表的研究数据，发现我国部分城市环境已经受到PFAS类新污染物影响（朱永乐等，2021；武倩倩等，2021；金磊，2021；史锐等，2021），人体血液和母乳中也有检出（杨琳等，2015；王雨昕等，2019），而我国仅针对少部分PFAS等新污染物采取了管控措施，尚未对大多数PFAS等新污染物开展系统的管控工作。本文对国际PFAS管控经验和我国管控现状进行分析，为推进我国新污染物管控与治理提出政策建议。

二、PFAS特性及国际管控现状

PFAS是指分子结构被高氟化的一类人工合成化学品，属于PFAS范畴的物质数量庞大，据不完全统计目前至少已有4 500多种，其中最具代表性和最受关注的是PFOS和PFOA，结构式分别如图1和图2所示。PFAS因其具有很高化学稳定性、热稳定性、憎水憎油性而被广泛应用，例如在水性成膜泡沫、半导体、电子产品、防污涂料、驱油剂、纺织品、纸张和包装、涂料、建筑材料和医疗保健产品等工业和消费品领域。

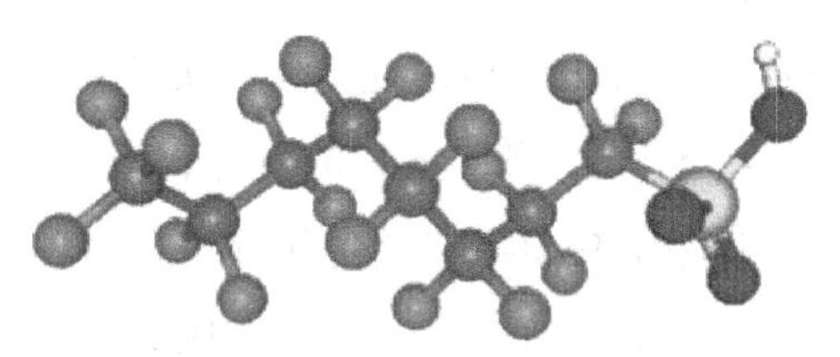

图1　PFOS的3D结构图

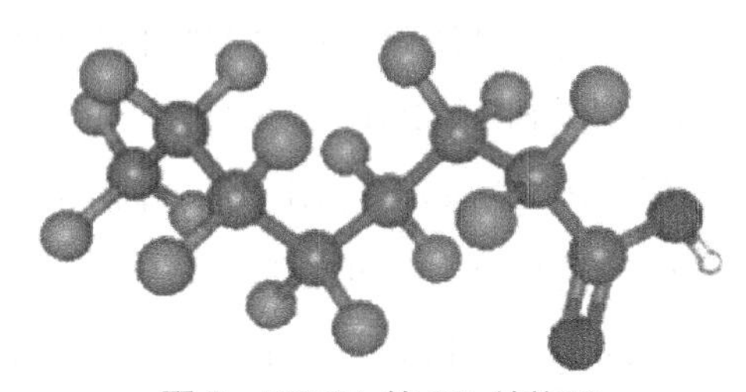

图2　PFOA的3D结构图

PFAS性质稳定，难以水解、光解及生物降解，因此会在环境中持久存在。近年来，PFAS已在全球多个地区、多种环境介质中被广泛检出，甚至在极地地区被广泛检出，表明其具有长距离迁移性，已成为全球性污染物。同时，PFAS（尤其是PFOS 和 PFOA）具有生物放大效应，浓度随着生物营养级的增高而显著增大，且在人体中已有检出，而且 PFAS 在生物体内的半衰期长（在人体内为 2～9 年）、难代谢。除上述多种环境问题外，动物毒性研究表明 PFAS 暴露可引起肝脏毒性、发育与生殖毒性、遗传和免疫毒性等多种毒性效应，且与多种人体健康问题和疾病存在关联，包括胆固醇和肝酶升高、睾丸癌和肾癌的发病率增加、生育力和生殖力降低、免疫抑制和甲状腺疾病等。

（一）环境国际公约管控

2009 年 5 月，《关于持久性有机污染物的斯德哥尔摩公约》（以下简称《公约》）第四次缔约方大会审议通过的《新增列全氟辛基磺酸（PFOS）及其盐类和全氟辛基磺酰氟的附件 B 修正案》（以下简称“2009 年 PFOS 修正案”），自此国际社会开始对包括 PFOS 在内的 PFAS 进行淘汰与管控，但由于应用需要和替代技术的限制，保留 8 项可接受用途和 12 项特定豁免用途。2009 年 PFOS 修正案于 2014 年 3 月 26 日对我国生效，包括 6 项特定豁免用途和 7 项可接受用途。

2019 年 5 月，《公约》第九次缔约方大会对 2009 年 PFOS 修正案进行了修订，修订后《公约》仅保留 1 项可接受用途（含生产）和 2 项特定豁免用途（不含生产）。其中，可接受用途为“用于控制切叶蚁的昆虫毒饵”；特定豁免用途为“只用于闭环系统的金属电镀（硬金属电镀）”和“灭火泡沫”。

同时，《公约》第九次缔约方大会审议通过了《关于列入全氟辛酸（PFOA）、其盐类及其相关化合物的公约附件 A 修正案》的决定，进一步淘汰和管控 PFAS，禁止 PFOA 的生产和使用，但保留 9 项特定豁免用途。这 9 项特定豁免用途分别为半导体，摄影涂料，保护工人免受危险液体造成的健康和安全风险影响的拒油、拒水纺织品，侵入性和可植入的医疗装置，灭火泡沫（不含生产），生产药品的全氟碘辛烷，以及为生产高性能耐腐蚀气体过滤膜、水过滤膜和医疗用布膜、工业废热交换器设备以及能防止挥发性有机化合物和 $PM_{2.5}$ 泄漏的工业密封剂等产品而制造聚四氟乙烯（PTFE）和聚偏氟乙烯（PVDF），制造用于生产输电用高压电线电缆的聚全氟乙丙烯（FEP），制造用于生产圆形环、三角胶带和汽车内部塑料配件的氟橡胶。截至 2022 年 1 月，2019 年《公约》第九次缔约方大会通过的 PFOA 修正案已对《公约》185 个缔约方中的 167 个缔约方生效，包括自动生效的 165 个缔约方（2020 年 12 月 3 日）和韩国（2021 年 6 月 3 日生效）、格林纳达（2022 年 1 月 13 日生效），且尚无缔约方申请特定豁免。我国在批准《公约》时已声明：对附件 A、附件 B、附件C的任何修正案，只有在我国对修正案交存了批准、接受、核准或加入文书之后方对我国生效。截至2021年1月，我国尚未递交接受2019年修正案的法律文书。

（二）发达国家和地区管控进程及现状

欧盟、美国、澳大利亚、新西兰等都曾生产、使用PFOS和PFOA。近年来，各国和地区相继出台管控措施，大体可以分为两类：一是以欧盟为代表的禁用类，二是以美国为代表的管制类，即使用前需申请并设定使用限制。

欧盟国家对PFAS的管控在《公约》前，而非被《公约》义务推动，通过《关于限制全氟辛基磺酸销售及使用的建议和指令草案》和《关于化学品注册、评估、许可与限制的法规》（REACH）分别管控PFOS和PFOA，在《公约》增列后将PFOS和PFOA转入欧盟POPs法规进行管控。目前，欧盟五国（荷兰、瑞典、丹麦、德国和挪威）正在准备一份涵盖所有PFAS非必要用途的REACH限制提案，该提案计划仅允许PFAS的基本用途以及将这些物质作为整体进行管理，预计2025年生效。欧盟PFOS和PFOA的详细管控进程见表1。

表1　欧盟PFOS和PFOA管控情况

时间	管控措施	具体内容
2002年	第34次化学品委员会联合会议	将PFOS定义为“持久存在于环境、具有生物蓄积性并对人类有害的物质”
2005年	关于限制全氟辛基磺酸销售及使用的建议和指令草案	欧盟健康与环境危险科学委员会（SCHER）对英国提交的策略进行了科学性方面的审查，确认了PFOS的危害性。提出关于限制全氟辛基磺酸销售及使用的建议和指令草案，并对该建议实施的成本、益处、平衡性、合法性等方面进行了评估
2006年	关于限制PFOS销售及使用的指令	限制PFOS类产品的使用和市场投放。 ①限制在成品和半成品中使用PFOS，制成品、半成品中的限值分别为0.005%（50 ppm，以质量计）、0.1%（1 000 ppm），纺织品或涂层中的限值为1 μg/m^2。 ②指令豁免以下PFOS的用途以及生产这些用途所需的物质和制剂：光刻胶，照相平板印刷工序的光阻或抗反射涂层，用于胶卷、相纸或印版的照相涂层，用于镀铬和其他电镀用途的抑雾剂，以及航空液压油。 同时该指令还对含PFOS消防泡沫的使用（使用期不超过2011年6月27日）和通过最佳可行技术和最佳环境实践将PFOS排放减量化做了具体规定
2010年	《持久性有机污染物法规》（EC 757/2010）	①将PFOS纳入其《持久性有机污染物法规》的受控物质清单，规定除豁免外，2010年8月25日之前已经在使用的包含PFOS的物品仍可继续使用，2006年12月27日前进入市场的泡沫灭火剂可以使用至2011年6月27日。 ②禁止向欧洲经济区（EEA）外的国家出口PFOS及含有PFOS的混合物和商品（泡沫灭火剂、浸渍剂、纺织品及其他涂层材料）

续表

时间	管控措施	具体内容
2011 年	ECCOM（2011）876	将 PFOS 作为优先有毒物质列入欧盟《水框架指令》和欧盟环境质量标准
2013 年	《关于化学品注册、评估、许可与限制的法规》（REACH）	欧盟将 PFOA 列为高关注物质（SVHC）；同年将 PFOA 纳入《关于化学品注册、评估、授权和限制的法规》的授权物质候选清单
2017 年	REACH	在 REACH 中新增了 PFOA 及其盐类限制条款
2019 年	欧盟五国提案	欧盟五国（荷兰、瑞典、丹麦、德国和挪威）正在准备一份涵盖所有 PFAS 非必要用途的 REACH 限制提案，大约包含 4 700 种化学物质，该提案计划仅允许 PFAS 的基本用途以及将这些物质作为整体进行管理，预计 2025 年生效
2020 年	《持久性有机污染物法规》[（EU）2020/784]	增加 PFOA 及其盐类和相关化合物到法规附件 I，规定自 2020 年 7 月 4 日起，不应生产 PFOA、其盐类及相关化合物以及禁止含此类物质的物品的生产、市场销售和使用（包括进口），同时设置了有时限的特定豁免用途。 具体管控要求： ①物质、混合物或物品中，PFOA 及其盐类≤0.025 mg/kg。 ②物质、混合物或物品中，PFOA 相关化合物≤1 mg/kg。 ③物质中用作可转移的分离中间体、碳链长度小于等于 6 且满足 REACH 关于氟化物的严格生产控制条件的 PFOA 相关化合物≤20 mg/kg（欧盟委员会不晚于 2022 年 7 月 5 日重新评估此条）。 ④对于指定技术生产的聚四氟乙烯（PTFE）微粉和工业专业用途的物品中的 PTFE 微粉中的 PFOA 及其盐类≤1 mg/kg（欧盟委员会不晚于 2022 年 7 月 5 日重新评估此条）。 特定豁免用途： ①半导体制造中的光刻或蚀刻工艺（2025 年 7 月 4 日前）。 ②用于胶卷的摄影涂料（2025 年 7 月 4 日前）。 ③保护工人免受危险液体造成的健康和安全风险影响的拒油、拒水纺织品（2023 年 7 月 4 日前）。 ④侵入性和可植入的医疗装置（2025 年 7 月 4 日前）。 ⑤为生产下列产品而制造聚四氟乙烯（PTFE）和聚偏氟乙烯（PVDF）：高性能耐腐蚀气体过滤膜、水过滤膜和医疗用布膜，工业废热交换器设备，能防止挥发性有机化合物和 $PM_{2.5}$ 泄漏的工业密封剂（2023 年 7 月 4 日前）。 ⑥满足特定条件的已安装在系统中的 B 类火灾灭火泡沫（2025 年 7 月 4 日前）。 ⑦使用全氟碘辛烷生产全氟溴辛烷以用于药品生产（2026 年 12 月 31 日前需经欧盟委员会的审查和评估，此后每四年开展审查和评估，直至 2036 年 12 月 31 日）

注：1 ppm=1×10^{-6}。

美国国家环境保护局（USEPA）主要通过自愿淘汰和《有毒物质管制法》（TSCA）下重大新用途规则管理来限制 PFAS 的生产、使用，随后美国开展了一系列针对PFAS物质的行动以逐步淘汰PFAS物质，包括2018年发布的《PFAS毒性评估草案》、2019年发布的《PFAS物质行动计划》和2020年2月发布的《PFAS行动计划：计划升级》等。通过这些计划，USEPA将从标准、清除、执法、监测、研究、风险沟通等方面开展PFAS的行动计划。美国PFAS的具体管控情况见表2。

表2 美国PFAS的管控情况

时间	法规等	具体内容
2000年	PFOS 自愿淘汰行动	USEPA促使美国工业界开展了PFOS自愿淘汰行动。2002年年底，3M公司彻底停产PFOS/PFOSF
2002年、2007年、2013年	《重大新用途规则》（SNUR）	USEPA先后发布4次针对PFOS的《重大新用途规则》（SNUR），限制PFOS的使用。规定企业如需生产和进口PFOS，应提前90天通知USEPA。 截至2021年1月，没有关于PFOS的重大新用途申请
2006年	PFOA 自愿淘汰计划	USEPA联合8家主要生产使用企业开展了自愿淘汰计划，2015年年底，8家参与企业实现了淘汰
2015年	《重大新用途规则（SNUR）修正案》	要求生产或进口包含PFOS和PFOA在内的长链PFAS产品用作新用途的公司至少提前90天向USEPA通报，包括含有长链PFAS的物品和工序。但长链PFAS作为进口物品表面涂层的部分豁免。截至2021年1月，没有关于PFOA的重大新用途申请。 通过一系列的SNUR，美国已经基本禁止了PFOS和PFOA的生产、使用和进出口
2019年	《PFAS物质行动计划》	确定了应对PFAS的短期方案和行动战略，从标准、清除、执法、监测、研究、风险沟通等方面阐述PFAS的短期方案和行动战略
2020年	《PFAS行动计划：计划升级》	继续与各方开展合作，努力解决PFAS这一重要公共健康问题。主要包括：解决饮用水中PFAS问题、通过清理减少PFAS暴露、确保安全并了解商业用途的PFAS
2020年	联邦注册通知	对2015年的修正案进行了修订，取消2015年对长链PFAS化学物质作为进口物品表面涂层的部分的豁免（地毯中含PFAS的除外），并于2020年9月25日开始生效。这一行动将填补已经被淘汰的含PFAS的产品仍可以进口到美国这一重大漏洞

此外，澳大利亚、新西兰、丹麦、加拿大和日本等相继采取措施，颁布了禁止和限制使用PFAS的相关法律法规和规定。

（三）各国针对饮用水中PFAS的管控

PFAS的生产和使用主要通过两种路径对环境和社会产生影响，如图3所示。其一，PFAS产品在其生产、使用和废弃后的处理过程中与人体直接接触，对人类健康产生危害；其二，PFAS产品在其生产、使用和废弃后的处理过程中，通过废水排放的方式排入自然水体、土壤中，或进入污水处理厂，但因污水处理厂常规处理技术无法实现有效去除，最终PFAS经污水处理厂进入河流之中，继而对生态系统和环境造成不良影响，而这些环境介质被污染后需要进行相应的修复工作，从而产生一系列的社会和经济影响。

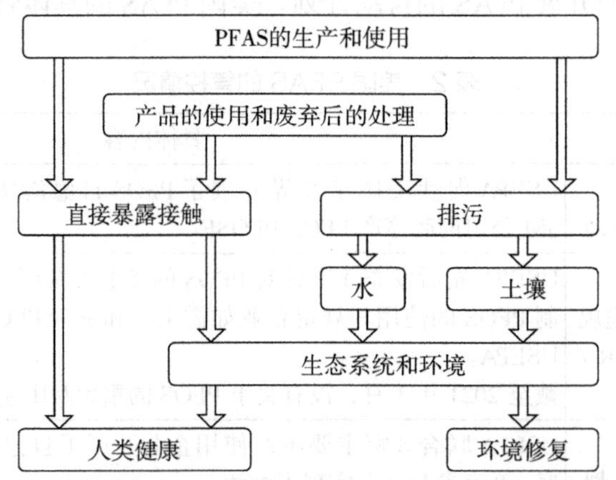

图3 PFAS的生产和使用对环境和社会产生影响的两种路径

由于PFOA具有较高的水溶性，使得其在自然环境中的排放和传输主要以水体为介质。饮用水作为PFAS最重要的暴露途径，受到国内外的广泛关注。为了控制和减少人体的暴露和危害，许多国家对饮用水中PFOS和PFOA的浓度进行了越来越多的管制。表3总结了世界各国、机构对饮用水中PFOS和PFOA的建议值。

表3 世界各国、机构对饮用水中PFOS和PFOA的建议值

国家、机构	PFOA限值/（ng/L）
美国国家环境保护局	70（PFOS+PFOA）
加拿大	200
瑞典	90
丹麦	100
德国	300
英国	10 000
澳大利亚	560
荷兰	87.5
欧洲食品安全局	3

三、我国PFAS管控及生产、使用、环境风险情况

（一）我国PFAS管控现状

我国在对已批约的PFOS的管控方面取得了一定的进展，2018年发布的《中华人

民共和国履行〈关于持久性有机污染物的斯德哥尔摩公约〉国家实施计划（增补版）》中制定了 PFOS 履约行动计划。2019 年 3 月 4 日，生态环境部等 11 部委联合印发《关于禁止生产、流通、使用和进出口林丹等持久性有机污染物的公告》，自 2019 年 3 月 26 日，禁止除 7 种可接受用途外的 PFOS/PEOSF 的生产、流通、使用和进出口。配合《公约》履约义务，将 PFOS 纳入多种化学品管控目录、出台了多个检测技术标准。

我国对尚未批准的《公约》新增列 PFOA、其盐类及其相关化合物并未采取强制性的管理措施来禁止和限制，仅出台了一些指导性政策。其他 PFAS 物质管控工作尚未引起足够重视。

我国针对 PFOS 和 PFOA 的管控进程与措施见表 4。

表 4　我国 PFOS 和 PFOA 管控进程与措施

物质类别	时间	文件	具体内容
PFOS	2014 年	环境保护部等 12 部委联合印发《关于〈关于持久性有机污染物的斯德哥尔摩公约〉新增列九种持久性有机污染物的〈关于附件 A、附件 B 和附件 C 修正案〉和新增列硫丹的〈关于附件 A 修正案〉生效的公告》	公告郑重声明，自 2014 年 3 月 26 日，禁止除 6 种特定豁免用途和 7 种可接受用途以外的 PFOS/PFOSF 的生产、流通、使用和进出口
	2015 年	《危险化学品目录》（2015 年版）	PFOS 被列入《危险化学品目录》（2015 年版），实施安全生产管理
	2017 年	《优先控制化学品名录（第一批）》（2017 年版）	PFOS 被列入《优先控制化学品名录（第一批）》（2017 年版），优先实施环境风险管控
	2018 年	《市场准入负面清单（2018 年版）》	国家发展改革委和商务部联合发布《市场准入负面清单（2018 年版）》
	2019 年	生态环境部等 11 部委联合印发《关于禁止生产、流通、使用和进出口林丹等持久性有机污染物的公告》，《产业结构调整指导目录（2019 年版）》	①自 2019 年 3 月 26 日，禁止除 7 种可接受用途外的 PFOS/PFOSF 的生产、流通、使用和进出口。 ② 7 种可接受用途包括：照片成像；半导体器件的光阻剂和防反射涂层；化合物半导体和陶瓷滤芯的刻蚀剂；航空液压油；只用于闭环系统的金属电镀（硬金属电镀）；某些医疗设备［如乙烯四氟乙烯共聚物（ETFE）层和无线电屏蔽 ETFE 的生产，体外诊断医疗设备和 CCD 滤色仪］；灭火泡沫。 ③ PFOS 的相关用途被列入《产业结构调整指导目录（2019 年版）》，其中 PFOS 可接受用途列为限制类，除可接受用途外的其他用途为淘汰类

续表

物质类别	时间	文件	具体内容
PFOS	2020 年	《中国严格限制的有毒化学品名录（2020 年）》	列入《中国严格限制的有毒化学品名录（2020 年）》，实施进出口环境管理登记
		检测方法和各项技术标准	环境保护部印发《清洁生产标准　制革工业（羊革）》（HJ 560—2010），要求制革行业中的染色、加脂和涂饰工艺不含全氟辛基磺酸盐；针对皮革、文具、纺织等行业印发《环境标志产品技术要求》，提出产品中的 PFOS 限值。国家质量监督检验检疫总局印发进出口化工产品、进出口洗涤用品和化妆品等多个出入境检验检疫行业标准。国家市场监管总局印发氟化工产品和消费品、电子电气产品、皮革和毛皮、分离膜、纺织品、纺织染整助剂等多个行业的产品中 PFOS 和 PFOA 的国家检测标准
PFOA、其盐类及相关化合物	2011 年、2019 年	《产业结构调整指导目录》	《产业结构调整指导目录（2011 年本）》将"新建全氟辛酸（PFOA）生产装置"列为限制类，将"以 PFOA 为加工助剂的含氟聚合物生产工艺"列为淘汰类。《产业结构调整指导目录（2019 年本）》将"新建全氟辛酸（PFOA）生产装置""以 PFOA 为加工助剂的含氟聚合物生产工艺"列为淘汰类。
	2016 年	《国家鼓励的有毒有害原料（产品）替代品目录（2016 年版）》	工业和信息化部会同有关部门印发，鼓励使用全氟聚醚乳化剂替代全氟辛酸及其铵盐在含氟树脂合成中的应用
	2020 年	《优先控制化学品名录（第二批）》	PFOA、其盐类及相关化合物被列入《优先控制化学品名录（第二批）》，优先实施环境风险管控
		测定方法和技术标准	①《纺织品服装限用物质清单》（T/CNTAC 8—2018）（中国纺织工业联合会团体标准）中制定了 PFOA 及其盐类的限值标准（≤1 μg/m²）。 ②全国皮革工业标准化技术委员会等制定了皮革和皮毛、纺织染整助剂、聚四氟乙烯材料及不粘锅涂层等产品中 PFOA 的标准测定方法

（二）我国 PFAS 生产、使用情况

我国的 PFOS 生产始于 20 世纪 70 年代末。自 2003 年 3M 公司停止 PFOS 生产后，由于国际市场的需求刺激，我国 PFOS 的产量（按 PFOSF 计）出现了快速增

长，年产量最高达 250 t。2019 年 3 月禁令之后，我国 PFOS 特定豁免用途停止使用，生态环境部配合履约工作节点开展了履约执法督察。2019 年，PFOS/PFOSF 的年产量已下降到 40 t。2020 年以后，只有湖北恒新化工有限公司一家企业可以生产，环评批复为 30 t，其主要应用为灭火泡沫中表面活性剂的生产，目前有超 10 万 t 含 PFOS 的灭火泡沫已经安装在我国各类消防应急固定设施或者移动设施中。

我国的 PFOA 生产始于 20 世纪 60 年代末。PFOA 主要作为氟聚合物（包括氟树脂和氟橡胶）生产过程中的乳化助剂，在实际生产中是将 PFOA 和氨水反应制成铵盐即全氟辛酸铵（APFO）后使用，系统中的 PFOA 在反应完成后一般要回收再用。截至 2021 年 1 月，我国共有 6 家 PFOA 生产企业，2019 年年产量约 200 t；PFOA 产量的 92%～94% 用于氟树脂生产，6%～8% 用于氟橡胶的生产；氟树脂的产能约为 16 万 t，氟橡胶的产能约为 3 万 t。

我国的 PFOA 相关化合物主要产品是由 C_6、C_8 和 C_{10} 等组成的全氟烷基乙基丙烯酸酯，作为生产氟表面活性剂的原料。2019 年，我国有 3 家生产全氟烷基乙基丙烯酸酯的企业，年产量共 1 200 t。生产的氟表面活性剂主要用于织物和皮革整理、纸张和石材的表面处理、油墨、半导体工业清洁和表面处理、电子产品等精密机械防水、农药乳化等领域，其中 80% 的氟表面活性剂应用于纺织印染领域，使用氟表面活性剂的纺织整理剂市场规模为 1.2 万～1.5 万 t/a。

（三）我国 PFAS 替代情况

目前，我国关于 PFOS 在金属电镀、照片成像、半导体、航空液压油等领域的应用已有替代品，且已基本实现了 PFOS 的替代工作；在消防灭火泡沫方面的替代技术还不成熟。国际上多数消防泡沫的生产使用是基于全氟己烷链的含氟调聚物作为 PFOS 的替代物，核心技术为美国公司掌握。我国市场目前有部分厂家研制出以全氟己烷链的含氟调聚物以及全氟丁烷链和全氟己基的氟化物作为 PFOS 的替代物，但其性能和环境友好性有待验证。目前至少有十余万 t 含 PFOS 的灭火泡沫已经安装在我国各类消防应急固定设施或者移动设施中，更换替代对我国消防领域有一定的挑战。我国正在积极开展鼓励替代品研发工作，按照“全球环境基金中国 PFOS 优先行业削减与淘汰项目”的时间要求，我国将争取尽快实现替代品的批量化生产。

关于 PFOA 的替代，在氟树脂生产方面，我国可以实现中低分子量氟树脂的替代，但对超高分子量和改性氟树脂尚无替代品。对氟树脂的下游制品应用领域来说，目前在气体过滤、液体过滤、能防止挥发性有机化合物和 $PM_{2.5}$ 泄漏的工业密封剂应用领域、工业废热交换器设备、侵入性医疗设备领域、电力传输用高压电线电缆以及半导体和摄影涂料领域已列入《公约》豁免，但还有部分应用未被列入特定豁免应用，如5G通信的高频线缆、汽车及飞机燃油管、电线套管、光伏背板膜、建筑防腐涂料、防腐耐热的糊膏挤出管、医药包装、化工储槽和管道用的板材、承载器、先进制造工艺中的防腐内衬、阀门、风管等。这些材料被应用于航空航天、5G通信、光伏、建筑、先进制造等领域，是我国大力发展的，短期内还不能实现PFOA替代，亟需科技攻关。在普通氟橡胶生产方面，我国已有成熟的替代品，而在高端的氟聚醚橡胶生产方面，我国处于刚刚起步的状态，批约后对我国高端氟橡胶的生产应用影响较大。我国PFOA相关化合物除特殊职业用途的纺织品外，绝大部分用途可以实现替代。

（四）我国PFAS环境风险

我国缺乏对PFAS尤其是PFOA的有效管控，由于相关氟化工企业的无组织排放和缺乏针对性的控制技术，其生产使用热点地区的PFAS浓度较高。2002年以来，国内外研究者陆续对中国66个城市的526个饮用水样品进行了检测，结果（Liu et al.，2021）显示，饮用水中的PFAS平均值为0.1～502.9 ng/L，我国华东和西南地区部分城市存在较高的风险。自贡（502.9 ng/L）、连云港（332.6 ng/L）、常熟（122.4 ng/L）、成都（119.4 ng/L）、无锡（93.6 ng/L）、杭州（74.1 ng/L）是饮用水中PFAS污染严重的几个城市，PFAS浓度超过了欧美国家发布的基于健康的指导值（70 ng/L），其他城市的风险较小。

同时，国家卫生健康委食品安全风险评估重点实验室公开发表的数据显示，我国上海、嘉兴、绍兴城市母乳样品中PFOA、PFOS的浓度分别为411 pg/mL和321 pg/mL，分别是已经淘汰其生产使用的斯德哥尔摩城市母乳中PFOA（89 pg/mL）和PFOS（72 pg/mL）浓度的4.62倍和4.46倍。

四、我国PFAS等新污染物管控面临的挑战

与发达国家相比，我国的PFAS等新污染物管控工作起步较晚，虽然在某些污染物管控方面取得了初步成效，但距离有效管控PFAS等新污染物的目标要求仍有较大差距，在政策、科技、监测等多方面面临一系列挑战。

（一）顶层设计尚待完善

一是法律法规尚不完善。目前，缺乏相应的法律法规限制PFAS等物质的生产、

使用和排放，我国最新制定和修订的大气、水和土壤污染防治法中均无 PFAS 等物质管控条款，缺乏针对化学品管理的专门条例。我国已出台的《水污染防治行动计划》和《土壤污染防治行动计划》等行动计划重点关注常规污染物，没有将 PFAS 等新污染物作为管控重点，亟需出台有关化学品管控的法律法规。二是管理协调机制略显不足。当前经国务院批准，生态环境部牵头、由 14 个部委共同组成的国家履行斯德哥尔摩公约工作协调组主要负责国家 POPs 管理和履约方面的重大事项，但无法满足尚未进入 POPs 公约审议程序的 PFAS 等新污染物的管控需求。三是新污染物的管理评估框架尚需加强。我国目前仅对新化学物质开展评估登记工作。但对 PFAS 等新污染物，尚无国家层面制定的涵盖实验方法、数据采集、数据分析、评估标准等内容的逻辑清晰、层级分明的评估框架，无法满足实际情况下复杂的管控需求。

（二）评估监测水平尚待提高

一是缺乏针对 PFAS 等物质相关产品含量限值和产品检测的国家标准。欧美发达国家都是先出台相关产品中的含量限值和产品检测标准，对污染物的源头开始管控。目前我国缺乏 PFAS 等物质相关产品含量限值和产品检测的国家标准，企业生产和替代技术研发工作缺失依据。二是缺乏针对 PFAS 等新污染物的环境标准和监测技术规范。现行地表水环境质量标准以及各类污染物排放标准中均没有包含 PFAS 等新污染物。环境监管和执法缺少依据。三是 PFAS 等新污染物尚未被列入我国生态环境和人体健康监测体系之内。相关监测工作仍处于起步阶段，缺乏相应的监测方法与监测技术，缺乏环境风险评估和监控。文献报道我国 PFAS 等新污染物生产、使用等的热点区域饮用水污染堪忧。全国 PFAS 等新污染物污染状况监测评估工作尚未开展，无法全面评估 PFAS 等新污染物污染状况。

（三）科研技术“瓶颈”尚待突破

一是 PFAS 等物质的替代技术研发存在困难。目前我国仅在部分低端应用领域有成熟的替代品，在中高端领域（如超高分子量的分散树脂和改性分散树脂方面以及高端氟橡胶生产方面）尚无成熟替代品，与发达国家有较大差距。二是 PFAS 等新污染物的污染控制技术尚存在空白。我国现有的含氟化物污染物排放标准针对无机氟化物，对 PFAS 等有机氟化物尚无管控措施，相应污水处理设施尚无 PFAS 等新污染物的有效控制技术。

五、对策建议

总体来看，我国 PFAS 等新污染物管控体系建设与欧美发达国家相比仍有较大差距。发达国家在相关化合物被列入《公约》前已经开始了针对性管控，而我国是在《公约》增列后才开始采取应对措施，公约修正案对我国生效前的阶段性政策管控措施不足。在修正案对我国生效之前亟待开展行动，解决目前面临的问题，也为批准修正案后的遵约、管控、治理提供保障。当前，我国 PFAS 等新污染物管控工作涉及行业众多，应用涉及重大民生和国家安全。结合我国实际，将 PFAS 作为我国新污染物治理的重要抓手，强化顶层设计，完善体制机制，推进评估监测，深化科学研究，落实保障措施，建立符合我国国情的管控体系，为打赢污染防治攻坚战提供有力支撑。

（一）加强顶层设计，为 PFAS 等新污染物管控指明方向

一是制定和完善有关 PFAS 等新污染物管理的法律法规。加快推动化学物质环境风险管理法律法规（如《化学品管理条例》）的出台，进一步加强对违约行为的处罚力度，出台 PFAS 等新污染物污染防治行动战略计划。二是开展摸底调查，掌握我国 PFAS 水环境污染状况。我国环境中 PFAS 的污染数据目前均来自学术研究，采样方法、测定方法以及数据分析等存在差异，且对一些非热点地区缺少研究，亟待开展系统的摸底调查、掌握全国 PFAS 生产和使用情况、分析 PFAS 等新污染物风险状况、建立我国 PFAS 等新污染物的污染状况清单、开展风险评估和采取必要的风险管控措施。三是建立全面的 PFAS 等新污染物的管理评估框架。制定涵盖 PFAS 筛选、测试、实验等程序的多层级评估框架，并针对各项内容进行细化和完善。开展 PFAS 等新污染物安全预警工作。

（二）完善政策法规标准，提升 PFAS 等新污染物管控能力

相对于欧盟、美国等已颁布实施针对 PFAS 的各种政策、法规和标准，我国在此方面尚有较大差距，对其的有效监管还存在诸多的法规标准缺失。因此，一是要加快推动环境介质中 PFAS 的检测标准与方法制定。二是制定生产和一级使用企业等重点源的排放标准，为环境监管和执法提供依据。三是对污水处理厂和自来水厂中增加 PFAS 的限值指标，保障水环境安全。四是出台制品中 PFAS 含量限值标准和产品检测标准，激发企业替代淘汰的积极性。五是制定饮用水中 PFAS 浓度标准，保障人民用水安全。

（三）加快科技研发，为我国 PFAS 管控提供技术支撑

一是加大 PFAS 等新污染物的替代技术及污染控制技术研发投入，建议科学技术部、中国科学院等科研单位针对履约时限需求和替代技术“瓶颈”问题，启动针对 PFAS 等新污染物的国家重大科技专项，开展实用性替代技术研发、针对 PFAS 等有机氟化物在污水处理中的污染控制技术研发等。二是鼓励替代品的研发，加强替代品环境友好性和技术经济性评估，鼓励安全替代和技术升级。

（四）编制行动计划，开展区域示范工作，精准管控 PFAS 等新污染物

在“十四五”期间，将 PFAS 作为我国新污染物治理的重要抓手，编制我国 PFAS 环境管理战略与行动计划，在重点地区、重点行业开展 PFAS 风险管控示范，最终将示范成果推广到其他重点新污染物和国家层面。

参考文献

金磊，2021. 黄浦江上游太浦河水源水体中全氟化合物赋存特征及风险评价［J］. 净水技术，40（1）：54-59.

史锐，毛若愚，张梦，等，2021. 乌梁素海流域地表水中全氟化合物分布、来源及其生态风险［J］. 环境科学，42（2）：663-672.

苏畅，姜晨，张彩丽，等，2020. 全氟辛酸（PFOA）化学品污染的应对浅析——以电影《黑水》杜邦事件为例［J］. 世界环境，（4）：60-63.

王雨昕，李敬光，赵云峰，等，2019. 厦门市母乳中全氟有机化合物污染水平分析［J］. 中国卫生检验杂志，29（17）：2049-2052.

武倩倩，吴强，宋帅，等，2021. 天津市主要河流和土壤中全氟化合物空间分布、来源及风险评价［J］. 环境科学，42（8）：3682-3694.

杨琳，于欣平，王梦，等，2015. 中国 12 个省份母乳中全氟化合物前体物质含量分析［J］. 中华预防医学杂志，（6）：5.

张宏娜，温蓓，张淑贞，2019. 全氟和多氟烷基化合物异构体的分析方法、环境行为和生物效应研究进展［J］. 环境化学，38（1）：42-50.

朱永乐，汤家喜，李梦雪，等，2021. 全氟化合物污染现状及与有机污染物联合毒性研究进展［J］. 生态毒理学报，16（2）：86-99.

Hekster F M，Laane R，de Voogt P，2003. Environmental and toxicity effects of perfluoroalkylated substances［J］. Reviews of Environmental Contamination and Toxicology，179：99-121.

Lindstrom A B，Strynar M J，Libelo E L，2011. Polyfluorinated compounds：Past，present and future

[J] . Environmental Science & Technology，45（19）：7954-7961.

Liu L Q，Qu Y X，Huang J，et al.，2021. Per-and polyfluoroalkyl substances（PFASs）in Chinese drinking water：risk assessment and geographical distribution [J] . Environmental Sciences Europe，33（1）：1-12.

Liu W X，Wu J Y，He W，et al.，2019. A review on perfuoroalkyl acids studies：environmental behaviors，toxic efects，and ecological and health risks [J] . Ecosystem Health and Sustainability，5（1）：1-19.

Lu Y，Luo B，Li J，et al.，2016. Perfuorooctanoic acid disrupts the blood-testis barrier and activates the TNF α /p38 MAPK signaling pathway in vivo and in vitro [J] . Archives of Toxicology，90（4）：971-983.

美国《有毒物质控制法》对 POPs 类新污染物的管理经验

王昊杨　彭　政　倪涛涛　任　永

美国国会于 1976 年通过了《有毒物质控制法案》（*Toxic Substances Control Act*，TSCA），该法案给予美国政府预防美国境内流通的化学物质对人体健康和环境产生的“不合理风险”的权力，但因其对工业化学物质极强的“无罪推定”（presumption of innocence）条款[①]，使得美国国家环境保护局（USEPA）在 2016 年对 TSCA 进行首次重大改革[②]前只评估了约 200 种物质[③]，并只限制了 5 种物质[④]的生产和使用。改革后，TSCA 将原有“政府证明物质有害”的压力转变为“行业证明物质无害”，针对现有化学物质进行了高低优先级物质分级、风险评估、风险管理三个阶段的规制，注重防范化学物质可能造成的环境和健康危害风险。美国针对化学物质风险施行的“谨慎原则”（precautionary principle）与欧盟等其他化学物质生产量大的经济体的的管理原则一致[⑤]，可为我国“十四五”时期重视新污染物治理、将持久性有机污染物（POPs）等新污染物治理纳入化学物质环境管理体系提供政策参考。

美国不是《关于持久性有机污染物的斯德哥尔摩公约》（以下简称《POPs 公

---

① 主要条款为 TSCA（1976）catch 22，即在缺乏清晰的化学物质具有伤害的证据的情况下，工业企业可以视情自由生产和使用这种化学物质。相比药品和食物所使用的“疑罪从有”（presumed guilty until proven guilty）原则（即要求企业主动证明物质无害方可使用），收集工业化学物质数据前必须证明物质有害，所以 TSCA 改革前，USEPA 对工业化学物质的管控几乎是“无计可施”：面对禁用物质巨大的利益冲突，USEPA 除了提供足够证据外，还要与行业和其他部门进行繁琐的利益博弈。

② 2016 年 5 月至 6 月，美国众议院、参议院先后通过，时任美国总统奥巴马签署生效了《弗兰克劳滕伯格 21 世纪化学物质安全法》（*Frank R. Lautenberg Chemical Safety for the 21st Century Act*，简称 LSCA 或 Lautenberg 法），这部法不仅是对 TSCA 的重大修改，也是美国自 1990 年以来通过的环境保护方面的首部重要法律。

③ 其中 60 种化学物质的数据是 USEPA 通过与行业企业签订强制执行同意协议（Enforceable Consent Agreements，ECAs）获得的，即双方要在物质测试的必要性和范围上达成一致。

④ 5 种化学物质分别为国会强制要求的多氯联苯（PCBs）、作为气溶胶使用的氟利昂、石棉、废物中的二噁英、冷却塔中水处理化学品里的六价铬。

⑤ 根据 Cefic Fact&Figure 数据，2019 年，全球化学品生产前五的经济体排名为中国、欧盟、美国、日本、韩国，中国产量高于欧盟和美国的总和。其他经济体主要实施的化学品法规［如欧盟《关于化学品注册、评估、许可与限制的法规》（REACH）、日本《化学物质审查与控制法》、韩国 K-REACH 法规］都体现了针对可能的（即不确定的）环境和健康风险持谨慎态度，将风险缩小。

约》）的缔约方[①]，除说明需要外，美国政府公开文件基本不提及对 POPs 管理的概念。TSCA 管理的工业 POPs 都类归为现有化学物质，美国政府针对其中 5 种 POPs 管控提出了实施计划和管控法规（USEPA，2021）。美国于 2002 年对 PFOS 物质提出行动计划时，美国 TSCA 管控机制处于起步阶段，管理 PFOS 类物质的同时推动了 TSCA 下对现有物质的三阶段评估机制，这种机制甄别出了符合美国国情、最需要管理的 POPs，从宏观上对物质生产、使用、污染控制管理进行合理的权重分配。

TSCA 并不像其名称所指把物质分为“有毒”和“无毒”，而是按照国际通用惯例，把物质区分为“现有物质”和“新物质”进行管理，“新物质”通过申报、收录在 TSCA 名录后成为“现有物质”，目前 TSCA 名录中有 83 000 种物质（USEPA，2021）。食品、农药、药品、烟草等物质受美国其他法规管理，免于 TSCA 申报。如图 1 所示，现有物质与新物质的申报要求不同，但风险识别和管理的机制相同。

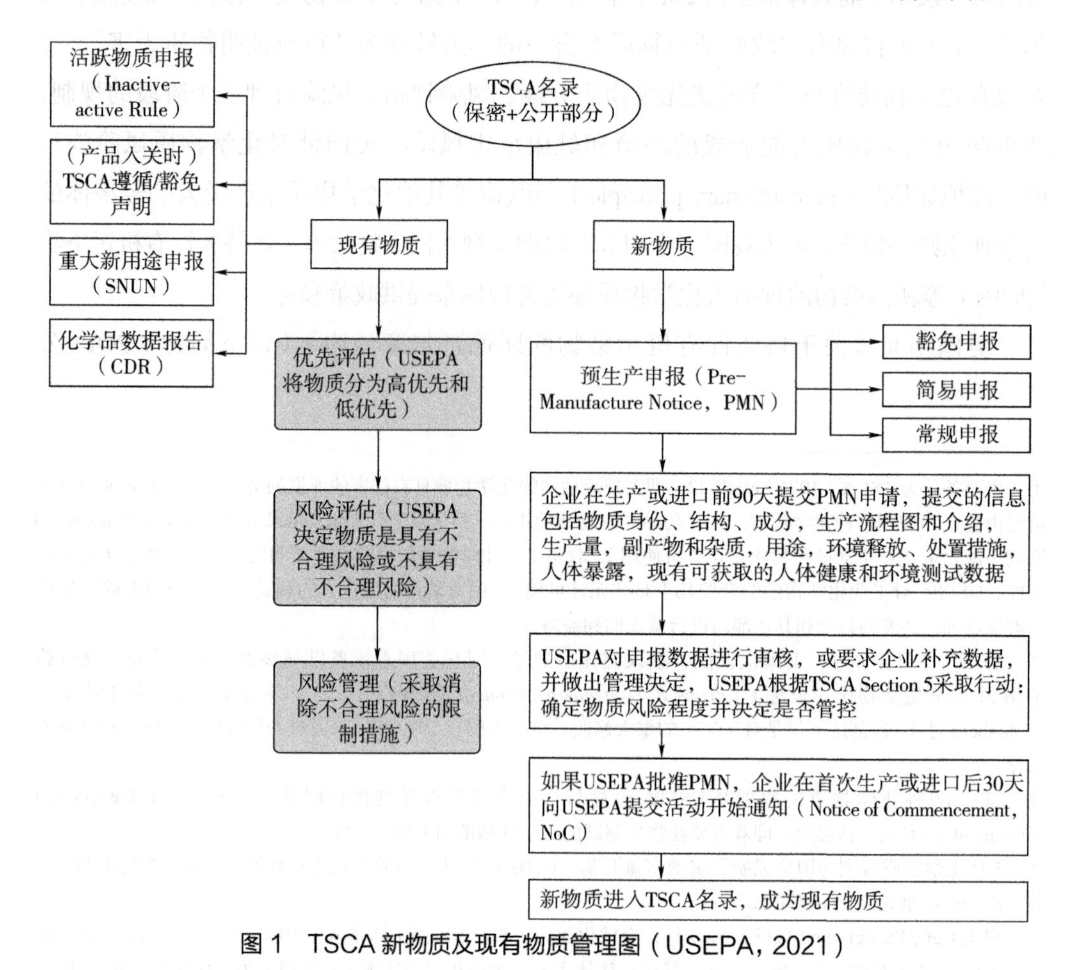

图 1　TSCA 新物质及现有物质管理图（USEPA，2021）

① 截至 2021 年 2 月，该公约已经有 184 个缔约方，中国是首批签约国。

一、TSCA 对现有物质管理概述

（一）筛选优先评估物质

USEPA 筛选优评物质程序（以下简称优评程序）的目的是将物质分为高优先风险评估物质和低优先风险评估物质（以下分别简称高优先物质和低优先物质），低优先物质意味目前该物质的风险评估未被授权。TSCA 要求 USEPA 至少分辨出 20 种高优先物质和 20 种低优先物质。USEPA 于 2019 年 3 月启动优评程序，同年 12 月确认了 33 种高优先物质和 20 种低优先物质，详见表 1（USEPA，2021）。

表 1　TSCA 下正在评估的物质和低优先物质 TSCA 下正在评估的物质（高优先物质）

序号	化学物质名称	CAS 号	化合品分类	开始日期	现状
1	石棉	1332-21-4	无	2016 年 12 月	最终风险评估（即已完成）
2	溴正丙烷	106-94-5	溶剂	2016 年 12 月	最终风险评估
3	四氯化碳	56-23-5	溶剂	2016 年 12 月	最终风险评估
4	C.I. 颜料紫 29（PV29）	81-33-4	染料，色素	2016 年 12 月	最终风险评估
5	环状脂肪族溴化物簇（HBCD）六溴环十二烷	25637-99-4；3194-55-6；3194-57-8	阻燃剂	2016 年 12 月	最终风险评估
6	1, 4- 二噁烷	123-91-1	溶剂	2016 年 12 月	最终风险评估
7	二氯甲烷	75-09-2	溶剂	2016 年 12 月	最终风险评估
8	*N*- 甲基吡咯烷酮（1- 甲基吡咯烷酮；吡咯烷酮；二异丙基酮）	872-50-4	溶剂	2016 年 12 月	最终风险评估
9	四氯乙烯	127-18-4	溶剂	2016 年 12 月	最终风险评估
10	三氯乙烯（TCE）	79-01-6	溶剂	2016 年 12 月	最终范围（即 USEPA 已公开最终文件）
11	对二氯苯	106-46-7	无	2019 年 12 月	最终范围
12	二氯乙烷	107-06-2	溶剂	2019 年 12 月	最终范围
13	反式 1, 2- 二氯乙烯	156-60-5	溶剂	2019 年 12 月	最终范围
14	邻二氯苯	95-50-1	无	2019 年 12 月	最终范围
15	三氯乙烷	79-00-5	溶剂	2019 年 12 月	最终范围
16	二氯丙烷	78-87-5	溶剂	2019 年 12 月	最终范围
17	二氯乙烷	75-34-3	溶剂	2019 年 12 月	最终范围

续表

序号	化学物质名称	CAS 号	化合品分类	开始日期	现状
18	邻苯二甲酸二丁酯（1, 2- 苯二羧酸，1, 2- 二丁酯）	84-74-2	邻苯二甲酸盐	2019 年 12 月	最终范围
19	邻苯二甲酸丁苄酯 -1, 2- 苯 - 二羧酸，1-2- 丁基（苯甲基）酯	85-68-7	邻苯二甲酸盐	2019 年 12 月	最终范围
20	邻苯二甲酸二乙基己酯［1, 2- 苯二羧酸，1, 2- 双（2- 乙基己酯）］	117-81-7	邻苯二甲酸盐	2019 年 12 月	最终范围
21	邻苯二甲酸二异丁酯［1, 2- 苯 - 二羧酸，1, 2- 双（2- 甲基丙基）酯］	84-69-5	邻苯二甲酸盐	2019 年 12 月	最终范围
22	邻苯二甲酸二环己酯	84-61-7	邻苯二甲酸盐	2019 年 12 月	最终范围
23	邻苯二甲酸二异癸酯（DIDP）（1, 2- 苯二甲酸 1, 2- 二异癸酯）	26761-40-0；68515-49-1	邻苯二甲酸盐		草案范围（即 USEPA 正在对范围文件进行公众咨询）
24	邻苯二甲酸二异壬酯（DINP）（1, 2- 苯二甲酸二异壬酯）	28553-12-0；68515-48-0	邻苯二甲酸盐	2019 年 12 月	草案范围
25	四溴双酚 A 聚碳酸酯	79-94-7	阻燃剂	2019 年 12 月	草案范围
26	磷酸三（2- 氯乙基）酯（TCEP）	115-96-8	阻燃剂	2019 年 12 月	草案范围
27	磷酸三苯酯（TPP）	115-86-6	阻燃剂	2019 年 12 月	草案范围
28	1, 2- 二溴乙烷	106-93-4	无	2019 年 12 月	草案范围
29	丁二烯	106-99-0	无	2019 年 12 月	草案范围
30	1, 3, 4, 6, 7, 8- 六氢 -4, 6, 6, 7, 8, 8- 六甲基 - 环戊并［*g*］-2- 苯并吡喃	1222-05-5	香味添加剂	2019 年 12 月	草案范围
31	甲醛	50-00-0	无	2019 年 12 月	草案范围
32	邻苯二甲酸酐	85-44-9	无	2019 年 12 月	草案范围
33	八甲基环四硅氧烷（D4）	556-67-2	无	2020 年 12 月	开始

TSCA 确定的低优先物质

序号	化学物质名称	CAS 号
1	3- 甲氧基丁基乙酸酯	4435-53-4
2	葡庚糖酸钠二水合物（多羟基羧酸、葡萄醣庚酸钠）	31138-65-5
3	*D*- 葡萄糖酸溶液	526-95-4
4	*D*- 葡萄糖酸钙凝胶	299-28-5
5	葡萄糖酸内酯	90-80-2
6	葡萄糖酸钾	299-27-4

续表

序号	化学物质名称	CAS 号
7	葡萄糖酸钠	527-07-1
8	癸二酸二丁酯	109-43-3
9	正二十二醇	661-19-8
10	正二十醇	629-96-9
11	*DL*-1, 2- 已二醇	6920-22-5
12	正十八醇	112-92-5
13	三丙二醇丁醚	55934-93-5
14	丙二酸二乙酯	105-53-3
15	丙二酸二甲酯	108-59-8
16	二丙二醇甲醚醋酸酯	88917-22-0
17	三丙二醇	24800-44-0
18	二丙二醇	110-98-5
19	一缩二丙二醇	25265-71-8
20	角鲨烷	111-01-3

USEPA 确定潜在优先评估物质的名单时会首先参考 USEPA 的 TSCA 工作计划（2014 年）（以下简称 2014 工作计划），因为 TSCA 要求自 2019 年 12 月起进行风险评估的物质必须至少一半来自 2014 工作计划。2014 工作计划所列化学物质至少满足以下一项要求：①儿童健康（例如生育或发育）影响；②神经毒性；③持久性（P）、生物累积性（B）和毒性（T）；④可能或已知致癌物；⑤在儿童产品中使用；⑥生物监测项目监测出的物质。在此基础上，USEPA 会优先考虑工作计划中具有以下特征的物质：① P 和 B 特性为 3 分[①]；②已知致癌物；③高急性或慢性 T（USEPA，2021）。

TSCA 工作计划物质是由“二步法”筛选出来的。第一步参考现有数据信息名单，筛选出至少符合一项要求的化学物质，再除去不属于 TSCA 管理范围、易燃易爆等物理危害大、对人体没有危害的金属和已经有行动计划的物质（如多氯联苯），共选出 345 种物质；第二步根据危害分数（人体健康或环境毒性，1～3 分）、暴露分数［对使用方式、人体和环境暴露、有毒物质排放清单（TRI）[②]或替代排放信息进行归一化打分，1～3 分］、P 或 B 分数（P 和 B 分别进行归一化打分，1～3 分）

① 赋分含义见下一段。

② 有毒物质排放清单（TRI）是《紧急计划和社区知情权法》Section 313 下的物质清单。

计算，最终 7～9 分的将被视为高优先，如果 P 或 B 分数或危害分数为 2～3 分但缺乏其他信息，USEPA 将其列入信息征询潜在候选物质。最终，USEPA 用这种方法选出了 90 种工作计划物质[①]（USEPA，2021）。

美国有毒物质排放清单（TRI）和 TRI 下的 PBT 物质清单也是高优先物质重要筛选来源。TSCA 要求 USEPA 可以在没有风险评估的情况下，对 PBT 物质直接提出风险管控措施。美国 PBT 物质清单是《紧急计划和社区知情权法》（以下简称《知情权法》）下有毒物质排放清单（TRI）中的一个分类，共有 5 个物质分类和 16 种物质被列入 PBT 清单（详见表 2）。PBT 物质因其持久性和生物累积性，为更敏感地警告社区此类物质的风险，其排放报告阈值比其他有毒物质低。USEPA 于 2020 年 12 月，在没有进行风险评估的情况下，确定了 5 种 PBT 物质风险管控措施[②]（USEPA，2021）。

表 2 《知情权法》Section 313 有毒物质排放清单 PBT 物质名单 5 种 PBT 物质分类

分类名称	TRI 类别号	报告阈值（除非另有说明，否则以 lb[①]为单位）
二噁英和类二噁英化合物（主要为生产和加工或使用二噁英和类二噁英化合物，包括二噁英和类二噁英化合物作为污染物存在于某种化学品中，以及在生产这种化学品的生产中产生二噁英和类二噁英化合物）	N150	0.1 g
六溴环十二烷（HBCD）	N270	100
铅化合物	N420	100
汞化合物	N458	10
多环芳烃（PAHS）	N590	100

① 1 lb=0.453 592 kg。

16 种 PBT 物质

化学物质名称	CAS 号	报告阈值 /lb
二氯丙酸	309-00-2	100
苯并（*g*，*h*，*i*）苝	191-24-2	10
氯丹	57-74-9	10
七氯	76-44-8	10

① 2012 工作计划选出了 83 种，后参考 TRI 和 CDR 更新了工作计划，目前采用 2014 工作计划，共有 90 种。

② 这 5 种物质及管控措施见表 3。TSCA（2016）Section 6（h）要求 USEPA 对特定 PBT 物质采取快速措施，USEPA 于 2016 年根据 6（h）条款识别了 5 种 PBT 物质，2019 年提出管控方案并于 2020 年 12 月确定该方案。USEPA 还识别了其他 2 种物质，但这 2 种物质的生产商按照 Section 6（h）（5）要求 USEPA 进行风险评估。

续表

化学物质名称	CAS 号	报告阈值 /lb
六氯苯	118-74-1	10
异艾氏剂	465-73-6	10
铅	7439-92-1	100
汞	7439-97-6	10
甲氧滴滴涕、甲氧氯	72-43-5	100
八氯苯乙烯	29082-74-4	10
二甲戊灵、二甲戊乐灵、菜草灵、施田补、胺硝草	40487-42-1	100
五氯苯	608-93-5	10
多氯联苯	1336-36-3	10
四溴双酚 A	79-94-7	100
八氯莰烯、氯化莰烯	8001-35-2	10
氟乐灵	1582-09-8	100

美国于 1999 年 1 月综合参考 POPs 和美国、加拿大五大湖持久性有毒化学物质减少策略等物质清单、限值标准和科学文献，从有毒物质排放清单中筛选出 PBT 物质，过程为“确定筛选条件—识别物质—决定报告阈值”。USEPA 对 1998 年 TRI 的 300 多种物质和 20 个物质类别进行筛选，对 P 和 B 的特性分别设定了两级阈值，P 临界点为水、沉积物或土壤中半生命周期为 2～6 个月或 6 个月以上；B 的临界点为 BAFs 和 BCFs 在 1 000～5 000 或 5 000 以上，处于高一级 P 和 B 的物质的报告阈值更低；筛选条件中不包含 T，但最终选出的 PBT 物质的 T 特性均符合《知情权法》下慢性人体健康毒性和（或）环境毒性标准（USEPA，2021）。

TRI 物质清单是开放的，会频繁更新和增加，截至 2021 年 1 月有 700 种物质和 33 个化学物质分类，其中包含 2019 年 12 月根据《国防授权法》加入 TRI 清单的 172 种全氟化合物，但 PBT 物质清单并没有更新。

（二）风险评估

风险评估的目的是确定高优先物质在使用情形下是否对人体健康和环境有不合理风险。TSCA 明确要求 USEPA 在风险评估环节不得考虑成本或效益等非风险因素。除 USEPA 主导的风险评估外，生产商可以申请由 USEPA 对其生产的化学物质进行风险评估，如果申请数量足够，USEPA 需要对申请的物质进行评估，且申请物质的评估数量需要占 USEPA 主导物质数量的 25%～50%（USEPA，2021）。

TSCA 风险评估分为“确定风险评估范围—危害评估—暴露评估—风险鉴定—风险判定”5 个步骤。

①确定风险评估范围，即 USEPA 明确评估物质危害、暴露、使用条件、潜在暴露或易感人群的范围，例如 USEPA 可以认定一些低风险用途不属于使用条件。随后，在开始评估的 3 个月内，USEPA 需要在联邦公告上公布评估范围草案并接受 45 天的公众评议，最后在开始评估的 6 个月内明确该物质的风险评估范围。

②危害评估，即确定化学物质对环境和人体健康的危害，危害性至少包括致癌毒性，致突变性，生殖、发育、呼吸、免疫、心血管影响和神经损伤。

③暴露评估，即确定该化学物质在使用条件下可能的持续时间、强度、频率、暴露次数，也包括暴露于该化学物质下的个人和人口的性质和类型。

④风险鉴定，即 USEPA 将综合分析物质危害和暴露中合理可获得的信息，也会考虑信息质量和其他可能的解释。

⑤风险判定，即最终 USEPA 会决定该物质是否对人体健康和环境有不合理风险，被确定为有不合理风险的物质将直接进入风险管理环节。风险评估结果也会接受 60 天的公示。确定风险评估结果的时间不得晚于物质被列入高优先物质后的 3～3.5 年。

（三）风险管理

TSCA 要求 USEPA 在化学物质最终风险评估公布之日起一年内提出化学物质风险管理规则，两年内发布最终规则。针对不合理风险物质，管理措施主要包括：①禁止或限制化学物质或混合物的生产、加工和商业分布；②禁止或限制该物质或混合物在某种用途或超过一定物质浓度的用途的生产、加工和商业分布；③该物质的使用、商业分布或处置需要足够的警告和指示；④要求制造商和加工商进行记录、检测、测试；⑤禁止或管理商业用途的行为和方式；⑥禁止或管理处置行为和方式；⑦要求制造商和加工商通知分销商和用户该物质的风险决议，建议更换或另行购买产品。

在风险管理环节，USEPA 非常重视行业参与、大众评议和风险沟通及教育。除了持续 60 天或 90 天的大众评议，USEPA 还会根据联邦法规召开必需的咨询会，召开面向公众的会议或一对一会议，这些会议一方面可以告知各提案、公告或政策决议的含义，另一方面可以作为向大众提供反馈和内容的平台。USEPA 每个月举办 4 场此类活动，一年约举办 40 场。

如表 3 所示，目前采取风险管控的物质有石棉（温石棉）、1- 溴丙烷、1, 4- 二氧己环、四氯化碳、颜料紫 29（PV29）、六溴环十二烷（HBCD）、二氯甲烷、*N*- 甲基吡咯烷酮（NMP）、全氟烷基和多氟烷基物质（PFAS，包括 PFOS 和 PFOA）、四氯乙烯、三氯乙烯（TCE），以及没有风险评估而直接管理的 5 种 PBT 物质，即十溴二苯醚（DecaBDE）、磷酸异丙基苯酚［PIP（3:1）］、2, 4, 6- 三叔丁基苯酚（2, 4, 6-TTBP）、六氯丁二烯（HCBD）、五氯噻吩（PCTP）（USEPA，2021）。

表 3　5 种未经风险评估而直接管理的 PBT 物质

化学物质	用途和已识别风险	风险管理行动
十溴二苯醚（DecaBDE）	十溴二苯醚在电视、计算机、音频和视频设备、纺织品和软垫物品、通信和电子设备以及其他应用的电线和电缆的塑料外壳中用作添加剂的阻燃剂。十溴二苯醚还被用作航空航天器和机动车辆的多种应用的阻燃剂，包括飞机和汽车的替换零件。 确定的危害：十溴二苯醚对水生无脊椎动物、鱼类和陆生无脊椎动物有毒。数据表明该物质有潜在的发育、神经和免疫学的影响，发育毒性，肝效应和致癌性。尽管十溴二苯醚的许多用途已停止使用，但 USEPA 得出结论，在最终规则确定的使用条件下，人类或环境可能会接触十溴二苯醚	USEPA 禁止将十溴二苯醚以及含有十溴二苯醚的产品用于商业用途的生产（包括进口）、加工和经销，但下列用途除外： • 在酒店业中用于窗帘的商业生产、加工和分销以及窗帘本身的分销，为期 18 个月，之后该禁令生效； • 核发电设施中用于电线和电缆绝缘的商业加工和分销，以及含有十溴二苯醚的电线和电缆绝缘的分销，为期两年，此后该禁令生效； • 制造、加工和分销用于新航空航天器零件的商业产品，以及在商业中分销包含此类零件的新车辆，为期三年，此后该禁令将生效； • 禁止使用含有十溴二苯醚的零件生产的航空航天飞机的制造、加工和经销，直至其使用寿命终止；商业用途的制造、加工和销售，用于航空航天器的替换零件，以及替换零件本身的商业销售； • 用于汽车替换零件的商业生产、加工和销售，以及替换零件本身的商业销售，直至汽车使用寿命结束或 2036 年，以较早者为准； • 在最终规则发布之前制造的塑料运输托盘的商业分销，其中包含十溴二苯醚，直到托盘使用寿命终止； • 回收塑料之前回收包含十溴二苯醚的塑料（即回收的塑料来自最初由十溴二苯醚制成的物品和产品）的商业用途，以及由这样的回收塑料制成的物品和产品，因为在回收或生产过程中不会添加新的十溴二苯醚

续表

化学物质	用途和已识别风险	风险管理行动
磷酸异丙基苯酚（PIP3:1）	PIP（3:1）在液压油、润滑油和润滑脂、各种工业涂料、黏合剂、密封剂和塑料制品中用作增塑剂、阻燃剂、抗磨添加剂或抗压缩添加剂。作为一种可以同时在极端条件下同时执行多种功能的化学品，其具有多种独特的应用。 确定的危害：PIP（3:1）对水生植物、水生无脊椎动物、沉积物无脊椎动物和鱼类有毒。数据表明该物质有潜在的对生殖和发育的影响、对神经系统的影响以及对全身器官的影响，特别是肾上腺、肝脏、卵巢、心脏和肺	USEPA 禁止将 PIP（3:1）以及含有 PIP（3:1）的化学物质的产品进行商业用途的加工和销售，但下列用途除外： • 商业加工和分配，用于液压系统中的航空液压油和用于军事用途的特种液压油； • 用于润滑油和润滑脂的商业加工和分销； • 用于航空和汽车工业的新零件和替换零件的商业加工和分销； • 用作制造氰基丙烯酸酯胶的中间体的商业加工和分销； • 用于机车和船舶应用的专用发动机空气滤清器的商业加工和分销； • 用于密封胶和胶黏剂的商业加工和分销； • 用于在回收塑料之前回收包含 PIP（3:1）的塑料，即要回收的塑料来自最初使用 PIP（3:1）制成的物品和产品，以及只要在回收或生产过程中不添加新的 PIP（3:1），就可以使用这种回收塑料制成的物品和产品的商业加工和分销。 USEPA 要求在商业中制造、加工和分销 PIP（3:1）和包含 PIP（3:1）的产品的人员将这些限制告知其客户。 USEPA 还禁止在商业活动中从剩余的制造、加工和销售过程中释放出水，并要求商业用户使用 PIP（3:1）和含 PIP（3:1）的产品，以遵守现行法规和最佳做法，以防止在使用过程中释放到水中
2,4,6- 三叔丁基苯酚（2, 4, 6-TTBP）	2, 4, 6-TTBP 在加工过程中用作中间体、反应物，并加入用于燃料和与燃料相关的添加剂的配方中，以及用于维护或修理机动车辆和机械的配方中，包括油和润滑剂中。 确定的危害：2, 4, 6-TTBP 对水生植物、水生无脊椎动物和鱼类有毒。调查的动物数据表明 2, 4, 6-TTBP 有潜在的肝脏和发育影响。相关研究证明了这些危险终点。USEPA 得出结论，在使用条件下可能会暴露于 2, 4, 6-TTBP	USEPA 禁止在任何容量小于 35 gal（1 gal=3.785 43 L）的容器中销售 2, 4, 6-TTBP 和浓度高于 0.3%（质量）的包含 2, 4, 6-TTBP 的产品，以有效防止消费者和小型商业机构（例如汽车维修店、码头）将 2, 4, 6-TTBP 作为燃料添加剂或喷油嘴清洁剂使用。 USEPA 还禁止在商业上加工和销售 2, 4, 6-TTBP 以及含有 2, 4, 6-TTBP 的产品，无论其容器大小如何，其浓度均超过 0.3%（质量）用作油或润滑剂的添加剂

续表

化学物质	用途和已识别风险	风险管理行动
六氯丁二烯（HCBD）	HCBD用作卤代脂肪烃，在生产过程中作为副产品生产氯代烃，特别是四氯乙烯、三氯乙烯和四氯化碳，随后作为废燃料燃烧。 确定的危害：HCBD对水生无脊椎动物、鱼类和鸟类有毒，并已被确认为可能的人类致癌物。数据表明该物质有潜在的对肾脏、生殖和发育的影响	USEPA禁止HCBD和含HCBD的产品或物品的制造（包括进口）、加工和商业销售，但在氯化溶剂生产过程中无意生产的副产品HCBD以及用作废燃料燃烧的HCBD在商业中进行加工和销售的除外
五氯噻吩（PCTP）	PCTP用于使橡胶在工业用途中更柔软。 确定的危害：PCTP对原生动物、鱼类、陆地植物和鸟类有毒。类似化学物质（五氯硝基苯和六氯苯）的数据表明有潜在的对肝脏和生殖的影响。但是尚未有任何动物或人类危害的确定数据	USEPA禁止PCTP以及含有PCTP的产品或物品的制造（包括进口）、加工和商业销售，除非PCTP浓度等于或低于1%

二、美国PFAS物质风险识别、评估和管理案例分析

新污染物全氟烷基和多氟烷基物质（PFAS）由于“黑水”“特氟龙”等环境事件引起了国际社会的广泛关注，其中最具代表性和最受关注的全氟辛基磺酸（PFOS）和全氟辛酸（PFOA）因具有P、B、M（迁移性）、T的特性，分别于2009年和2019年增列于《公约》附件A，我国于2013年批准了PFOS增列的修正案。

USEPA对PFOS和PFOA的管理从2002年开始，2019年基于之前的管理行动出台了针对PFAS类物质的《PFAS行动计划》（USEPA，2021）。美国对PFAS类物质的管理也是根据TSCA对物质管理模式提出的。首先利用新物质登记制度对潜在的PFAS进行数据收集，对PFAS物质进行评估的优先性排序，其次利用TSCA现有物质风险评估框架识别物质的危害、暴露，界定其风险并进行风险管理。根据表4对比结果，PFAS物质风险识别、评估和管理与TSCA下的风险评估框架的逻辑结构是一致的。

表 4 TSCA 风险评估框架与 PFAS 国家行动计划对比

TSCA 风险评估框架	PFAS 国家行动计划
学术研究	• 建立 PFAS 分析方法 • 研究处置和修复技术 • 评估人体健康和生态风险
危害和剂量反应评估	• PFOS 和 PFOA 饮用水健康参考 • PFAS 的毒性评估，包括 GenX 和 PFBs（市场主流替代品）和其他 5 种 PFAS 物质
暴露评估	• 根据无监管污染物监测规则（UCMR）对饮用水中的 PFAS 进行监测 • 建立 PFAS 暴露分析的预测模型 • 开发识别潜在 PFAS 暴露的地图工具
风险鉴定、风险管理	• 为进行 PFOS/PFOA 清理和污染修复提供过渡性参考建议 • 提出国家饮用水中 PFOA 和 PFOS 的初步管理决议 • 根据 TSCA，提出物质的《重大新用途规则》（Significant New Use Rule，SNUR） • 启动将 PFOS 和 PFOA 列为 CERCLA（《超级基金法》）“危害物质”的管理程序 • 继续为受影响社区提供技术支持 • 视情进行权威执法 • 开发 PFAS 风险沟通工具箱

美国在 2016 年 TSCA 改革前，主要针对 PFOS 和 PFOA 提出了先后 4 类的管理措施（USEPA，2021）。

1. 提出物质的《重大新用途规则》（Significant New Use Rule，SNUR）

从源头对物质的生产、进口和使用进行数据收集。具体政策按照时间顺序如下：

① 2002 年，要求生产商在生产 13 种 PFAS 前有义务通知 USEPA（3M 公司在 2000—2002 年自愿淘汰 PFOS 生产），并且要求生产商和进口商提前至少 90 天有义务告知 USEPA 用于重大新用途的 75 种 PFAS 物质的生产和进口。

② 2012 年，USEPA 取消了含 PFAS、PFAC 和全氟烃基的聚合物的《聚合物豁免规则》（Polymer Exemption Rule），意味着生产含以上成分的聚合物也必须提交 PMN。

③ 2013 年，USEPA 对 SNUR 做出了修订，认定已经过 TSCA 新化学物质审核但还未生产、进口和加工的 PFAS 均为重大新用途。用于生产、进口、加工和处理地毯的长链全氟羧酸盐（LCPFAC）也被认定为重大新用途。

④ 2015 年，USEPA 针对长链全氟羧酸盐（LCPFAC）提出 SNUR，要求所有的 PFOA 和 PFOA 的相关化合物或含有上述物质的物品的生产商、进口商、加工商，在开始或重新开始在任何产品中的新用途前必须提前至少 90 天通知 USEPA。

2. 邀请企业参与自愿削减计划

2006年，USEPA邀请3M、杜邦、巴斯夫在内的8家企业参与PFOA的自愿削减计划，要求企业以2000年的数据为基准，在2010年前完成95%的削减，2015年完成100%的削减。削减量指标为排放量和产品含量，包括向PFOA的所有介质排放的PFOA、可分解为PFOA的前体化学品及相关的较高同源化学品，以及这些化学品的产品含量水平。2015年年底，所有企业均已完成目标。

3. 替代品评估

自2000年起至今，USEPA审核了上百种PFOA、PFOS和其他长链全氟化物的替代品的毒性范围、化学归趋和生物累积性，以确保不会造成同样的伤害或者新的化学问题。

4. 公开PFOS和PFOA健康影响咨询文件

主要为指出在终生暴露的条件下，饮用水中最高不影响人体健康的PFAS浓度，为决策作参考。

TSCA改革后，USEPA于2019年公布了PFAS行动计划，行动计划以保护公共健康为核心，主要解决以下3个问题：①理解和解决PFAS的毒性，集中科学力量建立新的标准（New Benchmark）；②识别和解决PFAS暴露，主要包括识别风险社区、修复PFAS暴露和合规性监测；③风险沟通和决策参与，为各相关方和大众提供准确的信息和导则。

1. 认识毒性，建立标准

（1）文献、数据整理和更新

对31种重要PFAS进行文献归类，更新在USEPA的HERO Database系统中；建立PFAS化学物质文库，支持USEPA进行学术、政策研究和方法制定；更新PFAS的综合有毒化学品索引（主要基本物质信息，提到物质的国际、国内法律法规和标准等）；提供PFOS和PFOA与水安全有关的化学、生物和放射性污染物的信息（信息有密码保护，供决策者参考）。

（2）毒性测试、分级和标准建立

对PFAS物质进行毒性分级，确定PFAS毒性关注最高的子分类，毒性分级为三级，Tier 0/1为转录体外试管内毒性测试，以实验为主，毒性较高的物质优先进入Tier 2进行体内毒性测试；USEPA与美国国防部和能源部研究机构组成三方生态风险评估工作组，研究PFAS化合物的《超级基金法》地点和《资源保护和修复法》设施筛选标准；识别敏感和易感PFAS分类，收集有机体和食物链生物累积性数据，开发生态毒性标准和阈值；开展其他PFAS物质［如全氟丁酸（PFBA）、全氟乙酸

（PFHxA）、全氟己烷磺酸（PFHxS）、全氟壬酸（PFNA）和全氟癸酸（PFDA）] 的毒性评估；开展 GenX 和 PFBS 的毒性评估；为进行 PFOS/PFOA 清理和污染修复的相关方提供过渡性参考建议；根据《清洁水法》建立 PFAS 环境水标准（从 2022 年开始）。

2. 识别和解决 PFAS 暴露问题

（1）更新和建立 PFAS 检测方法

选择 24 种 PFAS 物质，按照基础和暴露风险顺序更新建立不同介质中 PFAS 的检测方法，具体介质如地表水、地下水、废水、沉积物、空气。此外还积极开发短链 PFAS 物质的检测方法，并研究用于筛选可疑 PFAS 的新光谱方法。①

利用这些新方法，可以更准确地了解 PFAS 的来源、类型、人体和生态系统的暴露方式，帮助将 PFAS 物质的毒性测试进行优先性排序（食物、水、灰尘或其他介质），通过这种优先毒性测试的方法，最大限度降低风险。

（2）减少 PFAS 暴露

USEPA 短期内完成的工作就是利用超级基金和其他联邦机构对 PFAS 场地进行必要排查，这项工作的长期目标是协助 PFAS 污染场地的修复并使责任方承担清理成本。USEPA 推动利用超级基金的现有机制，将 PFOS 和 PFOA 列为超级基金“危害物质”，同时加强《资源保护和修复法》（RCRA）、TSCA、《清洁水法》（CWA）和《清洁空气法》（CAA）对 PFOS 和 PFOA 的定性和管理，都将推动建立 PFOS 和 PFOA 的损害赔偿机制。此外，USEPA 还将减少水中 PFAS 物质的暴露作为工作重点。各州可以根据《清洁水法》，使用国家污染物排放消除系统（NPDES）管控从含有 PFOA 的点源排放到包括饮用水在内的水域。USEPA 将根据法规评估环境水质标准的制定以支持各州管理其水质。另外，根据《饮用水安全法案》，有饮用水州循环资金（DWSRF）的州政府可以利用资金进行 PFAS 专项行动。USEPA 还审查了关于 PFAS 地表水排放的信息，确定工业来源，研究通过国家排放限制准则和标准

---

① 具体有以下 7 种活动：

a. 开发测量全氟辛烷磺酸和 12 种其他 PFAS 在饮用水中浓度的《无管制污染物监测规则》；

b. 扩展 Method 537 以测量另外 4 种短链全氟辛烷磺酸，包括 HFPO-DA（GenX 化学品）；

c. 验证直接喷射方法（SW-846）用于量化地表、地面和废水基质（非饮用水）和固体（如土壤和沉积物）中的 24 种 PFAS；

d. 验证同位素稀释法（SW-846）用于量化地表、地面和废水基质（非饮用水）和固体（如土壤和沉积物）中的 24 种 PFAS；

e. 开发新验证分析方法以检测无法通过 Method 537.1. 检测的短链 PFAS；

f. 开发工厂堆栈空气中 PFAS 排放的采样与分析方法；

g. 测试和开发其他方法，包括量化 PFAS 前体的方法。

（ELGs）对 PFAS 的工业排放进行监管（USEPA，2021）。

（3）与其他联邦部门展开合作

USEPA 与其他联邦机构合作建立机构间交叉协调机制，共同努力缓解现有的 PFAS 暴露。USEPA 与其他部门合作开展 GenX 和 PFBS 等 PFAS 物质的毒性评估，与美国国家环境卫生科学研究所（NIEHS）合作开展确定 PFAS 数量的国家毒理学项目（NTP）；与美国食品和药物管理局（FDA）合作解决 PFAS 食品的安全问题；与食品药品安全委员会和美国农业部（USDA）定期开展风险沟通；与美国国防部（DoD）在军事地点污染地块开展饮用水水源污染修复工作[①]，减少周围社区对污染水源的暴露，以控制 PFAS 风险。

3. 风险沟通和决策参与

风险沟通可以提供明确和一致的信息以帮助理解 PFAS，帮助理解 PFAS 的监管程序和不同标准，建立解决化学品问题的信任，使公众了解与 PFAS 检测、暴露和毒性相关的不确定性，以及考虑这些不确定性的重要性，充分沟通风险管理措施。对于直接被 PFAS 影响的社区，USEPA 和州政府设立专门的工作点解答居民问题，提供减少暴露风险的方法和措施建议。

三、USEPA 对 POPs 类现有物质管理的特点

（一）出台行动计划，利用 TSCA 对重点物质进行风险评估

TSCA 筛选优先评估物质比较谨慎，但是通过行动计划对物质本身、性质相似的物质和替代品的评估也同时在进行。截至 2021 年 2 月，TSCA 优先评估物质列表只有 33 种，2019 年 12 月至今评估了 10 种，与欧盟 REACH 下每年评估 20～30 种物质的速度相比较为缓慢。USEPA 没有因为 TSCA 赋予的权限不高而放松对 POPs 这类已知具有 PBMT 特性的物质的管理。例如，USEPA 通过 PFAS 行动计划，利用 TSCA 以科学为基础的筛选和评估方式，选出除了 PFOS 和 PFOA 之外其他急需管理的 PFAS 物质；通过 HBCD 和 PCBs 的行动计划，建立了替代品毒性和暴露性评估的机制，确保不会“以毒代毒”。

（二）以毒性优先确定物质的危害性，加快物质筛选

与欧盟和中国对物质进行 P、B、T 三方面评估相比，TSCA 从优先物质危害性

---

① 2020 年 3 月，美国国防部宣布，美国境内的军事设施都检测到由泡沫灭火剂引起的 PFAS 污染，651 个军事基地存在疑似污染。美国国防部还承认，美国设在韩国、比利时和洪都拉斯的军事基地同样存在 PFAS 污染。

筛选开始就以毒性（T）为主，持久性（P）和生物累积性（B）的重要性次之。在TSCA工作计划筛选物质的过程中，T占3分，P和B占3分；在PFAS行动计划中，整理现有科学文献的实验数据、鉴定物质毒性也是所有活动最基础的步骤，而只在识别食物链、食品中暴露风险的过程中对生物累积性有所赋重。

（三）重视检测能力建设，提高POPs类物质暴露风险监测水平

对于POPs类新污染物，USEPA投入大量科学力量开发新的或改进现有环境介质检测手段，识别POPs类物质在水、气、土中的污染程度和与人类活动相关的暴露风险。

（四）推动法律法规的修订，促进部门合作，协同管理物质的不合理风险

USEPA利用现有《超级基金法》、RCRA、TSCA、CWA和CAA等法律法规，推动对具有不合理风险的物质的定性和管理，将推动建立这类物质的损害赔偿机制。

USEPA也正在加强与其他联邦机构的合作，建立机构间协调机制，例如与卫生部门开展合作进行物质的毒性测试，与物质的主要使用机构进行沟通，共同减少不必要用途或开展污染修复，尽量减小污染影响。

（五）重视风险沟通，告知提案、公告或政策决议的含义，提供反馈平台

在风险管理环节，USEPA非常重视行业参与、大众评议、风险沟通和教育。在USEPA网站TSCA主页上，醒目列有最近即将召开的大众评议或风险沟通的会议。USEPA根据联邦法规召开必需的咨询会，召开面向公众的会议或一对一会议，充分告知各提案、公告或政策决议的含义，为各利益方提供反馈平台。

另外，公开物质排放信息，使社区主动采取避让措施也是控制暴露风险的重要方式。通过TSCA发现的危害性较高的物质，也会被加入《知情权法》下的有毒物质排放清单，大众可以通过自己的邮编等地址信息搜索社区附近是否有企业达到危害物质排放阈值，从而决定是否主动采取减少暴露的措施。

四、TSCA的制定和实施对我国POPs类新污染物管理的启示

（一）识别物质毒性和暴露性，通过清单调查等方式摸查供应链，确定优先物质和优先用途

POPs类物质因其优越的化学性质在工业中被广泛使用，化学物质生产企业、复配企业（生产混合物）、材料企业、组装企业、产品企业都可能有所涉及，利用清单

调查的方式摸清供应链是确定暴露风险的重要基础。

此外，利用新化学物质登记和《中国现有化学物质名录》的数据，结合现有科学数据，对物质的危害性有权重地进行识别，甄别毒性高、暴露性高的物质，对其进行优先评估、优先管理。除了重视《公约》提出的 POPs 类物质和潜在 POPs 类物质，我国也要甄别出对我国环境和人体健康有高危害风险的物质，改变“被公约推动”为“推动公约”，提高我国绿色化学品市场能力。

（二）推动 POPs 类新污染物监测能力和检测标准建设，识别污染程度

完善我国 POPs 类等非常规污染物的定量监测方法，确定监测对象、监测介质，排查对民生影响大的介质，进行专项监测。根据我国国情，明确这类 POPs 物质是否必须要管、应该怎么管，准确把握新污染物污染现状。

（三）建议对重点物质设计国家行动方案，推动此类物质源头管理、替代品研发、污染场地识别和修复评估，开展风险管控

针对已知危害大、关注度高的 POPs 类物质，如 PFOS 和 PFOA 等 PFAS 物质，一是要“软硬并施”，从源头控制不必要的生产和买卖，利用优控名录加强监管，通过风险沟通促进行业自律；二是针对物质现有替代品，尽早开展替代品的人体和环境友好性评估，避免“以毒代毒”；三是确定淘汰标准，建立含 POPs 产品的产品限值标准和环境排放标准；四是评估和研究回收利用、污染处置和场地修复治理，开展风险管控试点示范。

参考文献

中国人大网，2013. 中国批准《关于持久性有机污染物的斯德哥尔摩公约》两修正案［EB/OL］.［2016-12-26］. http：//www.npc.gov.cn/zgrdw/npc/cwhhy/12jcwh/2013-08/30/content_1805074.htm.

Stockholm Convention.Status of Ratification［EB/OL］.［2021-02-01］. http：//chm.pops.int/Countries/StatusofRatifications/PartiesandSignatoires/tabid/4500/Default.aspx.

USEPA. Assessing and Managing Chemicals under TSCA［EB/OL］.［2021-02-11］. https：//www.epa.gov/assessing-and-managing-chemicals-under-tsca.

USEPA. Persistent Bioaccumulative and Toxic PBT Chemicals［EB/OL］.［2021-02-09］. https：//www.epa.gov/assessing-and-managing-chemicals-under-tsca/persistent-bioaccumulative-and-toxic-pbt-chemicals.

USEPA. Prioritizing Existing Chemicals Risk Evaluation [EB/OL] . [2021-03-01] . https：//www.epa.gov/assessing-and-managing-chemicals-under-tsca/prioritizing-existing-chemicals-risk-evaluation.

USEPA.Toxics Release Inventory TRI Program [EB/OL] . [2019-08-28] . https：//www.epa.gov/toxics-release-inventory-tri-program.

USEPA. Actions under TSCA Section [EB/OL] . [2021-03-01] . https：//www.epa.gov/reviewing-new-chemicals-under-toxic-substances-control-act-tsca/actions-under-tsca-section-5.

USEPA. EPA's PFAS Action Plan：A Summary of Key Actions [EB/OL] . [2021-03-11] . https：//beta.epa.gov/sites/default/files/2019-02/documents/pfas_action_factsheet_021319_final_508compliant.pdf.

USEPA. PFAS Strategic Roadmap [EB/OL] . [2021-03-11] . https：//www.epa.gov/system/files/documents/2021-10/slides-epa-pfas-roadmap-public-webinars.pdf.

二噁英类在我国氯化石蜡产品中的赋存现状研究与环境风险管控建议

任志远 高 鹏 刘文彬 何蕴琛 姜 晨 张彩丽

持久性有机污染物（POPs）是当前重点管控的一类新污染物，可分为有意生产和无意产生两大类，其中有意生产类 POPs 包括工业化学品和杀虫剂，无意产生类 POPs 中最具代表性的是二噁英类［包括多氯代二苯并对二噁英（PCDDs）和多氯代二苯并呋喃（PCDFs）］（任志远等，2021）。无意产生类 POPs 在环境中无处不在，除在某些特定化学物质生产过程中作为副产物或杂质形式存在（如在氯苯类物质生产过程中，无意生成的五氯苯和六氯苯浓度可达 1%；在三氯乙烯、四氯乙烯、四氯化碳的生产过程中，副产和生成的六氯丁二烯的浓度可达 0.4%），多数情况下以微量、痕量形式［如二噁英类的空气排放标准值的单位一般为 ng 毒性当量（TEQ）/m^3，《危险废物鉴别标准 毒性物质含量鉴别》（GB 5085.6—2007）中二噁英类含量的标准值为≥15 μgTEQ/kg］产生和排放。不同无意产生类 POPs 之间由于结构相近，前驱体和生成机理相似，产生和排放同源，其无意产生过程往往存在伴生关系，尽管在不同排放源中的指纹图谱可能存在特征性差异，但是一般都能在对二噁英类采取污染控制措施的同时协同减排。而对于有意生产 POPs 中的无意产生类 POPs，无论是作为原料杂质被引入，或者在生产过程中无意生成，抑或是相关物质降解产物，其存在的环境风险往往被其所在 POPs 产品本身的风险掩盖而被忽视。本文选取了氯化石蜡产品中的二噁英类为典型研究对象，围绕其产生特征进行初步分析。

一、问题的提出及氯化石蜡行业背景

（一）氯化石蜡中的二噁英类问题迫切需要研究

联合国环境规划署编制的《多氯代二苯并对二噁英（PCDDs）、多氯代二苯并呋喃（PCDFs）及其它无意产生 POPs 排放的识别和量化工具包》（2013 年版，以下简称《工具包》）（联合国环境规划署，2013）中相比 2005 年版（联合国环境规划署，2005）增加了氯化石蜡的二噁英类排放因子，见表 1。即便是采用先进技术生产工艺，产品的排放因子也可达 140 μgTEQ/t。由于我国氯化石蜡产量大，照此估算我国每年该来源二噁英类排放可达 139 gTEQ。然而该排放因子来源文献并未提及二噁英类排放情况，故该排放因子有待进一步核实。为此，生态环境部对外合作与交流中心组织中国氯碱工业协会和中国科学院生态环境研究中心，收集国内氯化石蜡产品样品并对其中的二噁英类进行分析。

表 1 《工具包》中氯化石蜡的二噁英类排放因子

分组编号	排放因子分档	排放途径 /（μgTEQ/t）			
		空气	水	产品	残渣
1	落后技术	ND	ND	ND	ND
2	普通技术	ND	ND	500	ND
3	先进技术	ND	ND	140	ND

注：ND 表示未检测或无数据。

（二）氯化石蜡是基础化工原料，用途广泛

氯化石蜡是石蜡烃的氯化衍生物，具有低挥发性、阻燃、电绝缘性良好、价廉等优点，可用作阻燃剂和聚氯乙烯助增塑剂，广泛用于生产电缆料、地板料、软管、人造革、橡胶等制品以及应用于涂料、润滑油等的添加剂。我国氯化石蜡产品种类主要根据含氯量不同来划分，主要可分为氯化石蜡 -42、氯化石蜡 -52、氯化石蜡 -70 等品种。我国氯化石蜡 2019 年产能在 170 万 t 左右，其中氯化石蜡 -52 占行业整体产能的 90% 以上。《关于持久性有机污染物的斯德哥尔摩公约》（以下简称《公约》）参考了欧美按原料碳链长度来划分的原则，将碳链长度在 10～13 且氯含量（质量分数）大于 48% 的氯化石蜡定义为短链氯化石蜡（2017 年列入《公约》附件 A）；碳链长度在 14～17 且氯含量（质量分数）大于 45% 的氯化石蜡为中链氯化石蜡（目前在《公约》附件 D 审核阶段）；碳链长度在 18～30 的则为长链氯化石蜡（欧洲议会等，2019；《斯德哥尔摩公约》秘书处，2021，2022）。2020 年我国氯化石蜡产量为 99.1 万 t，其中短链氯化石蜡、中链氯化石蜡和长链氯化石蜡产量分别约占 25%、70% 和 5%。

二、样品采集及分析方法

本研究选取了国内 6 家典型化工企业的氯化石蜡工业品，覆盖了短链氯化石蜡、中链氯化石蜡和长链氯化石蜡类别，同时适当考虑取 3 组平行样，共收集 9 个样品，样品采集信息如下。

表2　样品采集信息

样品编号	样品来源	密度（50℃）/（g/cm³）	氯含量 /%	热分解温度 /℃	外观	软化点 /℃
S1	企业 1-1		69.5		淡黄粉末	≥100
S2	企业 1-2		69.5		淡黄粉末	≥100
S3	企业 2	1.264	52.22	170	微黄黏稠液体	
S4	企业 3-1	1.256	53.6	166	微黄黏稠液体	
S5	企业 3-2	1.256	53.6	166	微黄黏稠液体	
S6	企业 4-1	1.253		176	微黄黏稠液体	
S7	企业 4-2	1.253		176	微黄黏稠液体	
S8	企业 5	1.264	53.38	161	微黄黏稠液体	
S9	企业 6	1.269	52.94	170	微黄黏稠液体	

注：企业 4 和企业 6 产品标注为“环保型”，企业 1 产品为长链氯化石蜡。

样品的提取净化参照环境介质二噁英类分析方法，包括《水质　二噁英类的测定　同位素稀释高分辨气相色谱 - 高分辨质谱法》（HJ 77.1—2008）、《环境空气和废气　二噁英类的测定　同位素稀释高分辨气相色谱 - 高分辨质谱法》（HJ 77.2—2008）、《固体废物　二噁英类的测定　同位素稀释高分辨气相色谱 - 高分辨质谱法》（HJ 77.3—2008）、《土壤和沉积物　二噁英类的测定　同位素稀释高分辨气相色谱 - 高分辨质谱法》（HJ 77.4—2008）（中华人民共和国环境保护部，2008）。

三、我国氯化石蜡产品中二噁英含量及特征

样品经处理后，检测 17 种 2 位、3 位、7 位、8 位氯取代的二噁英类含量水平，结果如表 3 所示。其中，长链氯化石蜡（70 型产品）测得的二噁英类含量平均值最高，达 59.90 pgTEQ/g，中短链石蜡（多为 52 型产品）为 11.8 pgTEQ/g，其中企业 4 的“环保型”氯化石蜡最低，为 0.54 pgTEQ/g。以上检出浓度均低于《危险废物鉴别标准　毒性物质含量鉴别》中二噁英类含量的标准值。在排除了从原料带入的可能后，氯化石蜡中的二噁英类应是在石蜡氯化工序中产生的。从二噁英合成主要途径分析，高的氯化程度可能是长链氯化石蜡中二噁英类浓度值高的一个原因。业内所谓“环保型”氯化石蜡是指符合欧盟相关法规要求的氯化石蜡产品，根据欧盟 POPs 法规（EU 2019/1021），短链氯化石蜡在物质或混合物中的浓度应＜1%，在物品中应＜0.15%。总体上看，不同企业样品间存在较大差异，本次抽检样品二噁英类 TEQ 浓度最大值和最小值相差 288 倍，中短链氯化石蜡（液体）平行样的一致性较好，长链氯化石蜡（固体）平行样相差较大，需进一步研究。

表 3　氯化石蜡样品中二噁英浓度水平

样品编号	质量浓度 /（pg/g）	TEQ 浓度 /（pgTEQ/g）	平行样平均值 /（pgTEQ/g）	样品来源	产品型号（氯含量）	产品特征（碳链长度）
S1	238.6	10.05	59.90	企业 1	氯化石蜡 70	长链
S2	1 331.1	109.75				
S3	282.4	28.93	—	企业 2	氯化石蜡 52	中短链
S4	66.8	2.31	2.50	企业 3	氯化石蜡 52	中短链
S5	59.4	2.68				
S6	10.7	0.38	0.54	企业 4	—	中链
S7	15.8	0.69				
S8	284.7	35.05	—	企业 5	氯化石蜡 52	中短链
S9	169.7	12.44	—	企业 6	氯化石蜡 52	中链

氯化石蜡样品中二噁英类检出的同类物及同系物分布特征如图 1。结果表明，氯化石蜡工业样品中，PCDFs/PCDDs 比例远大于 1，PCDFs 检出浓度明显高于 PCDDs。4～6 氯代 PCDFs 是优势同系物，6～8 氯代 PCDFs 在各样品中均有检出，PCDDs 检出规律性较弱，在不同样品中分布不同，低氯代的 PCDDs 在样品中检出较少。这个特征可能与前驱物、合成途径及高氯化度有关，有待进一步研究。

以本次抽检数据为基础，可初步得到 52 型和 70 型氯化石蜡产品中二噁英排放因子分别为 12（0.38～35）pgTEQ/g 和 60（10～110）pgTEQ/g，均小于《工具包》中给出的“采用先进技术生产工艺”产品排放因子——140 μgTEQ/t。据此，可初步推算我国 2020 年 52 型和 70 型氯化石蜡产品中二噁英的量分别为 11.3（0.36～33.0）gTEQ 和 3.0（0.5～5.5）gTEQ，合计 14.3（0.9～38.5）gTEQ。

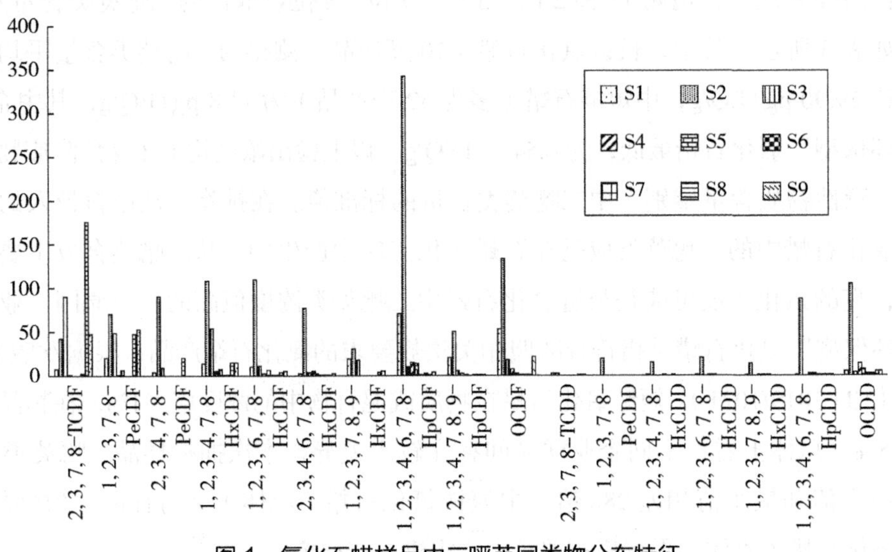

图 1　氯化石蜡样品中二噁英同类物分布特征

四、后续工作建议

本次抽检首次调研了我国氯化石蜡产品中二噁英类的赋存情况，发现了其以PCDFs为主的指纹分布特征，比较了氯化石蜡产品中二噁英类的排放因子。结合研究情况提出以下建议：

①进一步研究不同类型氯化石蜡产品中二噁英类及其他无意产生类POPs的赋存情况，结合氯化石蜡生产原料和工艺等情况，加强对氯化石蜡生产过程中二噁英类（特别是PCDFs）生成机理和控制因素的研究，对长链氯化石蜡开展优先评估。

②加强产品质量控制和新污染物排放环境管理。建立氯化石蜡产品中二噁英类及其他无意产生类POPs的标准检测方法，并根据实际情况和管理需要将这些POPs物质的浓度限值加入氯化石蜡的产品标准及其他相关环境标准。

③研究建立国家氯化石蜡生产行业二噁英类及其他无意产生类POPs排放清单，调查评估氯化石蜡生产和使用全生命周期中无意产生类POPs的环境健康风险，起草行业POPs履约环境管理战略行动计划，结合POPs环境管控需要开展清洁生产审核，探索提出行业最佳可行技术方案。

RLOS

参考文献

联合国环境规划署，2005. 二噁英和呋喃排放识别和量化标准工具包［R］. 日内瓦：联合国环境规划署.

联合国环境规划署，2013. 多氯代二苯并对二噁英（PCDDs）、多氯代二苯并呋喃（PCDFs）及其它无意产生POPs排放的识别和量化工具包［R/OL］.（2013-01-31）. http：//www.pops.int/Portals/0/download.aspx?d=UNEP-POPS-TOOLKIT-TOOLK-PCDD-PCDF-2012.Ch.pdf.

欧洲议会，欧洲理事会，2019. 关于持久性有机污染物的法规（EU 2019/1021）［EB/OL］.（2019-06-25）［2022-12-13］. https：//eur-lex.europa.eu/legal-content/EN/TXT/?uri=CELEX%3A32019R1021&qid=1658201413031.

任志远，高鹏，2021. 一种存在半个世纪的新污染物——六氯丁二烯（HCBD）：全球管控共行动，区域风险需关注［R］. 北京：国际环境观察与研究通讯.

《斯德哥尔摩公约》秘书处，2021.《斯德哥尔摩公约》管控的POPs清单［EB/OL］.（2021-12-31）［2023-03-30］. http：//www.pops.int/TheConvention/ThePOPs/AllPOPs/tabid/2509/Default.aspx.

《斯德哥尔摩公约》秘书处，2022.《斯德哥尔摩公约》在审议的POPs清单［EB/OL］.（2022-12-31）［2023-03-30］. http：//www.pops.int/Convention/POPsReviewCommittee/Chemicals/tabid/243/Default.aspx.

中华人民共和国国家环境保护总局，2007. 危险废物鉴别标准　毒性物质含量鉴别：GB 5085.6—2007）[S/OL] .（2007-04-25）[2007-05-22] . https：//www.mee.gov.cn/ywgz/fgbz/bz/bzwb/gthw/wxfwjbffbz/200705/t20070522_103961.shtml.

中华人民共和国环境保护部，2008. 水质　二噁英类的测定　同位素稀释高分辨气相色谱 - 高分辨质谱法：HJ 77.1—2008 [S/OL] .（2008-12-31）[2009-01-07] . https：//www.mee.gov.cn/ywgz/fgbz/bz/bzwb/jcffbz/200901/t20090107_133395.htm.

中华人民共和国环境保护部，2008. 环境空气和废气　二噁英类的测定　同位素稀释高分辨气相色谱 - 高分辨质谱法：HJ 77.2—2008 [S/OL] .（2008-12-31）[2009-01-07] . https：//www.mee.gov.cn/ywgz/fgbz/bz/bzwb/jcffbz/200901/t20090107_133396.shtml.

中华人民共和国环境保护部，2008. 固体废物　二噁英类的测定　同位素稀释高分辨气相色谱 - 高分辨质谱法：HJ 77.3—2008 [S/OL] .（2008-12-31）[2009-01-07] . https：//www.mee.gov.cn/ywgz/fgbz/bz/bzwb/jcffbz/200901/t20090107_133397.shtml.

中华人民共和国环境保护部，2008. 土壤和沉积物　二噁英类的测定　同位素稀释高分辨气相色谱 - 高分辨质谱法：HJ 77.4—2008 [S/OL] .（2008-12-31）[2009-01-07] . https：//www.mee.gov.cn/ywgz/fgbz/bz/bzwb/jcffbz/200901/t20090107_133398.shtml.

一种存在半个世纪的新污染物——六氯丁二烯（HCBD）全球管控共行动，区域风险需关注

任志远 高 鹏

六氯丁二烯（HCBD）自20世纪70年代起被发达国家大量生产使用，近几年被广泛关注。HCBD具有持久性和生物累积性，对水生生物、鸟类等有毒性作用，是很可能的人类致癌物，因其长距离迁移作用给人类健康和生态环境造成重大不利影响，是一种持久性有机污染物（POPs），符合新污染物特征。自2015年起，全球已对HCBD采取行动，并将其列为《关于持久性有机污染物的斯德哥尔摩公约》（以下简称《公约》）受控物质。

为促进国内加强HCBD管控及推进《公约》相关工作，本研究对HCBD的基本情况进行了梳理，对国内外已开展的管控行动进行了对比分析，讨论研究了HCBD在我国热点区域的排放及其在水体和土壤中的赋存情况，提出相关工作建议，以期为国内有关部门和研究单位提供参考。

一、HCBD的来源及全球共同行动

（一）基本特性、主要用途与生成来源

六氯丁二烯（英文名hexachlorobutadiene，缩写HCBD，化学文摘社编号87-68-3）分子式为C_4Cl_6，分子量为260.76 g/mol，水溶性较低，饱和蒸气压非常高，有亲脂性，气味类似于松脂，熔点为–21℃，沸点为215℃，常温下为液态（UNEP，2011）。化学结构式如图1所示。

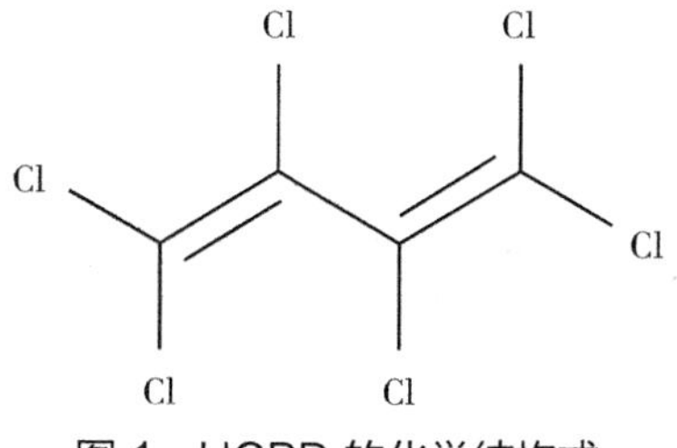

Cl Cl Cl Cl Cl Cl

图1 HCBD的化学结构式

HCBD是一种脂肪族卤代烃，曾被用于多种工业和农业用途，可作为化工生产的中间体，其本身也是一种产品。过去，人们有意生产和使用HCBD，将其用作橡胶及其他聚合物的溶剂，用作液压液、热传导液或变压器油，用于回收含氯气体或清除气体中的VOCs，用于陀螺仪中，用于生产铝和石墨棒，用作植物保护产品（如葡萄栽培）等（UNEP，2012，2013）。持久性有机污染物审查委员会（POPRC）报告（UNEP，2015，2017）显示，现在全球范围都不存在大量有意生产或使用HCBD的迹象[①]。目前，工业和其他来源的无意产生及释放是HCBD的主要来源，主要包括某些氯化烃的生产（尤其是三氯乙烯[②]、四氯乙烯[③]和四氯化碳，以及六氯环戊二烯、聚氯乙烯、二氯乙烷和氯乙烯单体等几种其他氯化烃）、镁的生产、焚烧[④]的过程（副产率见表1）。

在三氯乙烯（TCE）、四氯乙烯（PCE）和四氯化碳（CTC）等的生产过程中，HCBD一般通过高温聚合氯化生成（如图2）：在工业过程中，氯甲烷的传统生产方法是用盐酸对甲醇进行氢氯化，随后发生氯化反应，可以生成CTC（Zhang et al.，2019）。然后，CTC、甲烷和氯的共反应可以生成四氯乙烯（C_2Cl_4）。由碳—氯（C—Cl）键断裂而产生的三氯乙烯自由基（$\cdot C_2Cl_3$）可以与另一个C_2Cl_4反应［如图2（a）］，在750～900℃通过化学活化加合物转化Cl置换生成HCBD，其中在850℃时HCBD的生成率可达到最大。乙炔法生产TCE、PCE过程中，也可在Cu离子催化作用下生成HCBD。

焚烧过程中也可能有类似途径［如图2（c）］，但是在300℃左右金属催化也能生成HCBD，且与六氯苯等污染物可能会共生。此外，一些前驱体在Cl_2和O_2存在下也能转化为HCBD，如苯和氯苯（Zhang et al.，2019）。在HCBD和氯苯等其他污染物的形成过程中，有类似的前体物质，表明可能与二噁英类、多氯联苯、六氯苯（HCB）、五氯苯（PeCB）等存在共同的来源，机理也可能类似（Wang et al.，2018）。

---

① POPRC报告指出，目前无法获取过去30年HCBD有意生产和使用数量的具体数据。没有目前生产和使用HCBD的信息，但不能排除存在有意生产和使用（尤其是较小生产规模时）的可能性。

② 三氯乙烯主要用于清洗和HFC-134a原料。

③ 四氯乙烯主要用于干洗店服装干洗和HFC-125原料。

④ 包括机动车尾气排放、乙炔焚烧过程、在减排措施薄弱情况下焚烧氯残留物。

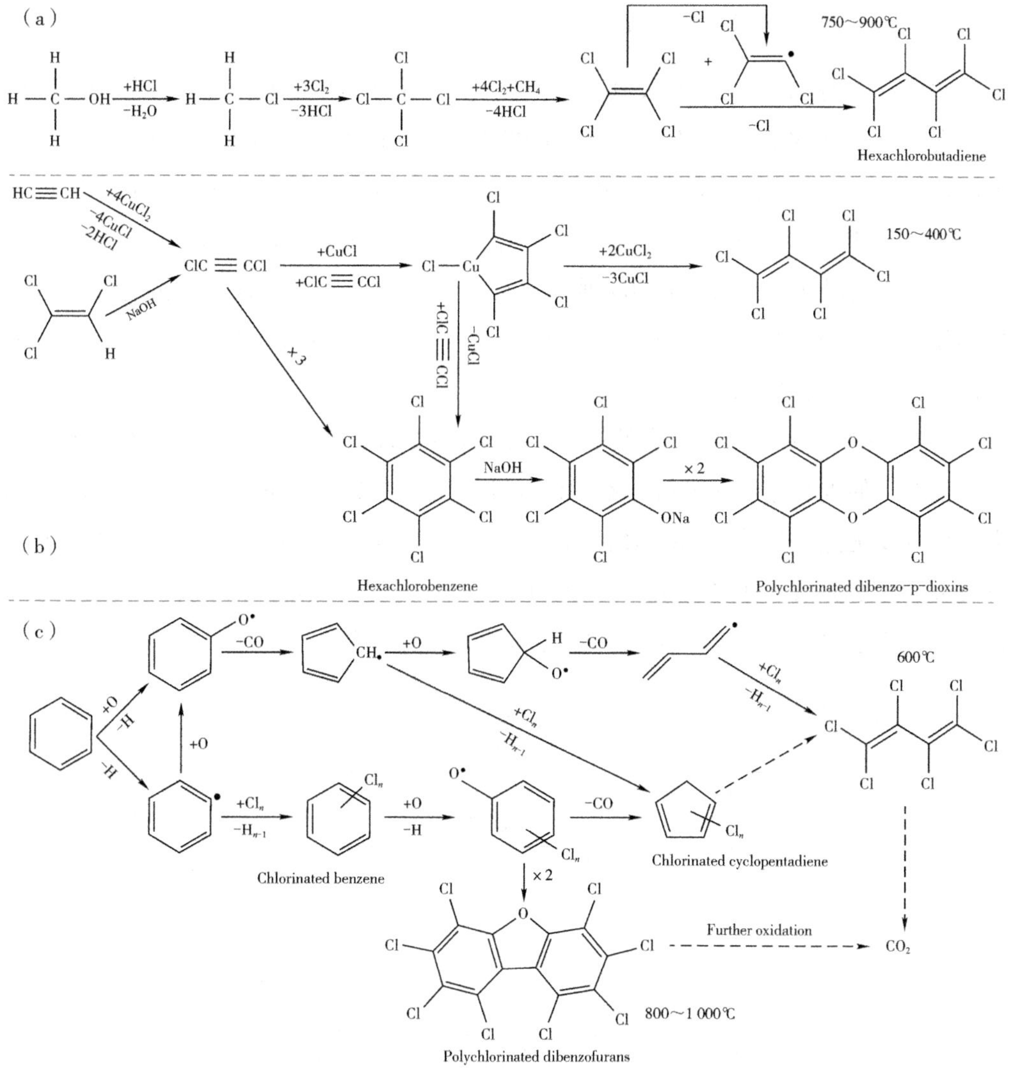

图 2　3 种 HCBD 的典型生成途径

引自：Zhang et al., 2019［援引自：Heindl et al., 1987；Sherry et al., 2018；Tirey et al., 1990；Wehrmeier et al., 1998；Zhang et al., 2018］。

表 1　几种典型有机氯产品生产过程中 HCBD 的副产率

产品	生产方法（过程）	副产物 HCBD 含量	备注
TCE	乙炔法	0.37%～0.40%	
PCE	乙炔法	0.40%	
	CCl_4 法	0.42%	
CTC	甲烷法	5%	作为高沸点副产品被回收
	甲烷法（优化）	0.2%～0.5%	在蒸馏残余物中含量为 7%～10%，随后被焚烧处置
	甲醇法	0.008 17%	

节选自：Wang et al., 2018。

（二）《公约》对 HCBD 的管控

2011 年 5 月 10 日，欧盟及其成员国提交了一份将 HCBD 列入《公约》的提案。2011 年第 7 次 POPRC 会议通过了其 POPs 特性审查（附件 D）。2012 年第 8 次 POPRC 会议通过了其风险简介审查（附件 E）。2013 年第 9 次和 2016 年第 12 次 POPRC 会议通过了其列入附件 A 和附件 C 的风险管理评价文件（附件 F）。2015 年缔约方大会第七次会议将 HCBD 增列入《公约》附件 A（有意生产的化工产品），且不设特定豁免。2017 年《公约》缔约方大会第八次会议将 HCBD 增列入《公约》附件 C（无意产生类副产物）。

将 HCBD 列入《公约》附件 C 后，对 HCBD 的无意产生来源，缔约方有义务采取措施，促进实施最佳可行技术和最佳环境实践（BAT/BEP）。如图 3 所示，为最大限度减少无意产生等的 HCBD 的环境排放，可采取的措施包括：改变工艺、控制过程或销毁和（或）生产过程中回收 HCBD；采用替代工艺，如利用封闭循环系统或在若干用途中采用氯代烃替代，避免 HCBD 无意产生。

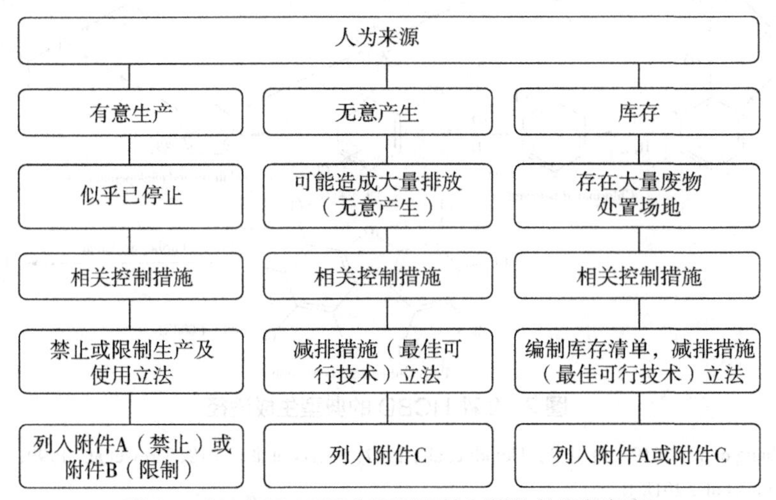

图 3　对 HCBD 不同来源采取控制措施的逻辑框架

引自：UNEP，2012。

与二噁英类等其他无意产生类 POPs 相比，HCBD 既有一些共性特征，也有一些独特性。首先，HCBD 被列入《公约》附件 A 和附件 C，与多氯联苯、六氯苯、五氯苯和多氯萘一样既是工业化学品，也是无意产生类 POPs，而二噁英类仅被列入附件 C，从没有被有意生产。这决定了 HCBD 的管控路径与其他几种无意产生持久性有机污染物（UPOPs）相似，即在全面淘汰有意生产的同时，通过 BAT/BEP 减少无意产生后的排放。其次，HCBD 的无意产生源主要是 TCE、PCE 和 CTC 等氯化物的生产过程，而二噁英类的重点源主要是焚烧、冶金、化工等。对氯化物生产过程，需采取专门的BAT/BEP措施进行HCBD减排控制；在焚烧源方面，HCBD可随二噁英类协同减排。再次，HCBD在氯化物生产过程中以副产物形式存在，年产生量达千吨量级，而二噁英类的生成浓度是痕量量级，年排放量为千克（毒性当量）量级，这决定了二者监测方法、治理措施、管控方法等方面的差异。最后，从重点关注排放途径和暴露介质角度，空气是二噁英类首要关注排放途径，而HCBD更偏重关注水、废物和土壤。

截至2021年4月，HCBD增列入《公约》附件A和附件C的修正案分别对170个和169个缔约方生效（见表2）。随着修正案的自动生效，全球主要经济体中的欧盟和日本等缔约方已将HCBD纳入管控；除修正案自动生效的缔约方外，印度、俄罗斯、韩国等缔约方于近几年陆续批准HCBD修正案生效。缔约方中仅中国、阿根廷、澳大利亚、加拿大等十余个缔约方尚未批准增列HCBD。美国虽然还不是缔约方（美国是签约国，但其国内一直未批准《公约》生效，美国在《公约》框架下以观察员身份发挥作用），但已在其国内对HCBD采取了管控措施。以上形势对我国在《公约》框架下开展HCBD相关工作构成了一定外部压力。

表2 184个《公约》缔约方批准增列HCBD生效情况

<table>
<tr><th>生效情况</th><th>HCBD（附件A）</th><th>HCBD（附件C）</th></tr>
<tr><td rowspan="2">自动生效</td><td>163个缔约方（2016年12月15日）</td><td>165个缔约方（2018年12月18日）</td></tr>
<tr><td>马耳他①（2017年4月17日）、巴勒斯坦②（2018年3月29日）</td><td>—</td></tr>
<tr><td rowspan="2">批准生效</td><td colspan="2">赤道几内亚（2020年3月23日）、印度（2021年3月18日）、俄罗斯（2020年11月26日）</td></tr>
<tr><td>毛里求斯（2018年2月26日）、韩国（2018年10月17日）</td><td>韩国（2020年2月20日）</td></tr>
<tr><td rowspan="2">尚未生效</td><td colspan="2">阿根廷、澳大利亚、巴林、孟加拉国、博茨瓦纳、加拿大、中国、危地马拉、密克罗尼西亚联邦、摩尔多瓦、斯洛文尼亚、乌兹别克斯坦、瓦努阿图、委内瑞拉</td></tr>
<tr><td>—</td><td>毛里求斯</td></tr>
</table>

以上信息截至2021年7月本文发稿前（本文作者整理）。

①马耳他为新加入缔约方，2017年4月17日《公约》对其生效。

②巴勒斯坦为新加入缔约方，2018年3月29日《公约》对其生效。

（三）全球HCBD来源与管控措施分析

环境中的HCBD基本源自人为活动。HCBD的人为产生又分为有意生产和无意产生两大类，其中无意产生的副产品是目前HCBD的主要产生来源，同时HCBD库存、含 HCBD 的废物、含 HCBD 的废水和被 HCBD 污染的场地（土壤）也都是值得重点关注的管控环节。

HCBD 的大规模生产和使用起源于 20 世纪后半叶的欧美发达国家。综合不同来源信息分析，大致可以知道：以欧美发达国家为代表的发达国家在 1970—1980 年曾大量有意生产 HCBD；美国 1980 年产量为 3 300～6 600 t；德国 1979 年生产了约 4 500 t，1991 年下降至 550～1 400 t；欧共体 1980 年生产了约 1 万 t；1982 年全球产量大约在 1 万 t 的规模（UNEP，2015）。

随着对 HCBD 危害认识的逐步加深，自 20 世纪末，这些国家就开始陆续采取行动，逐渐禁止了 HCBD 的有意生产。例如，1990 年，美国《清洁空气法》将 HCBD 列入国家有毒物质排放清单；欧洲理事会于 1988 年颁布 88/347/EEC 指令，明确将 HCBD 作为危险化学品并要求对其环境排放予以限制和控制。

随后，在以欧美国家为代表的主要经济体引领下，对 HCBD 有意生产的管控日趋严格。欧盟于 2012 年修订了《持久性有机污染物指令》，禁止 HCBD 的生产、销售或使用；日本于 2009 年将 HCBD 列为《化学物质审查规制法》“第一类特定化学物质”，原则上禁止生产、进口或使用；加拿大颁布《2012 年禁用部分有毒物质法规》，禁止 HCBD 的生产、使用、销售和进口；美国国家环境保护局在 2021 年年初颁布并实施最终规则 40 CFR 751. 413，禁止生产、加工、分销 HCBD 产品和含有 HCBD 的物品。目前，至少 170 个缔约方应按《公约》附件 A 要求对有意生产的 HCBD 进行管控，全面禁止了 HCBD 的生产、销售、使用和进出口。中国已将 HCBD 纳入《危险化学品目录（2015 版）》并列入《优先控制化学品名录（第二批）》（2020 年）。

以部分氯化烃（TCE、PCE 和 CTC）的生产过程为代表，无意产生的副产品曾是，目前也还是 HCBD 的重要来源。1982 年，仅美国氯化工过程中副产品产生的 HCBD 废物就比有意生产数量高 1 万余 t。加拿大称从未生产 HCBD，其 HCBD 排放曾主要来自 PCE 的副产品，以及 TCE、CTC 和环氧氯丙烷的副产品。据报道，我国目前已没有 HCBD 的有意生产，以 TCE 和 PCE 生产过程为代表的无意排放源是我国 HCBD 主要的产生和排放来源。1992—2016 年我国 HCBD 工业活动年均总排放量可达 1 040 t，HCBD 生产部门年均总排放量占总量的 82.8%，其中 TCE 占 73.0%，PCE 占 24.5%。TCE 主要用作制冷剂的中间体和清洗剂等。PCE 在工业上主要用作有机溶剂、织物整理剂以及制冷剂的中间体等。两个行业同我国制冷剂的生产和消耗臭氧层物质（ODS）履约有密切联系。特别是随着 HFC-134a 的生产拉动，我国 TCE 行业发展迅速，产能和产量均快速增加。因此，行业相关的废水处理后向环境的排放、产生的污泥对土壤的影响，以及库存、废物处置及场地等都是值得我国持续关注的环境问题。

本文对欧盟、加拿大、日本、美国、墨西哥及我国的 HCBD 管控政策和标准进行了整理，详见表 3、表 4。

表 3　全球 HCBD 部分相关管控政策比较

国家或地区	对有意生产的 HCBD 采取的措施	对无意产生的 HCBD 采取的措施
欧盟	2012 年修订了《持久性有机污染物指令》（EC/850/2004），禁止 HCBD 的生产、销售或使用。 2006 年，通过 2006/61/EC 指令，明确要求将 HCBD 列入污染物排放和转移登记制度（PRTR）名单	将 HCBD 列入《持久性有机污染物指令》（EU/2019/1021）附件三，并规定其在废物中的浓度限值。 将 HCBD 列入《水框架指令》“优先物质清单”和《污染物释放和转移登记册》，并在环境质量标准（水质，2008/105/EC 指令）中设立了地表水质量标准
加拿大	2003 年 7 月列入《加拿大环境保护法》有毒物质清单； 2005 年列入《禁止某些有毒物质的法规》（已废止）； 2006 年列入《加拿大环境保护法》事实消除污染物名单［Virtual Elimination List，2009 年 2 月 4 日更新，名单上只有两类物质，另一类是全氟辛基磺酸（PFOS）及其盐类］； 根据《2012 年禁用部分有毒物质法规》，禁止 HCBD 的生产、使用、销售和进口（2013 年 3 月 14 日生效）	未列入《国家污染物排放清单》（*National Pollutant Release Inventory*。该清单帮助追踪整个加拿大的污染模式和趋势，满足报告要求的设施必须每年进行报告）
日本	日本于 2009 年根据《化学物质审查规制法》将 HCBD 列为“第一类特定化学物质”（原则上禁止生产、进口或使用）	—
美国	2021 年 1 月，美国国家环境保护局（USEPA）发布《有毒物质控制法》（TSCA）下的最终规则 40 CFR 751. 413，禁止生产、加工、分销 HCBD 产品和含有 HCBD 的物品。这些规则于 2021 年 2 月 5 日正式生效，并从 2021 年 3 月 8 日起逐步实施	在最终规则 40 CFR 751. 413 下， 豁免：在生产氯化溶剂时无意产生的 HCBD；作为废燃料燃烧的 HCBD 的商业加工和分销。 《有毒物质控制法》将其列入“有毒物质释放清单”（应急计划及社区知情权）。 《清洁空气法》将其列入“有害空气污染物清单”。 《清洁水法》将其列入“有毒污染物清单”（40 CFR 401.15）以及“优先污染物清单”（40 CFR 423，附录 A）
墨西哥	禁止 HCBD 用于植保产品用途的生产和进口	—

续表

国家或地区	对有意生产的 HCBD 采取的措施	对无意产生的 HCBD 采取的措施
中国大陆	已被纳入《危险化学品目录（2015 版）》。2020 年 10 月 30 日，列入《优先控制化学品名录（第二批）》（公告 2020 年第 47 号）	《石油化学工业污染物排放标准》《地表水环境质量标准》《生活饮用水卫生标准》中规定了限值，相关氯化工生产过程中的蒸馏残渣已纳入《国家危险废物名录》
中国香港	—	香港饮用水（食水）标准规定了 HCBD 的标准值
中国台湾	2019 年 3 月 20 日，台湾环境保护主管部门将 HCBD 列入其有毒化学品物质清单	—

注：以上为本文作者整理。

表 4　全球 HCBD 环境相关标准比较

国家或地区或机构	标准名称	规定或限值
世界卫生组织	《饮用水水质准则》	指导值 0.6 μg/L
欧盟	《持久性有机污染物指令》（EU/2019/1021）	列入附件 1（禁止生产、销售、使用）； 列入附件 3（按无意产生类 POPs 进行管理）； 列入附件 4（规定其在废物中的浓度限值为 100 mg/kg，超过此浓度应予处置消除其中 POPs 的特性）； 列入附件 5（特定废物非常规处置允许的最大浓度限值为 1 000 mg/kg）
	环境质量标准（《水框架指令》，2008/105/EC 指令）	地表水浓度限值（内陆和其他）：0.1 μg/L（年均值），0.6 μg/L（最大允许浓度）； 将 HCBD 列入优先物质清单
德国	《清洁空气技术准则》	20 mg/m^3（尾气在 0.1 kg/h 流量下）
	《废水处理法规》	1 g/t（允许排放浓度）
北美洲	《北美应急指南》	水质限值：0.000 9 mg/L（淡水）； 0.03 mg/L（海水）
加拿大	《水质准则》	1.3 μg/L（淡水）
	《土壤和地下水修复导则》	6 μg/L
日本	《化学物质审查规制法》	列为“第一类特定化学物质”（原则上禁止生产、进口或使用）
美国	《有毒物质控制法》（TSCA）下的最终规则 40 CFR 751. 413	禁止生产、加工、分销 HCBD 产品和含有 HCBD 的物品。 豁免：在生产氯化溶剂时无意产生的 HCBD；作为废燃料燃烧的 HCBD 的商业加工和分销

续表

国家或地区或机构	标准名称	规定或限值
美国	《联邦饮用水导则》	1 μg/L
	州邦饮用水导则	0.5 μg/L（佛罗里达州）；4 μg/L（缅因州）；1 μg/L（明尼苏达州和新罕布什尔州）
美国加利福尼亚州	《加利福尼亚州毒性物质条例》	废水排放浓度限值：0.44 μg/L
墨西哥	《墨西哥有害废弃物标准》（NOM-052-SEMARNAT-2005）	沥滤液中最大允许限值为 0.5 mg/L（高于此值被认为对环境有毒）
中国大陆	《危险化学品目录（2015 版）》	纳入管理
	《优先控制化学品名录（第二批）》（公告 2020 年　第 47 号）	纳入管理
	《石油化学工业污染物排放标准》（GB 31571—2015）	废水中排放限值为 0.006 mg/L
	《地表水环境质量标准》（GB 3838—2002）	集中式生活饮用水地表水源地标准限值为 0.000 6 mg/L
	《生活饮用水卫生标准》（GB 5749—2006）	生活饮用水中限值为 0.000 6 mg/L
	《工作场所有害因素职业接触限值》（BZ2.1—2019）	时间加权平均允许浓度限值为 0.2 mg/m^3
	《国家危险废物名录》	相关氯化工生产过程中的蒸馏残渣纳入管理
	《水质　挥发性卤代烃的测定　顶空气相色谱法》（HJ 620—2011）	规定了 HCBD 的测定方法
	《水质　挥发性有机物的测定　吹扫捕集 / 气相色谱法》（HJ 686—2014）	规定了 HCBD 的测定方法
	《土壤和沉积物　挥发性卤代烃的测定　吹扫捕集 / 气相色谱 - 质谱法》（HJ 735—2015）	规定了 HCBD 的测定方法
	《食品安全国家标准　食品中 21 种熏蒸剂残留量的测定　顶空气相色谱法》（GB 23200.55—2016）	规定了 HCBD 的测定方法
中国香港	《香港饮用水（食水）标准》	（不高于）0.6 μg/L
中国台湾	有毒化学品物质清单	纳入管理

注：以上为本文作者整理。

目前，至少 169 个缔约方应按《公约》附件 C 要求对无意产生的 HCBD 进行管控，采取措施减少或消除源自无意产生的排放。为管控 HCBD 的环境暴露风险，一些国家还提出了部分环境介质的标准限值，涵盖水（饮用水、地表水、海水、废水）、土壤、废物等。欧盟除通过《持久性有机污染物指令》（EU/2019/1021）将HCBD按无意产生类POPs（UPOPs）进行管理，并规定其在废物中的浓度限值外，还将其列入《水框架指令》"优先物质清单"和《污染物释放和转移登记册》，并设立了地表水质量标准。加拿大未将其列入《国家污染物排放清单》，但通过相关监测计划对空气、野生动植物、水、沉积物中的HCBD含量保持关注，还制定了水、土壤等介质中HCBD的标准值。美国则通过《有毒物质控制法》《清洁空气法》《清洁水法》等对无意产生的HCBD加以管控，制定了饮用水标准限值（一些州制定了不同的限值），加利福尼亚州还制定了废水排放限值。墨西哥制定了沥滤液中HCBD的限值。我国在《石油化学工业污染物排放标准》《地表水环境质量标准》《生活饮用水卫生标准》中分别制定了废水排放和生活饮用水标准限值。

因此，世界各国对"全面禁止HCBD的有意生产"达成一致共识，纷纷制定禁限法规并采取行动措施；在控制HCBD无意排放方面，思路大体上主要从排放源头、环境风险和暴露途径角度加以防范，各国根据各自国情制定的法规标准及采取的措施各有特点。

二、我国热点区域HCBD风险值得关注

最近几年，我国对HCBD的科学研究方兴未艾。一些关于排放评估、环境分布和环境风险的研究成果值得跟踪关注。

（一）我国HCBD的主要来源和关注重点

据调查（陶誉铭等，2021），我国目前已没有HCBD的有意生产，以TCE和PCE生产过程为代表的无意排放源是我国HCBD主要的产生来源，POPRC报告中提及的主要相关行业在我国均有生产。HCBD的工业应用主要包括油漆、防水塑料和橡胶的生产，但这些过程中HCBD排放量不足总量的8%。

环境中HCBD污染主要有两类来源：工业生产过程中的副产物以及污水处理厂污泥中的无意排放，其中TCE和PCE等工业来源占主导地位（见图4）。TCE和PCE主要用作金属脱脂剂、金属清洗剂、金属部件加工表面处理剂、溶剂、有机萃取剂、织物及羊毛干洗剂等。而HCBD作为其工业生产中的副产物，其处理途径分为4类：第1类是作为普通的工业废物处理，第2类是从混合副产品中提纯，第3类是进行分馏回收，第4类是高温焚烧。含有HCBD的工业废水和生活污水最终通过污水处理厂排放到地表水。同时，未经有效处理处置的污泥和含有HCBD的固体废

物一起被填埋，极易对土壤造成二次污染。HCBD 可通过地表渗流和土壤淋溶这两个主要途径进入地下水。

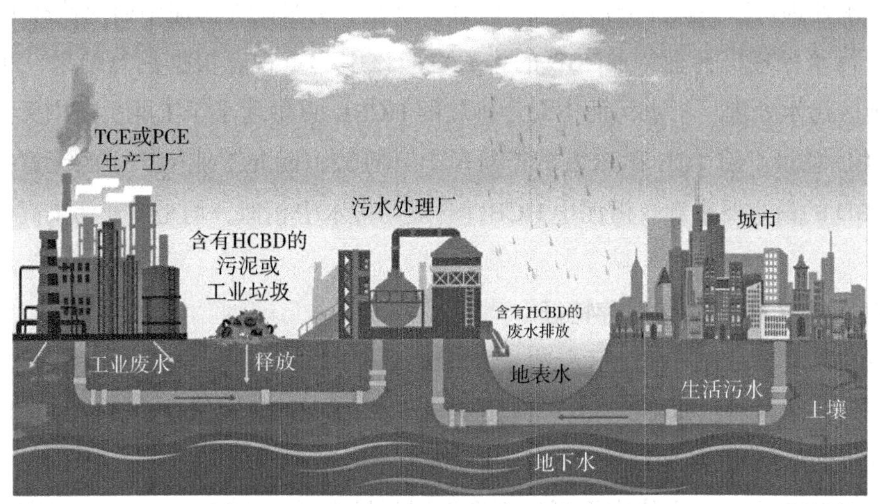

图 4　HCBD 无意产生与环境迁移途径示意

引自：陶誉铭等，2021。

由于 HCBD 在常温下为液态，主要以副产物或产品杂质形式存在，废水是其重要排放途径之一。目前，国内外法规标准也重点围绕水介质对无意产生的 HCBD 进行管控，人们通常对水体中的 HCBD 最为关注。同时，含 HCBD 的废物（废液）、汇集 HCBD 的污泥和土壤也值得重点关注。

京津冀地区、长三角地区和珠三角地区是我国三大经济快速发展区、重要经济圈和重点城市集群，作为 HCBD 相关工业的重要生产区域和应用行业的环境排放区域，人口数量庞大，经济和工业发展迅猛，近期成为我国 HCBD 排放和分布特征研究重点关注的典型区域。经研究估算，2018 年三大区域工业生产过程中排放的 HCBD 总量为 498.46 t，其中长三角地区 HCBD 总排放量达 497.8 t，远高于京津冀地区（0.370 t）和珠三角地区（0.296 t）。这主要是因为三大区域 TCE 和 PCE 年产量在万吨以上的工厂主要集中在长三角地区。该地区工业活动中 HCBD 排放的 66.9% 来自 TCE 的生产过程。

（二）热点区域 HCBD 排放及环境赋存情况

1. 污水和污泥中 HCBD 的赋存特征

在我国三大经济快速发展区中，长三角地区进水口 HCBD 的平均浓度最高，可能与该地区 TCE 和 PCE 生产及相关工业活动有关。经过污水处理厂处理后，各地区出水口 HCBD 浓度均显著降低，低于美国加利福尼亚州的废水排放浓度限值（0.44 μg/L）。尽管长三角地区出水口浓度稍高，但整体而言，处理效果良好。

废水处理可以去除部分污染物，但 HCBD 很容易吸附在污泥中而使处理不彻底。因此，污水处理厂污泥中 HCBD 的排放也应该引起重视。根据估算结果，2018 年三大地区污水处理厂污水污泥中无意排放的 HCBD 总量远小于工业生产中无意排放的 HCBD 总量。而 TCE 和 PCE 的产量呈上升趋势，因此工业生产中的无意排放仍是 HCBD 的最主要来源。污泥中 HCBD 含量与污水中相似，均是工业污染高于生活污染。

2. 水体中 HCBD 的赋存特征

京津冀地区、长三角地区和珠三角地区水体中均有不同浓度的 HCBD 检出，其中珠三角地区自然水体中 HCBD 平均浓度最高。三大地区饮用水中 HCBD 浓度均未超过《生活饮用水卫生标准》规定的浓度限值（0.6 μg/L）。

对 HCBD 而言，人体中无可见不良作用剂量水平为 0.05 mg/kg，有研究发现人通过大气、食物和饮用水等途径每日摄入的 HCBD 为 0.1×10^{-4}～2×10^{-4} mg/kg。因此，除去高污染地区，在正常的情况下，环境中的 HCBD 对人体健康的危害不大。

3. 土壤中 HCBD 的赋存特征

HCBD 可能通过以下方式进入土壤环境中：地表径流、使用含 HCBD 杂质的有机氯农药残留、在处理处置含 HCBD 的废弃物过程中意外泄漏以及工厂等点源周围大气的迁移和沉积等。虽然污染物水平较低，但是在三大经济快速发展区的农业土壤中也广泛存在 HCBD。农田耕种过程中可能使用含有 HCBD 的农药，导致 HCBD 进入土壤环境，因为其具有持久性，很难被降解，即使现在农药使用率很低，但因其历史使用，也会导致现在农田土壤环境中 HCBD 的残留。

除农田土壤外，化工厂、橡胶厂、农药厂以及油漆厂周边的土壤中也检测到较高含量的 HCBD。长三角地区中江苏省某化工厂土壤中发现了较高含量的 HCBD，其含量为 27.9 ng/g，该化工厂主要生产氯代有机物。研究发现，随着与该厂区距离的增加，HCBD 的含量快速下降，该厂是污染的主要源头。广东省某农药厂周围土壤中也检测到较高含量的 HCBD，达 28.67 ng/g。京津冀地区某垃圾焚烧厂周围土壤中 HCBD 含量达 53 ng/g。HCBD 在土壤中的分布具有局部区域性，其排放来源与周围工厂生产密切相关。

总体来看，由于长三角地区氯代烃生产、油漆、塑料和橡胶等工业企业发展迅速，该地区 HCBD 排放量显著高于其他两个地区，导致环境赋存水平较高，珠三角地区存在含量异常值点位，亟需引起重视。

三、结论和建议

鉴于 HCBD 对生态环境与人类健康的危害，全球已对其采取广泛的管控行动。我国在 HCBD 管控方面已具备一定基础。为推动构建人类命运共同体，进一步顺应形势加强 HCBD 风险控制及履约工作，建议如下。

一是营造良好的 HCBD 管控外部氛围。推动国内批约进程，进一步跟踪其他缔约方批约、履约情况，积极宣传介绍我国批约和履约、新污染物治理的进展成效。同时加强 HCBD 无意排放机理研究，贡献中国智慧。

二是建立健全 HCBD 管控国内基础。深入调查产排情况，建立 HCBD 的排放清单，继续完善相关政策法规标准，依法打击含 HCBD 副产物非法使用、处置、排放等行为，引导开展重点行业 BAT/BEP 示范。

三是做好 HCBD 风险预警和安全防范。加强 HCBD 监测、监管工作能力建设，开展 HCBD 成效评估监测和热点区域环境监测，持续跟踪舆情并提前做好应对方案。

四是统筹促进 HCBD 与 ODS 协同减排。研究《蒙特利尔议定书》相关物质管控措施与为减少典型氯化烃生产过程中 HCBD 产生排放的最佳可行技术和最佳环境实践的关系。

参考文献

陶誉铭，孟晶，李倩倩，等，2021. 经济快速发展区六氯丁二烯的来源与分布特征［J］. 环境科学，42（3）：1053-1064.

Canadian Council of Ministers of the Environment.（2021-01-28）. https：//ccme.ca/en/results/119/ch/1，2，3，4，5.

EUR-Lex，2019. Regulation（EU）2019/1021 of the European Parliament and of the Council of 20 June 2019 on persistent organic pollutants［EB/OL］.（2021-03-15）. https：//eur-lex.europa.eu/legal-content/EN/TXT/?uri=CELEX%3A32019R1021&qid=1619144602746.

EUR-Lex，2013. Directive 2008/105/EC of the European Parliament and of the Council of 16 December 2008 on environmental quality standards in the field of water policy，amending and subsequently repealing Council Directives 82/176/EEC，83/513/EEC，84/156/EEC，84/491/EEC，86/280/EEC and amending Directive 2000/60/EC of the European Parliament and of the Council［EB/OL］.（2013-09-13）. https：//eur-lex.europa.eu/legal-content/en/TXT/?uri=CELEX%3A32008L0105#ntr9-L_2008348EN.01009201-E0009.

Government of Canada, 2007. Hexachlorobutadiene（HCBD）[EB/OL].（2007-01-15）. https：//www.canada.ca/en/health-canada/services/chemical-substances/fact-sheets/chemicals-glance/hexachlorobutadiene.html.

Government of Canada, 2018. Canadian Environmental Protection Act：virtual elimination list [EB/OL]. https：//www.canada.ca/en/environment-climate-change/services/canadian-environmental-protection-act-registry/substances-list/virtual-elimination-list.html.

Government of Canada, 2023. Canada's National Pollutant Release Inventory：2021 data highlights [EB/OL]. https：//www.canada.ca/en/environment-climate-change/services/national-pollutant-release-inventory/tools-resources-data/fact-sheet.html.

Heindl A, Hutzinger O, 1987. Search for industrial sources of PCDD/PCDF III. Shortchain chlorinated hydrocarbons [J]. Chemosphere, 16（8-9）：1949-1957.

National Library of Medicine, 2024. Hexachloro-1, 3-butadiene [EB/OL]. https：//pubchem.ncbi.nlm.nih.gov/compound/hexachlorobutadiene#section=Regulatory-Information.

Sherry D, McCulloch A, Liang Q, et al., 2018. Current sources of carbon tetrachloride（CCl4）in our atmosphere [J]. Environmental Research Letters, 13（2）：024004.

Tirey D A, Taylor P H, Kasner J, et al., 1990. Gas phase formation of chlorinated aromatic compounds from the pyrolysis of tetrachloroethylene [J]. Combustion Science and Technology, 74（1-6）：137-157.

UNEP, 2011. POPRC7. POPRC-7/3 [EB/OL]. https：//chm.pops.int/Portals/0/download.aspx?d=UNEP-POPS-POPRC.7-POPRC-7-3.Chinese.pdf.

UNEP, 2015. UNEP-POPS-COP.7-SC-7/12 [EB/OL]. https：//chm.pops.int/Portals/0/download.aspx?d=UNEP-POPS-COP.7-SC-7-12.Chinese.pdf.

UNEP, 2012. POPRC8. POPRC-8/2 [EB/OL]. https：//chm.pops.int/Portals/0/download.aspx?d=UNEP-POPS-POPRC.8-POPRC-8-2.Chinese.pdf.

UNEP, 2017. UNEP-POPS-COP.8-SC-8/12 [EB/OL]. https：//chm.pops.int/Portals/0/download.aspx?d=UNEP-POPS-COP.8-CRP.12.English.pdf.

UNEP, 2012. UNEP-POPS-POPRC.8-16-Add.2 [EB/OL]. https：//chm.pops.int/Convention/POPsReviewCommittee/LatestMeeting/POPRC8/POPRC8ReportandDecisions/tabid/2950/Default.aspx.

UNEP, 2013. POPRC9. POPRC-9/2 [EB/OL]. https：//chm.pops.int/Convention/POPsReviewCommittee/LatestMeeting/POPRC9/POPRC9Documents/tabid/3281/Default.aspx.

UNEP, 2012. POPRC8. UNEP-POPS-POPRC.9-13-Add.2 [EB/OL]. https：//chm.pops.int/Portals/0/download.aspx?d=UNEP-POPS-POPRC.9-13-Add.2.English.pdf.

UNEP, 2015. POPRC11. POPRC-11/52 [EB/OL]. https：//chm.pops.int/Portals/0/download.aspx?d=UNEP-POPS-POPRC.11-POPRC-11-5.Chinese.pdf.

UNEP, 2023. Amendments to Annexes to the Stockholm Convention [EB/OL]. http：//www.pops.int/Countries/StatusofRatifications/Amendmentstoannexes/tabid/3486/Default.aspx.

United States Environmental Protection Agency, 2023. Toxic and Priority Pollutants Under the Clean Water Act [EB/OL] . https: //www.epa.gov/eg/toxic-and-priority-pollutants-under-clean-water-act#toxic.

United States Environmental Protection Agency, 2023. Initial List of Hazardous Air Pollutants with Modifications [EB/OL] . https: //www.epa.gov/haps/initial-list-hazardous-air-pollutants-modifications.

United States Environmental Protection Agency, 2021. EPA Finalizes Action Protecting Americans from PBT Chemicals [EB/OL] . https: //www.epa.gov/newsreleases/epa-finalizes-action-protecting-americans-pbt-chemicals.

United States Environmental Protection Agency, 2023. Persistent, Bioaccumulative, and Toxic (PBT) Chemicals under TSCA Section 6 (h) [EB/OL] . https: //www.epa.gov/assessing-and-managing-chemicals-under-tsca/persistent-bioaccumulative-and-toxic-pbt-chemicals-under.

Wang L, Bie P J, Zhang J B, 2018. Estimates of unintentional production and emission of hexachlorobutadiene from 1992 to 2016 in China [J] . Environmental Pollution, 238: 204-212.

Wehrmeier A, Lenoir D, Sidhu S S, et al., 1998. Role of copper species in chlorination and condensation reactions of acetylene [J] . Environmental Science & Technology, 32: 2741-2748.

Zhang R Z, Yin R H, Luo Y H, 2018. Inhibition of C-Cl formation during the combustion of MSW gasification syngas: an experimental study on the synergism and competition between oxidation and chlorination [J] . Waste Management, 76: 472-482.

Zhang H Y, Shen Y T, Liu W C, et al., 2019. A review of sources, environmental occurrences and human exposure risks of hexachlorobutadiene and its association with some other chlorinated organics [J] . Environmental Pollution, 253: 831-840.